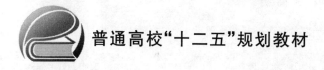
普通高校"十二五"规划教材

超级绘图王4.0建筑绘图教程

王　丰　　王冬波　　栾志福
陈亚坤　　刘清利　　桑瑞芹　　著

U0131739

北京航空航天大学出版社

内 容 简 介

本书由浅入深、循序渐进地介绍了专业建筑绘图软件——超级绘图王4.0版的操作方法与使用技巧,以及如何使用超级绘图王快速绘制各类建筑图纸。

全书共分16章,主要包括:超级绘图王概述、基本绘图操作、图形选取与修改、文字、图文编辑、尺寸标注、曲线绘制、图案填充、表格、精确绘图、高级功能、图块、图形输入与输出、专业建筑图形、轴线以及建筑图纸绘制实例等内容。

本书内容丰富,图文并茂,语言通俗易懂,重要知识点全部配有实例与上机操作步骤介绍,具有很强的实用性与可操作性。

本书可作为高等院校建筑类各专业本科与专科生的教材,也可作为各类建筑技术人员学习建筑绘图的参考书。

图书在版编目(CIP)数据

超级绘图王4.0建筑绘图教程 / 王丰等著. --北京
:北京航空航天大学出版社,2013.7
普通高校"十二五"规划教材
ISBN 978 - 7 - 5124 - 1162 - 3

Ⅰ. ①超… Ⅱ. ①王… Ⅲ. ①建筑制图-高等学校-
教材 Ⅳ. ①TU204

中国版本图书馆 CIP 数据核字(2013)第 122022 号

超级绘图王4.0建筑绘图教程

王 丰　王冬波　栾志福
　　　　　　　　　　　　著
陈亚坤　刘清利　桑瑞芹

责任编辑　李　宁

*

北京航空航天大学出版社出版发行

北京市海淀区学院路37号(邮编100191)　http://www.buaapress.com.cn
发行部电话:(010)82317024　传真:(010)82328026
读者信箱: goodtextbook@126.com　邮购电话:(010)82316936
北京时代华都印刷有限公司印装　各地书店经销

*

开本:787×1 092　1/16　印张:23　字数:589千字
2013年8月第1版　2013年8月第1次印刷　印数:3 000册
ISBN 978 - 7 - 5124 - 1162 - 3　定价:43.00 元

前　言

超级绘图王是近年来非常流行的国产优秀建筑绘图软件,其最新版本为 4.0 版。由于超级绘图王(这里指其建筑版,本书中所有介绍都是针对超级绘图王建筑版而言的,后面不再单独声明)是专门针对建筑绘图来设计的,其绘制建筑图纸的速度远比目前常用的 AutoCAD 等软件快得多,而且绘制工作量也小得多,所以是绘制建筑图纸的理想软件。

超级绘图王具有以下几个特点:

1. 建筑图纸绘制速度快

超级绘图王专门针对建筑图纸的绘制优化了软件的操作流程,突出了为用户提供图纸的整体布局支持,以及物体绘制时的辅助定位支持,因而使精确按比例绘图实现起来非常简单。

以建筑平面图的绘制为例。首先使用软件的"轴线"功能,在轴线设置中输入建筑物各房间的开间与进深,软件会用轴线网格表示各房间的位置,同时生成图纸四周的尺寸标注。然后使用"轴线生墙"功能自动生成建筑的全部墙体线。最后使用"辅助轴线"功能,让软件根据门窗的定位尺寸在图纸上"标出"门窗的绘制位置,用户再根据指示画出门窗即可。

在"轴线"与"辅助轴线"这类布局与定位功能的支持下,超级绘图王绘制建筑图纸的速度非常快,并且绘图的工作量也非常低。

2. 建筑图库丰富

作为一款专业绘图软件,超级绘图王除提供了通用绘图软件的全部功能外,还提供了非常丰富的建筑专业绘图功能。例如:软件内置提供常用建筑图例以及各类疑难建筑图形的绘制功能,使这类图形可以一笔绘制,从而大大简化了建筑图纸的绘制难度,同时提高了图纸的标准性。

3. 易学易用,零基础快速学会

超级绘图王的易用性无与伦比,它采用面板化的操作界面,各种操作及其对应的参数设置一目了然,并且绝大部分操作都动态提示操作步骤。同时,软件的帮助文档非常详尽,实例也很丰富,并且专门有一本详细分析建筑行业图纸绘制方法的说明书,这些都使得超级绘图王非常易学易用。

超级绘图王是从底层独立开发的软件,而不是在 AutoCAD 基础上二次开发而成的。超级绘图王不需要 AutoCAD 或其他软件的支持。学习超级绘图王除需要掌握基本的 Windows 操作外,不需要任何其他基础。使用超级绘图王作为建筑绘图的教学软件,只要不超过 50 个学时的教学,学生就可以轻松地绘制出总平面图、平面图、立面图、剖面图、详图、结构施工图、建筑电气图、管道工程图、装饰装修图、施工网络图等各类常用建筑图纸,其教学效果远比以 AutoCAD 作为教学软件时好得多。同时,超级绘图王兼容于 AutoCAD,可直接读取或生成 DWG 和 DXF 文件,即可与 AutoCAD 之间自由交换图纸。

本书由超级绘图王软件作者与潍坊科技学院建筑工程学院合作编著,该院是国内最早在本专科教学中全面采用超级绘图王作为教学软件的高等院校之一。本书编写情况如下:王丰编写了第 2、5、6、9、10、11、12、15 章,王冬波编写了第 3 章,栾志福编写了第 4 章,陈亚坤编写了第 1 章,刘清利编写了第 7 章,桑瑞芹编写了第 8 章,张奇编写了第 13 章,刘如意编写了第 14 章,单立红编写了第 16 章,全书由王丰统稿。

本书在编写过程中,得到了北京航空航天大学出版社、诸多建筑专家及软件用户的大力支持,在此一并表示衷心感谢。

由于作者水平有限,书中难免有缺点与错误之处,恳请广大读者批评指正。

超级绘图王软件的教学版(演示版)可以从软件官方网站 www. ziliaoyuan. com 下载,也可从搜索引擎上搜索下载。另外,使用本书(达到一定数量)进行教学的教师可获赠超级绘图王软件的正式版,并能获得免费师资培训及教学资料。

联系方式如下:

联系人:王丰

手机:13666361076

QQ:719385367

邮箱:719385367@qq. com

关于购买及使用超级绘图王软件的问题,也可联系著者。

著 者

2013 年 6 月

目　　录

第一篇 通用绘图

第1章 超级绘图王概述

1.1 超级绘图王与建筑绘图

1.1.1 常用的建筑绘图软件

任何一个建筑工程都要先有设计图纸,然后才能照图施工。设计过程中要绘制大量图纸,例如建筑施工图、结构施工图、设备施工图等,这些图纸除建筑设计人员绘制外,建筑施工企业中的技术员、资料员也需要再次绘制。可见,整个建筑工程中图纸的绘制工作量是相当大的。

目前,在绘制建筑图纸时,绝大多数人使用的是 AutoCAD。AutoCAD 是一款优秀的绘图软件,但其功能太多,操作较复杂,导致学习较为困难。更主要的原因,AutoCAD 是一款通用绘图软件,不是专门针对建筑绘图设计的,一些在建筑绘图时非常急需的功能软件并没有提供。例如,建筑物墙体线与尺寸标注的绘制工作量都非常大,软件应该根据房间结构将这些东西自动生成,而不是让用户一笔一笔地去画这些图形。再如,建筑物上的门、窗等图形,需要严格按尺寸比例在图纸上进行定位绘制,软件应该能指出这些图形的绘制位置,而不是让用户去确定这些图形应该画在哪儿。由于 AutoCAD 并未提供这类功能,所以直接使用 AutoCAD 画建筑图纸是非常麻烦的,要耗费建筑师大量宝贵的时间和精力。

为了简化建筑图纸绘制的工作量,市场上出现了一些在 AutoCAD 之上二次开发而成的软件(例如:天正),使用这些软件可以大大地加快图纸的绘制速度,但这些软件是针对建筑设计院内的专业设计人员来开发的,偏重于设计功能,用户必须先学会 AutoCAD,然后才能学会运行于其上的这些二次开发软件,学习难度比较大,而且软件价格非常高。

1.1.2 超级绘图王简介

超级绘图王是近年来非常流行的建筑绘图软件,它是高等院校与建筑企业科研合作的结晶,曾获潍坊市科技进步奖、建设部 QC 成果奖等多种奖项。这款软件最初是高校为建筑企业专向开发的绘图软件,用于解决企业内学不会 AutoCAD 人员的绘图问题。由于超级绘图王简单易学,并且非常好地解决了建筑绘图问题,使得那些没有计算机基础的人,经过简单的培训后,就能画出非常专业的建筑图纸,所以该软件很快就在网络上流行起来。

经过开发人员六七年不断持续改进,超级绘图王经历了 1.0、2.0、2.1、2.2、3.0、3.1、3.2、4.0 等几个版本,目前版本是 4.0 版(2013 年 2 月发布)。超级绘图王 4.0 版不论在功能上还是易用性上,都达到了非常完美的地步,绘制各类建筑图纸游刃有余,是建筑及相关行业绘图的首选产品。

超级绘图王 4.0 版分为正式版与演示版两种类型。这两种版本都是专为建筑及其紧密相关行业（如装饰装修等）的图纸绘制而开发的，区别是正式版软件需要购买后才能使用（功能上无任何限制）；演示版软件用于教学，有少量的功能限制，但演示版是免费的，可以从网络上自由下载。

超级绘图王最大的特点是易学，它是从底层自主开发的独立软件，使用时既不需要具有 AutoCAD 基础知识，也不需要 AutoCAD 软件的支持，因而能从根本上保证软件的简洁性与易用性。图 1-1 所示是超级绘图王（建筑版）4.0 运行时的主界面。可以看到，软件将绘图功能的选择、图形参数的设置、可选的附加功能（如直线的箭头）都集中在一个可伸缩的操作面板窗口内，使用户在操作时一目了然，并且只在一个很小的范围内移动鼠标就可以完成所有操作，简洁且方便。

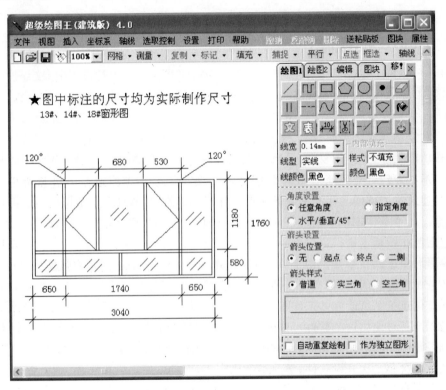

图 1-1　超级绘图王（建筑版）4.0 运行时的主界面

1.1.3　超级绘图王建筑绘图的特点

1. 建筑绘图的三大难点

很多人感到建筑绘图比较难学，花费了很多时间去学习却画不出像样的图纸，这是因为建筑绘图有三大难点需要解决。

（1）图形数量多。在一张建筑图纸上，要表达整整一楼层的建筑结构，里面有数以千计的图形，每个图形都要按比例用特定的尺寸画在特定的位置上，还有数量繁多的尺寸标注。如果没有软件的特别支持，则绘制这些图形的工作量极大。

（2）图纸种类多。建筑行业的图纸种类繁多，从总平面图到平面图，从立面图到剖面图，从结构施工图到设备施工图，从构件详图到安装详图等。这些图纸内容各异，图形的位置关系与定位依据千差万别，从而导致初学者感到一张图纸（尤其是大图纸）"不知从哪儿画起"。

（3）疑难图形多。在建筑图纸中，经常要遇到一些疑难图形，如复杂缠绕的地暖气管线，剖面图中的剖面材料图案，洗手盆、洗菜盆、坐便器、小便器等用水器具，楼梯的剖面图，复杂的多层嵌套分标注，装饰装修图案花纹等。这类疑难图形数量颇多，它们是建筑绘图的"拦路虎"，如果软件不提供特别支持，用户很难自己画出来。

2. 超级绘图王解决建筑绘图问题的五大措施

针对建筑图纸难画的问题，超级绘图王非常有针对性地提供了五项"强力"功能，可以非常好地解决建筑图纸的绘制问题，下面简要介绍。

（1）自动生成图纸的主干部分。建筑图纸相互间的相似性非常强，A 大楼与 B 大楼，除房间数量与尺寸不同外，其余内容基本上完全相同。例如，都由若干房间构成，房间内都有门、窗等物品。建筑图纸的相似性，使得建筑图纸特别适合于用软件对其自动化生成。

在超级绘图王中，使用"轴线"这种功能强大的工具来实现图纸主体部分的自动生成。"轴线"是建筑物各房间的中心线，用户只需要输入各房间的开间与进深，软件将自动建立轴线网格，同时能针对轴线网格生成各房间的墙体线及其尺寸标注。这样，图纸的主体部分就生成了，使用户避免了烦琐的、重复性的劳动，从而将主要精力用在设计上，而不是浪费在图形绘制上。

（2）辅助定位。图纸不是图形的堆积，而是图形的有机组合。图纸中的每个图形必须按严格的比例来确定其大小，并与周围的图形保持准确的相对位置关系，这样众多图形组合起来，才能表达出一定的意义，从而构成图纸。在图纸中，图形的大小与位置也表达着特定的工程信息，它们与图形的形状是同样重要的。在超级绘图王中，将确定图形大小与位置的过程称为"辅助定位"。

大多数绘图软件只片面考虑了图形形状的绘制功能，而忽略了辅助定位功能，从而造成用户在使用时画"一个图"容易，但画"图纸"难。超级绘图王非常重视辅助定位功能，软件内置了使用简单、功能强大的辅助定位功能，可以引导用户一步一步地完成图纸的绘制工作。

在建筑图纸中，大多数图纸都是平面图或与平面图类似的图纸。对于这类图纸，超级绘图王使用"轴线"加"辅助轴线"二级定位机制。首先使用"轴线"功能定位各房间的位置，还可以生成房间的墙体线、尺寸标注等。在完成"房间"一级的定位之后，再使用"辅助轴线"功能来完成房间内物品的定位，包括门、窗、房间内设备等。辅助轴线还可以完成梁、柱、板等相对于轴线的结构部件的定位。

还有一些图纸（如各种详图、钢结构中的屋架图等），其结构与平面图差异较大，图纸中没有轴线，图形在图纸上的定位依据也多种多样。对于这类图纸，超级绘图王提供了标记、全局辅助线、局部辅助线等辅助定位机制，可以实现从全局到细节，从骨干图形到细小零件的全方面辅助定位。

（3）专业建筑图形。疑难图形的绘制是建筑绘图人员比较头痛的问题。超级绘图王的解决方法是通过分析建筑行业相关的全部国标，找出所有疑难图形，然后内置提供这些疑难图形的绘制功能。这些疑难图形，以及一部分虽然不难画但使用非常频繁的图形，共同构成了软件的"专业建筑图形"部分。

专业建筑图形因为是软件内置提供的,所以绘制速度极快,一般只需要单击两次鼠标即可画出一个图形。例如,各种剖面材料图案、楼梯、风玫瑰、洗手盆、洗菜盆、坐便器、小便器等很难画的图形都可以一笔画出,即使复杂缠绕的地暖气管线,也只需要几笔就能画出。图 1-2 所示是几种典型的专业建筑图形。

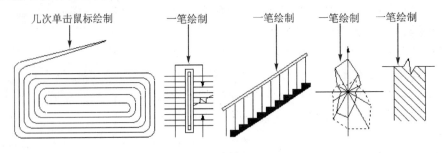

图 1-2 几种典型的专业建筑图形

(4) 填充。在建筑图纸中,"难画"的图形分为两大类。一类是难画但有固定(或基本固定)形状的图形,如楼梯、风玫瑰、地暖气管线等,这类图形都已在专业建筑图形内提供了内置的绘制支持;另一类是难画并且没有固定形状的图形,这类图形主要是各种详图中的剖面填充图案,以及装饰装修中的装饰花纹图案。对于这类图形,软件提供了功能极强并且简单易用的"填充"功能来解决。

对于常用的一些填充图案,软件提供了快速填充功能,只需要在欲填充区域内单击一次鼠标就可以完成图案的填充。对于一些不太常用的填充图案,软件提供了建筑材料工具栏、图块及基本图形的自动重复绘制等功能,以协助用户快速画出图案花纹,然后用户只需要在欲填充的边界图形上使用右键菜单"剪裁周围图形",就可以完成对于填充边界的图案填充。

在软件"填充"功能的支持下,各种复杂图案的绘制都非常简单。图 1-3 所示是几种填充图案的绘制过程。

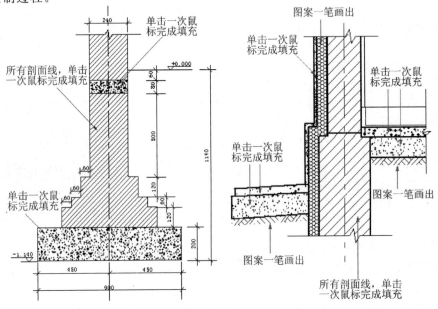

图 1-3 几种填充图案的绘制过程

（5）图块。建筑绘图还有一个特点，就是图形符号非常多。以建筑电气部分为例，需要涉及灯、开关、插座、导线等很多元器件的绘制。每种元器件又有很多型号，每种型号的元器件需要使用一种特定的图形符号来表示（也就是国标中的"图例"）。这样，仅建筑电气部分，涉及的符号就有几百个，而整个建筑绘图中涉及的符号多达几千个。

对于这批数量庞大的符号，超级绘图王提供了"图块"功能来解决。"图块"功能相当于一个可动态增删的图形库。软件内置了数量庞大的图块，用户还可以下载其他的图块，或者自己创建图块，这样就非常有效地解决了海量图形符号的绘制问题。

"图块绘制"对话框如图 1-4 所示。对话框左上角是图块目录的选择，对话框中部是当前目录内已有图块的列表。从图块列表中选择一个图块，就可以用它画图了。

图 1-4　"图块绘制"对话框

1.2　安装、启动及相关操作

1.2.1　软件的下载、安装与卸载

1. 软件下载

超级绘图王 4.0 版分为正式版与演示版，正式版需要购买后才能获得，用户学习时使用演示版即可。演示版可从软件官方网站 http://www.ziLiaoyuan.com（中国资料员网）下载，也可以在百度（htpp://www.baidu.com）、谷歌（http://www.google.com）等搜索网站上输入"超级绘图王"搜索出其他提供超级绘图王下载的网站，任选一个网站进入并按提示进行下载即可。

2. 安　装

超级绘图王 4.0 版可安装在 Windows 系列操作系统上，整个安装程序只有一个文件 set-up.exe，用鼠标双击，依据提示安装即可。

安装成功后，软件会在计算机桌面上建立两个图标，如图 1-5 所示。左侧的图标用于快速启动软件，右侧的图标用于快速打开软件的说明书文件夹。

图 1-5　超级绘图王的桌面快捷方式

双击桌面上的《超级绘图王》说明书"图标，就可以打开软件的说明书文件夹，如图 1-6 所示。软件附带的电子版说明书一共有四本（全部是 Word 格式的），其中最主要的是"说明书 2：《超级绘图王》用户手册"和"说明书 3：建筑行业图纸分析"。前者对软件功能进行了详细完整的介绍，后者详细分析了建筑行业各种图纸的绘制方法并逐一给出了示例。

另外，软件携带了大量的示例图纸，分别存放于说明书文件夹下的"用户图纸展示"、"说明

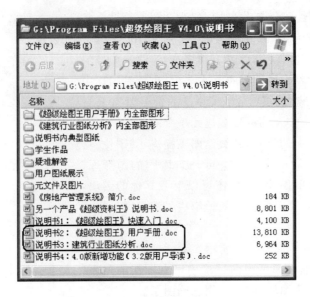

图 1-6　超级绘图王说明书文件夹

书内典型图纸"和"学生作品"等子文件夹。

3. 卸　载

当用户不再需要超级绘图王时,可以卸载它,方法为:

选择"开始"|"程序"|"超级绘图王 V4.0"|"卸载超级绘图王 V4.0",按提示操作即可。

1.2.2　启动与退出

1. 启　动

方法 1:双击桌面上"超级绘图王"图标。

方法 2:选择"开始"|"程序"|"超级绘图王 V4.0"|"超级绘图王"。

2. 退　出

选择"文件"|"退出"菜单或单击主窗口右上角的"×"按钮。

1.2.3　"展示与帮助"窗口

软件启动后,用户首先看到一个"展示与帮助"窗口,如图 1-7 所示。这个窗口用于向初次接触者简单地演示与介绍软件的一些基本功能,具体有两个作用:

1. 功能展示

通过自动播放一些软件自带的图纸或图形,以展示软件功能。可播放的内容有:

① 用户图纸:超级绘图王用户提供的一些真实建筑图纸。

② 说明书内的示例图纸:这些图纸是超级绘图王说明书内作为示例讲解的一些图纸,这些图纸几乎涵盖了建筑图纸的各个方面。

③ 学生作品:开设超级绘图王绘图课程的大学的一些学生作品,以卡通类为主。

④ WMF 文件:这是微软公司制定的 Windows 下标准图形交换文件,通过这类文件,超级绘图王可读取其他软件绘制的图纸,也可以将超级绘图王图纸提供给其他软件使用。

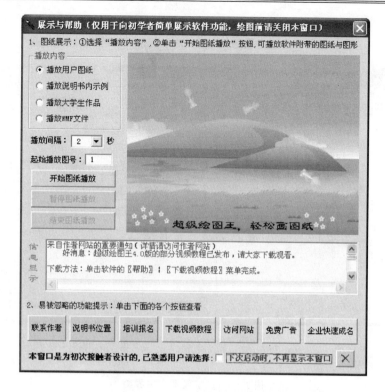

图 1 - 7　"展示与帮助"窗口

播放步骤为：

① 在"播放内容"选项组内选择一种播放内容。

② 单击"开始图纸播放"按钮。在播放过程中，反复单击"暂停图纸播放"按钮可实现暂停播放、恢复播放功能，而单击"结束图纸播放"按钮可立即结束播放过程。

2. 一些重要功能提示

这是通过画面底部的一排按钮来实现的，单击这些按钮可显示相应的提示，或进入相应的网页。

◎说明

① "展示与帮助"窗口是一个临时窗口，与正常的绘图功能无关。对于已了解这个窗口功能的用户，请勾选底部的"下次启动时，不再显示本窗口"复选框，以免每次启动时都弹出这个窗口。

② 窗口右下角的"×"按钮用于关闭窗口。

③ 可以随时选择"帮助"|"显示展示与帮助窗口"菜单调出这个窗口。

1.3　界面介绍

1.3.1　界面结构

超级绘图王启动后界面如图 1 - 8 所示。软件由两个窗口构成：主窗口（带有菜单的大窗口)和操作面板窗口(飘浮于屏幕上的彩色小窗口)。

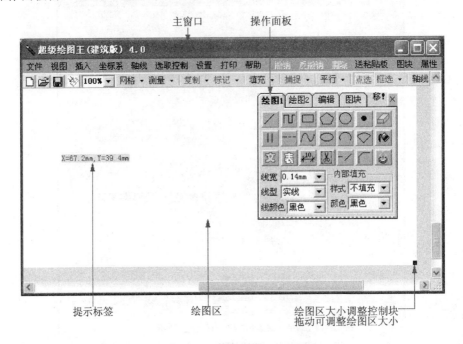

图 1-8　超级绘图王主界面

主窗口包含菜单、工具栏、绘图区和一些小的功能部件(如提示标签、绘图区大小调整控制块等)。绘图区是一块供用户在上面绘制图形的"画布",它是软件的主要工作区域。

主窗口内有一个长条形的小窗口叫做提示标签,它的作用是显示一些提示信息。例如,移动鼠标时可以显示当前鼠标的位置,绘图时可以显示当前所绘图形的参数,某些步骤较多的操作则提示下一步该怎么做等。

操作面板窗口的主要作用是发出绘图命令和设置绘图参数。

1.3.2　菜　单

主窗口带有菜单,菜单分布于窗口的左右两侧,左侧的菜单都带有下级菜单。右侧的菜单都不带下级菜单,单击后直接执行某种操作,相当于一个按钮。

1. 菜单种类

超级绘图王的菜单有三种类型:命令菜单、互斥选项菜单和开关选项菜单。下面以图 1-9所示的"选取控制"菜单为例来介绍。

① 命令菜单。这类菜单对应一个命令,单击菜单执行相应的命令。例如,"显示选取控制工具栏"菜单就是这种类型,单击会调出选取控制工具栏。

② 互斥选项菜单。互斥选项菜单总是成组存在,一组这类菜单构成了一系列互斥的操作选项(等同于对话框中的一组单选按钮),用户每次只能选择其一。例如,"图文都选"、"只选图形"和"只选文字"是一组互斥选项菜单,"图文都选"前面带有勾号,表示它是当前选中项。如果要切换当前选中项,则用鼠标单击另一个菜单项即可。例如,单击"只选图形"菜单,它就变为当前选中项,其前面会带上勾号,同时,"图文都选"前面的勾号自动去掉。

③ 开关选项菜单。在这类菜单中，每个菜单表示一个独立的操作选项（等同于对话框中的一个复选框），这个选项被选中或不选中，都不影响其他菜单（选项）的选取。这类菜单的操作特点是：用鼠标单击一次，就会使其处于选中状态（前面会带上勾号）；若再单击一次，则会取消其选中状态（前面勾号消失）。因为这类菜单代表的操作选项只有"选中"与"不选中"两种状态，类似于开关的"开"与"关"两种状态，所以称为开关选项菜单。

图 1-9 中的"单击时先选底部图形"、"禁止选中图片"等都是这种类型的菜单。

图 1-9　"选取控制"菜单

2. 快捷键

快捷键是键盘上的一个键或者是几个键的组合，它总是与一个菜单相对应，按下这个键（或键的组合）就相当于单击了对应的菜单。快捷键标注在菜单的后面。

在图 1-9 中，F6 就是"显示选取控制工具栏"菜单的快捷键，按一下 F6 键等同于单击"显示选取控制工具栏"菜单。另外，有些快捷键是两个键的组合，例如 Ctrl＋M 快捷键，就表示需要同时按下 Ctrl 键和 M 键。

需要注意的是，有几个快捷键没有标注在菜单的后面，但仍可以正常使用，请务必记住它们，因为使用它们可以大大提高某些常用操作的效率。这些键是：

Ctrl＋Z：撤销（等同于"撤销"菜单）。

Ctrl＋Y：反撤销（等同于"反撤销"菜单）。

Delete：删除（等同于"删除"菜单）。

Ctrl＋A：全选（等同于操作面板窗口"编辑"选项卡上的"全选"按钮）。

Ctrl＋C：复制（等同于操作面板窗口"编辑"选项卡上的"复制"按钮，需要事先选中图形才能用）。

Ctrl＋X：剪切（等同于操作面板窗口"编辑"选项卡上的"剪切"按钮，需要事先选中图形才能用）。

Ctrl＋V：粘贴（等同于操作面板窗口"编辑"选项卡上的"粘贴"按钮，需要事先复制或剪切过图形才能用）。

1.3.3　固定工具栏

超级绘图王有两类工具栏，固定工具栏和飘浮式工具栏。菜单栏下面的工具栏是固定工具栏，固定工具栏不可移动，也不可关闭。固定工具栏上有 21 个工具部件，如图 1-10 所示。

图 1-10　固定工具栏

固定工具栏实现的功能比较复杂，按钮也较多。下面从三个方面对固定工具栏进行概括性介绍。

1. 简单按钮(或组合框)

这是用法最简单的一类工具按钮(有些是组合框),每个按钮对应一个功能,单击按钮立即调用相应的功能。固定工具栏左侧的五个按钮以及"填充"、"图层"、"打印预览"按钮都属于这种类型。

2. 复杂状态按钮

除了上面介绍的简单按钮外,固定工具栏上的其余按钮都属于这一类,它们的特点是有按下和抬起两种状态,如图 1-11 所示。单击按钮一次,可将其"按下"(按钮的外观呈凹陷状),这时会进入一种特定的操作状态(如绘制网格、图形选取等)。若再单击该按钮一次,又会将其"抬起"(按钮的外观恢复为正常状态),从而退出特定的操作状态。

3. 按钮菜单

固定工具栏上的许多按钮带有按钮菜单,单击按钮右侧的下三角,可以显示相应按钮的按钮菜单,如图 1-12 所示。按钮菜单的功能与所属的按钮紧密相关,用于实现所属按钮的一些参数设置或辅助操作等。

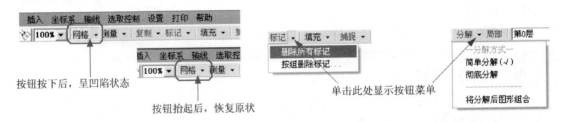

图 1-11　复杂状态按钮的"按下"与"抬起"　　　图 1-12　按钮菜单

与主菜单一样,按钮菜单也有命令菜单、互斥选项菜单和开关选项菜单三种类型。它们的含义、操作方式也与同类型的主菜单相同。

以图 1-12 为例,"删除所有标记"菜单属于命令菜单,单击它会执行一个命令,此命令将删除屏幕上已有的"标记点"。

"简单分解"与"彻底分解"属于一组互斥选项菜单,每次只能选择其一。图 1-12 中"简单分解"后面有勾号,表示它是当前选中项。若用鼠标单击"彻底分解","彻底分解"就变为当前选中项。

"将分解后图形组合"是开关选项菜单,用鼠标单击会使其选中(前面带有勾号);若再单击,则又取消选中(去掉勾号)。

1.3.4　飘浮式工具栏

飘浮式工具栏也称为仿 Office 工具栏,它默认并不出现在屏幕上。一部分飘浮式工具栏会在进行某种操作时自动出现(操作结束后也会自动消失);另一部分需要用户手动调出(不再需要时必须手动关闭)。

需要用户手动调出的工具栏有十个:"词汇表"工具栏、"轴测图"工具栏、"建筑材料"工具栏、"钢结构"工具栏、"常用编辑"工具栏、"选取控制"工具栏、"全局辅助线"工具栏、"局部辅助

线"工具栏、"辅助轴线"工具栏和"墙线转换"工具栏,它们分别可以通过四种方式调出:

① 通过菜单调出。例如,选择"视图"|"建筑材料工具栏"菜单,就可以调出"建筑材料"工具栏。选择"选取控制"|"显示选取控制工具栏"菜单,就可以调出"选取控制"工具栏。

② 在固定工具栏的某些按钮上单击鼠标右键调出。例如,在"局部辅助线"按钮上单击鼠标右键,可以调出"局部辅助线"工具栏;在"点选"或"框选"按钮上单击鼠标右键,可以调出"选取控制"工具栏。

③ 在固定工具栏右侧空白处(没有按钮的位置上),单击鼠标右键,会显示工具栏右键菜单,如图 1-13 所示。如果某个工具栏名字前面没有勾号,则表示对应的工具栏尚未显示,单击可以使之显示;如果某个工具栏名字前面已有勾号,则表示对应的工具栏已经显示,单击则使之关闭。

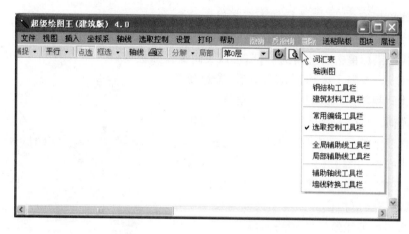

图 1-13 工具栏右键菜单

④ 在无操作状态下(即未进入绘图状态,也未选取图形的状态,绘图与选取状态见第 2、3 章内的介绍),在绘图区内单击鼠标右键,会弹出无操作状态右键菜单,如图 1-14 所示。从中打开与关闭工具栏的规则完全与"工具栏右键菜单"的情况相同。

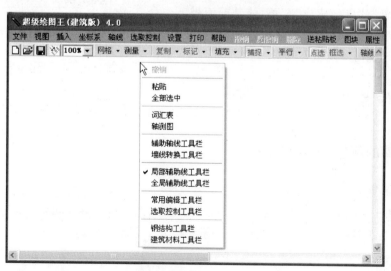

图 1-14 无操作状态右键菜单

所有飘浮式工具栏都可以在屏幕上任意定位,并且都有相同的操作方式。以图 1－15 所示的"局部辅助线"工具栏为例,用鼠标拖动左侧标有"移"的区域,可以移动其位置;用鼠标单击右侧的"×"按钮,可以关闭。

图 1－15 "局部辅助线"工具栏

1.3.5 操作面板窗口

对于操作面板窗口,可以进行如下控制操作:

① 移动:用鼠标拖动右上角标有"移!"的黄色区域,可以移动操作面板窗口。

② 关闭:用鼠标单击右上角的"×",可以关闭操作面板窗口。

③ 重新显示:关闭了操作面板窗口后,若想使其重新显示,选择"视图"|"显示操作面板"菜单即可。

④ 切换选项卡:单击"绘图 1"、"绘图 2"、"编辑"、"图块"四个选项卡标题可以切换进入相应的选项卡。

以上几步操作如图 1－16 所示。

⑤ 鼠标感应:操作面板窗口会占用一定的屏幕空间,某些情况下会遮挡住部分绘图区而对绘图工作造成不便。为了尽可能给绘图区腾出屏幕空间,可以对操作面板窗口启用鼠标感应功能。启用鼠标感应后,当鼠标进入绘图区时,操作面板窗口自动变成一个悬浮的标题条,如图 1－17 所示。而当鼠标指针移到这个标题条上后,操作面板窗口又会自动恢复原状。

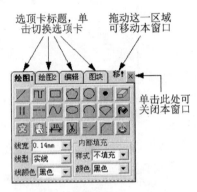

图 1－16 操作面板窗口的操作方法

选择"设置"|"鼠标感应"菜单,使其前面带上勾号,这时就处于鼠标感应状态。再单击这个菜单,又会去掉其前面的勾号,同时关闭鼠标感应功能。

图 1－17 变为标题条的操作面板窗口

1.4 文件操作

1.4.1 文件的新建、打开与保存

1. 新建文件

超级绘图王启动后会自动新建一个文件,以方便绘图。用户可以随时选择"文件"|"新建"菜单,或者单击工具栏上的第一个按钮□ 来重新建立一个新文件。

2. 打开文件

打开文件有三种方式:

（1）选择"文件"|"打开"菜单或者单击工具栏上的第二个按钮，可以打开一个 WF 格式的文件。

（2）双击一个磁盘上的"＊.WF"文件，会自动启动超级绘图王并在超级绘图王内打开这个文件。

（3）在 Windows 文件夹窗口内找到欲打开的超级绘图王文件（"＊.WF"文件），用鼠标将其拖到超级绘图王软件的窗口内，也可以打开它。

3. 保存文件

选择"文件"|"保存"菜单或者单击工具栏上的第三个按钮，可以保存当前文件。超级绘图王的文件扩展名固定为"WF"，因此超级绘图王文件也称为 WF 格式文件。

选择"文件"|"另存为"菜单可以将当前文件换名存盘。

1.4.2 文件合并与自动备份

1. 文件合并

可以将另一个超级绘图王文件插入到当前文件内，从而实现两个文件内容的合并，方法为：选择"插入"|"插入超级绘图王文件"菜单并从弹出的对话框中指定被插入的文件名。

2. 自动备份

超级绘图王具有自动备份功能，每隔一定时间对用户所绘的图形自动保存一次。如果在使用中遇到断电、死机等意外事故非正常退出而没来得及存盘，下次重新启动超级绘图王后，可以通过调出上次自动备份文件的方式来还原上次绘图内容。

限于篇幅，本处不对"文件合并"与"自动备份"功能进行详细介绍，请读者参考软件的电子版说明书《超级绘图王用户手册》1.4.4 节与 1.4.5 节。

1.5 绘图区大小及其相关设置

1.5.1 页面设置

绘图前一般要先设置绘图区的大小，同时设置对应的打印选项，这些操作可以在"页面设置"对话框内完成。选择"文件"|"页面设置"菜单，可调出"页面设置"对话框，如图 1－18 所示。

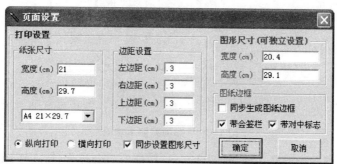

图 1－18 "页面设置"对话框

1. 图形尺寸与纸张尺寸

在"页面设置"对话框内可以设置两种尺寸：图形尺寸与打印纸纸张尺寸。这是两个不同的概念，分述如下：

① 图形尺寸：指图形的大小。例如，要画一张幅面为 50 cm×50 cm 的图纸，图形尺寸的宽度应设置为 50 cm，高度也应设置为 50 cm。图形尺寸决定了超级绘图王内绘图区面积的大小。

② 纸张尺寸：指打印时打印纸的大小，如果不涉及打印，则这个尺寸没有用处。假设图形尺寸已设置为 50 cm×50 cm，但想在小型打印机上用 A4 纸打印这张图纸，那么纸张尺寸应设置为 A4 纸的大小，即 21 cm×29.7 cm。这种情况下一次只能打印图纸的某一部分，这一部分的最大面积为 A4 纸的大小（实际上还要除去上、下、左、右边距值）。

🌀**说明** 当图形尺寸大于纸张尺寸时，无法一次打印整幅图，必须使用打印区域功能将图形划分为多个打印区域，然后分别打印。

2. 同步设置图形尺寸

若在"页面设置"对话框中勾选"同步设置图形尺寸"复选框（默认已勾选），设置纸张尺寸或其页边距时，则会自动计算出一个默认的图形尺寸，计算方法是将纸张尺寸除去四周页边距后的值，作为图形尺寸。横向打印时还会自动交换"高度"与"宽度"值，以实现打印纸的屏幕模拟。若不勾选"同步设置图形尺寸"复选框，设置纸张尺寸或其页边距时，则不会自动设置图形尺寸。

不论是否勾选"同步设置图形尺寸"复选框，图形尺寸都可以单独修改或设置。

3. 打印方向

打印方向决定将图形原样打印到打印纸上还是调转 90°后再打印，有两种选择，如下：

① 纵向打印：这是通常的打印方式，图形原样"画"到打印纸上，如图 1-19 所示。

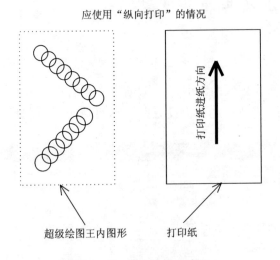

图 1-19 纵向打印示意图

② 横向打印：当图形的横向尺寸（宽度）与打印纸的纵向尺寸（高度）一致时，应选择"横向打印"单选按钮，此时将图形旋转 90°后"画"到打印纸上，如图 1-20 所示。

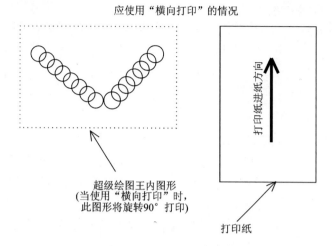

应使用"横向打印"的情况

超级绘图王内图形
(当使用"横向打印"时,
此图形将旋转90°打印)

打印纸进纸方向

打印纸

图 1 - 20　横向打印示意图

4. 自动生成图纸边框

在图 1 - 18 中,勾选"图纸边框"选项组中的"同步生成图纸边框"复选框,就可以在页面设置时自动生成图纸的幅面线与图框线等图形。

限于篇幅,本处不对"自动生成图纸边框"功能进行详细介绍,请读者参考软件的电子版说明书《超级绘图王用户手册》1.5.3 节。

1.5.2　拖动法调整绘图区大小

绘图区大小(也就是图形尺寸)在超级绘图王中有两种设置方法:除了通过"页面设置"对话框内的"图形尺寸"选项组来设置外,还可以通过用鼠标拖动绘图区大小调整控制块的方法来设置。绘图区大小调整控制块位于绘图区的右下角,如图 1 - 8 所示。

1.5.3　版心线

在绘图时,用户常常希望能像 Word 那样显示一张实际的打印纸作为背景,这样就可以直观地了解图形在打印纸上的实际位置以及版面整体布局情况。超级绘图王中可以实现类似的功能,需要选择"视图"|"显示版心线"菜单来实现。通过这一菜单可以显示版心线,版心线指出了图形需要打印到多少张打印纸上,以及每张打印纸对应图纸的哪一部分图形。

限于篇幅,本处不对"版心线"功能进行详细介绍,请读者参考软件的电子版说明书《超级绘图王用户手册》1.5.4 节。

1.6　习　　题

1. 超级绘图王针对建筑图纸的绘制提供了哪些非常有效的功能?

2. 超级绘图王附带的电子版说明书有哪些? 如何找到?

3. 超级绘图王右侧菜单栏上的菜单有何特点?

4. 固定工具栏上,大多数按钮都有按下(也就是凹陷)和抬起(也就是非凹陷)两种状态,如何实现这两种状态的切换?

5. 固定工具栏上,大多数按钮右侧都有一个下三角,这个下三角有何作用?

6. 有哪几种调出飘浮式工具栏的方法?飘浮式工具栏如何移动?如何关闭?

7. 操作面板窗口有何作用?如何移动它?如何关闭它?关闭之后如何再次使其显示出来?

8. 图形尺寸与纸张尺寸有何区别?

9. 如何设置绘图区(也就是图形尺寸)大小?

第 2 章　基本绘图操作

2.1　绘图基础

2.1.1　绘图按钮

1. 认识绘图按钮

绘图功能全部集中在操作面板窗口的两个"绘图"选项卡内。"绘图 1"选项卡内提供了基本图形的绘制功能,"绘图 2"选项卡内提供了建筑专业图形的绘制功能。本章只介绍"绘图 1"选项卡内的基本图形绘制功能。"绘图 1"选项卡内的图形按钮如图 2-1 所示。

2. 绘图按钮的选中与取消选中

要想绘制某种图形,先用鼠标单击其对应的按钮,按钮的背景颜色由淡绿色变为淡红色(以直线为例,即 ⟋),表示此按钮处于选中状态,可以绘制其代表的图形。

若想切换绘制另一种图形,则直接用鼠标单击另一种图形按钮即可,新图形按钮被选中会导致上个图形按钮自动取消选中。

若不想再绘制任何图形,单击处于选中状态的按钮,就会取消其选中状态(其背景色也恢复为淡绿色)。也可以按键盘上的 Esc 键,同样可以取消按钮的选中状态。

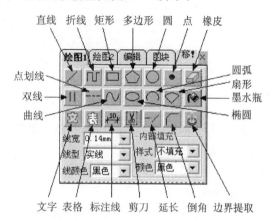

图 2-1　"绘图 1"选项卡内的图形按钮

没有任何图形按钮被选中且未选取图形的状态称为无操作状态。某些操作(如选取图形)必须在无操作状态下才能进行。

2.1.2　绘图参数

1. 适用于所有图形的通用绘图参数

对于每种基本图形,至少有线宽、线型、线颜色三个参数可以设置,如图 2-2 所示。

① 线宽:线的粗细,以 mm 为单位,可以从"线宽"下拉列表框中选择,也可以直接在"线宽"下拉列表框内输入一个数值(单位为 mm,不用输入)。

※注意　一般小于 0.25 mm 的线宽专用于在高分辨率打印机上精确输出,显示器上可能看不出变化。

② 线型:设置图形外廓线是实线、虚线或点划线等。线型设置只有在线宽小于或等于 0.25 mm 时起作用。

③ 线颜色:图形外廓线的颜色。

2. 适用于所有封闭图形的通用绘图参数

对于封闭图形(矩形、圆、椭圆、扇形、多边形等),还可以设置两种内部填充属性,如图 2-2 所示。

① 填充样式:控制如何对封闭图形的内部进行填充,从"样式"下拉列表框中选择。若选择"不填充",则图形内部是空心透明的;若选择"实心",则图形内部全部涂以"填充颜色"框内指定的颜色;若选择其他选项,则图形内部用指定的图案花纹进行填充,图案花纹的颜色也由"填充颜色"框指定。

② 填充颜色:封闭图形内部填充图案的颜色,从"颜色"下拉列表框中选择设置。

3. 专用绘图参数

除以上公共绘图参数外,大多数图形还有自己的专用绘图参数,当单击这类图形按钮后,操作面板窗口变大,下方新增的部分显示图形的专用参数。以直线为例,其专用绘图参数如图 2-2 所示。专用参数因图形种类的不同而不同,具体含义在讲述相应图形绘制时再讲解。

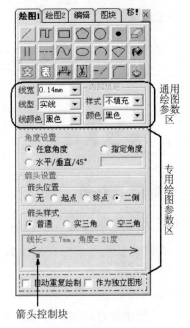

图 2-2 绘图参数

2.1.3 角度的表示形式

某些操作中需要指定角度,如绘制直线时指定直线的倾斜角度;旋转图形时指定旋转角度等。超级绘图王中只接收以"°"为单位的角度值,不接收以弧度为单位的角度值,弧度角度在输入前应自行将其转换为以"°"为单位。例如,在一个需要角度的地方输入"30",就是代表"30°",而不是 30 弧度。另外,符号"°"不需要输入。

不足 1°的部分可以用小数表示,也可以用分或秒表示。例如:

30.5　　　　(表示 30.5°)。

−120.86　　(表示−120.86°)。

20'50'30　　(表示 20°50′30″,即 20 度 50 分 30 秒)。

280'10　　　(表示 280°10′,即 280 度 10 分)。

−20'0'30　　(表示−20°0′30″,即−20 度零 30 秒,注意中间的"0'"不能省略)。

◎说明

① 角度可以带负号。

② 用度分秒格式表示时,度、分、秒三部分之间一律用单引号(英文单引号而不是中文单引号)分隔。当没有"分"这一项但有"秒"这一项时,"分"这一项要用 0 填充而不能省略,"−20'0'30"就是这样一个例子。

2.1.4 绘图步骤与描述约定

1. 绘图步骤

绘制一个图形按如下步骤进行:

① 选择所绘图形：在操作面板窗口的"绘图 1"或"绘图 2"选项卡内用鼠标单击一个图形按钮，使其处于选中状态（按钮背景颜色为淡红色状态）。

② 设置绘图参数：在操作面板窗口中"绘图 1"选项卡的参数区内设置绘图参数。

③ 绘图：在绘图区内用鼠标在图形的关键点处单击以绘制出图形，不同的图形由于其关键点个数不同，需要单击鼠标的次数也不同。比如，画直线需要在直线的起点和终点处分别单击鼠标；画矩形需要在矩形的一对对角顶点处分别单击鼠标；而画三角形需要分别在三角形的三个顶点处单击鼠标。

若需要连续绘制多个图形，重复以上三步即可。其中，若几个连续绘制的图形是相同种类的，则只需要连续重复第③步即可。

④ 退出绘图状态：所有图形绘制完后，再单击"绘图 1"或"绘图 2"选项卡内最后处于选中状态的图形按钮，就会取消这个按钮的选中状态（其背景色恢复为淡绿色），从而退出绘图状态。

以画两个矩形为例，步骤如图 2 - 3 所示。

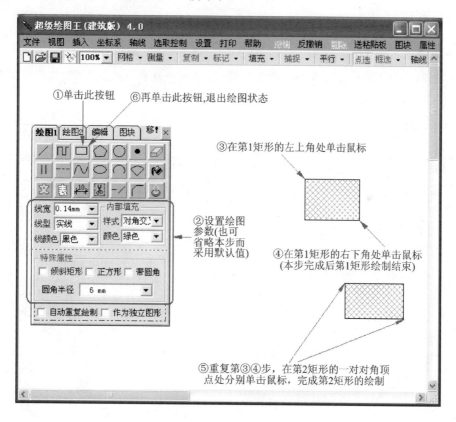

图 2 - 3　绘图步骤

2. 描述约定

在描述图形绘制方法时，约定用两条短的十字交叉线（即一个叉号）表示需要在某个地方单击一次鼠标，而且十字交叉线的交点就是鼠标的单击点。如果鼠标的单击有先后次序要求，则在单击点处注明序号。例如，画直线时只需要在直线的两端点处单击鼠标即可，无顺序要求，如图 2 - 4(a)所示。圆心半径法画圆时，需要先在圆心处单击鼠标，然后在圆周上任意点处单击鼠标,两步骤之间有先后次序要求,如图 2-4(b)所示。

另外,本书中的"单击鼠标"均指单击鼠标左键,若需要单击鼠标右键,则会特别指出单击鼠标右键。

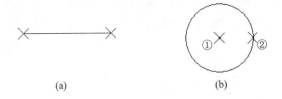

(a)　　　　　　　　　　(b)

图 2-4　绘图描述约定

2.2　直线类图形

2.2.1　画直线

1. 画直线的方法

单击"直线"按钮 ╱ 并设置画线参数后,在绘图区内分别在直线的起点、终点处单击鼠标,可绘制出一条直线,如图 2-5 所示。

2. 直线的箭头

直线可以带箭头,"直线"按钮选中后的画面如图 2-2 所示,其中"箭头设置"选项组内包含了有关直线箭头的选项。

图 2-5　直线及其绘制点

① 箭头位置:决定直线是否有箭头,以及有箭头时的箭头位置,有四个选项。

"无":直线不带箭头。

"起点":直线的起点处带箭头。

"终点":直线的终点处带箭头。

"二侧":直线的起点与终点处都带箭头。

② 箭头样式:决定箭头的形状,有三个选项。

"普通":箭头由两条成一定夹角的短直线构成。

"实三角":箭头由一个实心三角形构成。

"空三角":箭头由一个空心三角形构成。

③ 箭头大小:箭头样式框的下面有一个箭头预览框,这个框内有一个箭头控制块(见图 2-2),用鼠标拖动这个控制块可以调整箭头的大小。

2.2.2　画折线

折线是一组首尾相连的直线,如图 2-6 所示。要画折线,首先单击"折线"按钮 ⊓ 并设置画线参数,然后在绘图区内折线的每个端点处依次单击鼠标左键,并在最后一个端点处单击鼠标右键(对折线而言,左键表示添

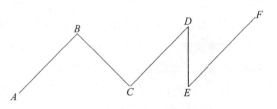

图 2-6　折线及其绘制点

加一条直线;右键表示结束绘制)。对于图 2-6 而言,就是在 A、B、C、D、E 点处单击鼠标左键,在 F 点处单击鼠标右键。

折线也可以带箭头,与直线完全一样。

💿说明　在软件内部,"折线"比"直线"占用更少的存储空间。因此,尽可能选用"折线"按钮来画直线图形。但是,"直线"按钮支持自动重复绘制等更多的功能。

2.2.3　画点划线与虚线

点划线是由长线、间隙、短线反复重复而构成的直线。绘制时首先单击"点划线"按钮 ⊟,此时会出现如图 2-7 所示的画面,用鼠标拖动画面中的长线控制块、间隙控制块或短线控制块可分别调整点划线的长线、间隙和短线部分的长度。然后在绘图区内,分别在点划线的起点与终点处单击鼠标左键,即可绘制出一条点划线,如图 2-8(a)所示。

点划线有三种子类型,分别为单点划线、双点划线与虚线。绘制前在图 2-7 中的"点划线类型"选项组中选择相应类型即可,这三种点划线的绘制效果如图 2-8 所示。

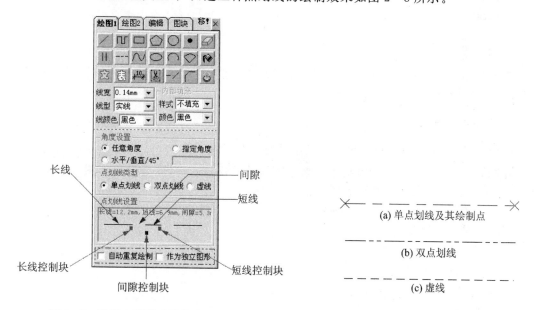

图 2-7　选择点划线后的操作面板窗口　　　　**图 2-8　点划线绘制及点划线类型**

(a) 单点划线及其绘制点

(b) 双点划线

(c) 虚线

2.2.4　控制画线角度

直线、折线、点划线在其专用绘图参数中都有"角度设置"选项组,用来控制所画线的角度。以折线为例,其"角度设置"选项组如图 2-9 所示。"角度设置"选项组内各项的含义如下:

①"任意角度":可以绘制任意角度直线,直线角度完全由鼠标决定。

②"水平/垂直/45°":软件自动将直线调整为水平、垂直、正向 45° 或反向 45°(即 135°)之一,取决于鼠标经过的路径更接近哪种角度。

③"指定角度":选择这一项后,需要在其下面的文框内输入一个角度值(角度的格式见 2.1.3 节),所画的直线将被强制为这个角度。注意,假设输入的角度为 30°,用鼠标控制可以绘制与 x 轴正向或负向成 30° 或 -30° 的直线。

◎说明

① 在选择了"任意角度"单选按钮的情况下,绘图时若按住 Shift 键,仍然可以强制直线为水平、垂直或 45°之一,相当于临时选中了"水平/垂直/45°"单选按钮。

② 在选择了"水平/垂直/45°"单选按钮的情况下,若按下 Shift 键,直线将被强制调整为 45°,但这种技巧对折线不适用。

③ 为描述简洁,本节中所说的"直线"均指直线类图形,即包括折线和点划线。

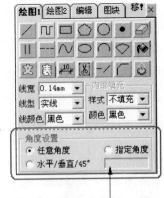

当选择"指定角度"时在此框内输入角度

图 2-9　直线类图形的"角度设置"选项组

2.2.5　画过某个特殊点的直线

想要绘制从一个点出发通过另一个指定点的直线,超级绘图王中直线与点划线支持这种操作,但折线不支持。为了简洁,本节内下面叙述中所说的"直线"均代表直线和点划线。

1. 过屏幕上特定点

以图 2-10 为例,直线 AB 是已存在的直线,现在想绘制直线 CD(用虚线表示),要求 CD 通过直线 AB 的端点 A,操作步骤为:

① 在操作面板窗口内选中"直线"按钮并设置线型、线宽等参数。

② 在绘图区内,在直线的起点 C 处单击鼠标左键,然后移动鼠标到 A 点上,单击鼠标右键,弹出如图 2-11 所示的右键菜单。在此菜单中选择"穿越此点",意思是让直线通过当前鼠标所在的点。注意,必须在绘制完直线第一点后单击鼠标右键,才会出现如图 2-11 所示的菜单。

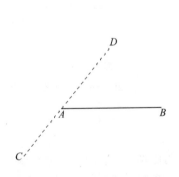

图 2-10　通过特定点的直线

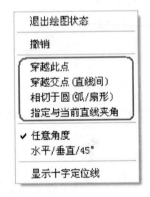

图 2-11　直线与点划线的右键菜单

③ 继续移动鼠标,这时会发现直线的方向不再由鼠标控制,而是固定沿 CA 方向延长,移动鼠标只能决定直线的长短。用鼠标控制直线延长到 D 点,单击鼠标左键,绘制结束。

◎说明　在上面操作过程第②步中,实际上很难用目测的方法将鼠标准确地移到 A 点。但鼠标捕捉功能(见 2.8 节介绍)可以帮助做到这一点,这项功能默认已开启。实际操作时,只需要将鼠标移到 A 点附近时就可以了,鼠标实际上会被自动"吸"到 A 点。

2. 过直线间的交点

如图 2－12 所示,已存在两条直线①和②,其交点是 A,现在想画一条直线 CD(用虚线表示),要求 CD 通过前两条直线的交点 A。

操作过程同上面"过屏幕上特定点"类似,先在绘图区内直线的起点 C 处单击鼠标左键,然后移动鼠标到 A 点附近,单击鼠标右键,从弹出的右键菜单中选择"穿越交点(直线间)",最后在 D 点处单击鼠标左键即可。

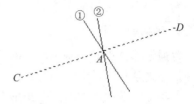

3. 其他功能

图 2－12　通过直线间交点的直线

利用图 2－11 所示的直线右键菜单,还可以实现让一条直线与圆相切、让一条直线与另一条直线成特定夹角等功能。限于篇幅,本处不再一一介绍,请读者参考软件的电子版说明书《超级绘图王用户手册》2.2.5 节。

2.3　矩形、点与多边形

2.3.1　画矩形

1. 画普通矩形

单击"矩形"按钮▢(选中后画面如图 2－13 所示)并设置画线参数,然后在绘图区内,在矩形的一对对角顶点处分别单击鼠标,就可以绘制出一个矩形,如图 2－14(a)所示。

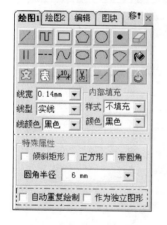

(a) 矩形及其绘制点

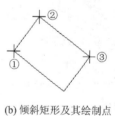

(b) 倾斜矩形及其绘制点

图 2－13　选中矩形后的操作面板窗口

图 2－14　矩形与倾斜矩形的绘制点

2. 画正方形

在图 2－13 中,选中"正方形"复选框,然后绘图,所画的矩形将被强制为正方形。另外,若不勾选这项,但绘图时按住 Shift 键,所画的矩形也将被强制为正方形。

3. 画圆角矩形

在图 2－13 中,选中"带圆角"复选框,同时在"圆角半径"下拉列表框内选择圆角部分的半径,然后绘图,所画的矩形将是圆角矩形。

在指定圆角半径时既可以直接指定一个具体半径值("圆角半径"下拉列表框前面的一些选项),也可以指定这个半径占矩形短边的百分之几("圆角半径"下拉列表框后面的一些选项),当圆角半径为矩形短边的50%时,整个短边将变为一个半圆。

4. 画倾斜矩形

普通矩形只能在屏幕上水平放置,要想画一个能以任意角度放置在屏幕上的矩形,必须使用倾斜矩形功能。绘制步骤为:

在图 2 - 13 中,选中"倾斜矩形"复选框,然后在绘图区内,在倾斜矩形的任意三个相邻顶点处分别单击鼠标,就可以绘制出一个倾斜矩形,如图 2 - 14(b)所示。

2.3.2 画 点

点实际上是一种特殊的实心圆,它只需要单击一次鼠标就可以绘制,画点的步骤为:

① 单击"点"按钮 ● ,然后设置线宽、线颜色等绘图参数。

② 在绘图区内,在需要显示点的地方单击鼠标,每次单击绘制一个点。

◎**说明** "点"只支持线宽与线颜色两种参数,通过改变线宽可以控制点的大小。

2.3.3 画多边形

1. 画任意多边形

任意多边形的绘制步骤为:

① 单击"多边形"按钮 ⬠(选中后画面如图 2 - 15 所示),然后设置线型、线宽等绘图参数。

② 设置多边形的边数,以绘制图 2 - 16 所示图形为例,在图 2 - 15 中的多边形"边数"下拉列表框中选择"4 条边"选项。

③ 在绘图区内,在多边形的每个顶点处(即图 2 - 16 中的 A、B、C、D 点处)分别单击鼠标,即完成多边形的绘制。

◎**说明** 上面的方法是绘制前先指定多边形边数,也可以绘制前不指定多边形边数,而在绘制过程中动态指定,方法是在上面的第②步中选择"任意边数"选项,然后在绘图时,在 A、B、C 点处单击鼠标左键,而在 D 点处单击鼠标右键(单击右键表示指定最后一个顶点)即可。

2. 画正多边形

正多边形是通过指定其中心点与一个顶点来绘制的,单击两次鼠标即可完成一个正多边形的绘制。下面以绘制图 2 - 17 所示的六角螺母为例来说明其绘制步骤。

图 2 - 15 选中多边形后的操作面板窗口

①　画出图中的外接圆。

②　单击"多边形"按钮，设置边数为 6 条，同时勾选"正多边形"复选框。

③　在绘图区内，先在圆心 A 点（通过鼠标捕捉功能可准确找到圆心 A 点，圆心 A 点同时也是正六边形的中心）处单击鼠标，再移动鼠标到 B 点处（B 为圆周上的任意一个点）单击，即完成正六边形的绘制。

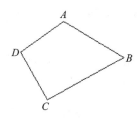

图 2-16　多边形的绘制

图 2-17　六角螺母

🌀说明　正多边形有两种绘制方式。分别为"中心→顶点"和"顶点→中心"（见图 2-15）。在"中心→顶点"方式下，绘制时先指定正多边形中心点，然后指定正多边形的任意一个顶点。上面的第③步中多边形的绘制就使用了这种方式；在"顶点→中心"方式下，绘制时先指定正多边形的一个顶点，然后指定正多边形的中心点。若用这种方式绘制图 2-17 中的多边形，要先在 B 点单击鼠标，后在 A 点单击鼠标。

3．交叉边空隙内部填充模式

在图 2-15 中，有一个"交叉边空隙内部填充模式"选项组，当多边形的边是相互交叉时，用这个选项可以控制交叉边形成的公共区域是否填充。限于篇幅，本处不对其作详细介绍，请读者参考软件的电子版说明书《超级绘图王用户手册》2.5.2 节。

2.4　圆类图形

2.4.1　画　圆

画圆的步骤为：

①　单击"圆"按钮（选中后界面如图 2-18 所示），然后设置线型、线宽等绘图参数。

②　选择绘制方法，圆的绘制方法有三种，分别为：

"指定圆心及圆周上一点"：即圆心半径法，绘制时先在圆心处单击鼠标，然后在圆周上任意一点处单击鼠标（以确定半径），绘制方法如图 2-19(a) 所示。

"指定一直径的二个端点"：绘制时在圆的任意一条直径的两个端点处分别单击鼠标，绘制方法如图 2-19(b) 所示。

"指定圆周上任意三个点"：绘制时在圆周上的任意三个点处分别单击鼠标，绘制方法如图 2-19(c) 所示。

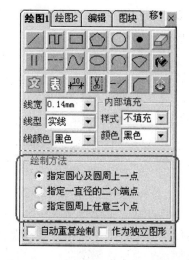

图 2-18　选中圆后的操作面板窗口

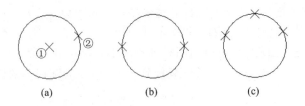

图2-19 圆的绘制方法及其绘制点

③ 用鼠标在绘图区内按选定的"绘制方法"绘制出图形。

2.4.2 画椭圆

椭圆要通过其外接矩形来绘制,操作步骤为:

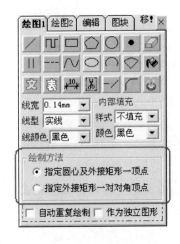

① 单击"椭圆"按钮◯(选中后界面如图2-20所示),然后设置线型、线宽等绘图参数。

② 选择绘制方法,椭圆的绘制方法有两种,分别为:

"指定圆心及外接矩形一顶点":绘制时先在椭圆圆心处单击鼠标,然后在外接矩形的任意一顶点处单击鼠标,绘制方法如图2-21(a)所示(虚线为椭圆外接矩形)。

"指定外接矩形一对对角顶点":绘制时在椭圆外接矩形的一对对角顶点处分别单击鼠标,绘制方法如图2-21(b)所示(虚线为椭圆外接矩形)。

③ 用鼠标在绘图区内按选定的"绘制方法"绘制出图形。

图2-20 选中椭圆后的操作面板窗口

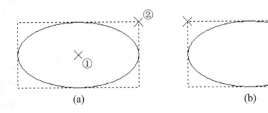

图2-21 椭圆的绘制方法及其绘制点

2.4.3 画圆弧

画圆弧的步骤为:

① 单击"圆弧"按钮◯(选中后界面如图2-22所示),然后设置线型、线宽等绘图参数。

② 选择绘制方法,圆弧的绘制方法有两种,分别为:

"指定起点、终点及中间一点":绘制时先在圆弧起点处单击鼠标,然后在圆弧终点处单击鼠标,最后在圆弧上除起点与终点外的其他任意一点处单击鼠标,绘制方法如图2-23(a)所示。

"指定圆心、起点及终点":绘制时先在圆弧的圆心处单击鼠标,然后在圆弧的起点、终点处分别单击鼠标,绘制方法如图 2-23(b)所示。

③ 用鼠标在绘图区内按选定的"绘制方法"绘制出图形。

◎说明　圆弧可以带箭头,图 2-23(c)为带箭头的圆弧,图 2-22 中的"箭头设置"选项组用于设置箭头的有无、形状与大小,具体设置方法完全同直线箭头的设置。如果只有一侧带箭头,即起点或终点带箭头,则对圆弧而言起点与终点的含义为:沿逆时针方向上,圆弧的首端点为其起点,末端点为其终点。

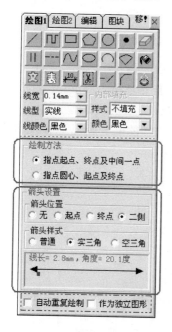

图 2-22　选中圆弧后的操作面板窗口

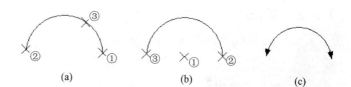

(a)　　　　　　　(b)　　　　　　　(c)

图 2-23　圆弧的绘制方法、绘制点及其箭头

2.4.4　画扇形与弦

扇形与弦只是形状不同(区别如图 2-24 所示),绘制方法完全相同。

这两种图形在绘制时,都是先单击"扇形"按钮◇,会出现如图 2-25 所示界面。从中选择"扇形"或"弦"之一,再进行图形的绘制。后续的绘制步骤完全同圆弧,扇形(包括弦,下同)与圆弧只是形状不同,绘制方法完全相同。

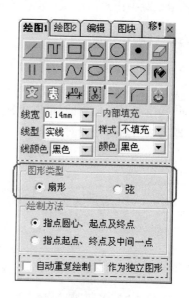

图 2-25　扇形与弦的选择界面

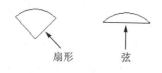

扇形　　　弦

图 2-24　扇形与弦

扇形与圆弧在使用上的区别有三点：① 绘制时扇形的默认方法是"指定圆心、起点及终点"，而圆弧的默认方法是"指定起点、终点及中间一点"；② 扇形是封闭图形，可以带内部填充，但圆弧不能；③ 圆弧可以带箭头，但扇形不能。

2.4.5 点划线型圆与圆弧

圆与圆弧有时需要绘制成点划线形式，如环形物体的中心线、圆弧形道路的中心线等，可用如下两种办法将圆或圆弧绘制为点划线形式。

1. "点划线"线型法

绘制圆或圆弧前，先在"线型"下拉列表框内选择"点划线"，然后绘制圆或圆弧。

2. 右键菜单转换法

先用实线绘制圆或圆弧，然后选取这个圆或圆弧（注意：只能选取一个图形，并且这个图形是圆或圆弧）。单击鼠标右键，从弹出的右键菜单中选择"转换为点划线圆弧"。

限于篇幅，本处对这两种方法不作详细介绍，请读者参考软件的电子版说明书《超级绘图王用户手册》2.4.5节。

2.5 区域涂色

2.5.1 概 述

有时我们需要对某块区域填涂颜色。如图 2-26 所示，图 2-26(a)为一个孔洞的图案，图 2-26(b)为一个单相防爆插座的图案，这两个图案中均有一部分区域需要涂成黑色。在超级绘图王内，专门提供了"墨水瓶"工具用于对一个封闭区域内填涂某种颜色。

图 2-26 区域涂色的应用

2.5.2 操作步骤

以绘制图 2-26 所示的图案为例，区域涂色的操作步骤为：

① 首先绘制出需要涂色的区域，如图 2-27(a)和图 2-27(b)所示。区域涂色与其他图形不同，其他图形是独立的，可以单独绘制，但区域涂色必须先使用其他图形构成一个封闭的边界（即区域），然后才能对其涂色。

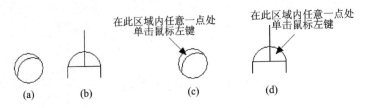

图 2-27 区域涂色操作步骤

② 单击"墨水瓶"按钮![墨水瓶]，选中后操作面板窗口如图 2-28 所示，从中将"欲涂颜色"（即区

域内需要涂染的目标颜色,也就是墨水的颜色)设置为黑色。

③ 将鼠标移到绘图区内,这时鼠标指针变成了 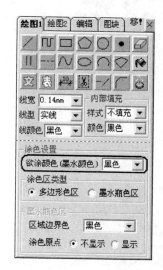 形状。移动鼠标到图 2-27(c)与图 2-27(d)中需要涂色的两块区域内,分别单击一次鼠标,这两块区域即被涂成黑色。

④ 再单击一次操作面板窗口中的"墨水瓶"按钮,使之抬起,结束涂色操作。

◎说明

① 被涂色的区域可以由任意复杂的边界构成,唯一的要求是边界必须是封闭的。

② 图 2-28 中有一个"涂色区类型"选项组,它决定了涂色操作的结果是什么性质的图形。在默认选中"多边形色区"单选按钮的情况下,涂色操作结果是一个多边形,可以按照多边形的选取规则选取涂色结果(选取后可以进行删除或修改等操作)。另外,还有一种"墨水瓶色区"类型,限于篇幅,本处不作详细介绍,请读者参考软件的电子版说明书《超级绘图王用户手册》2.6.3 节。

图 2-28 选中墨水瓶后的
操作面板窗口

2.6 双线图形

2.6.1 双线功能介绍

建筑物的墙体在图纸上用两条平行线表示,手工绘制两条平行线比较麻烦,超级绘图王的双线功能专用于解决这类问题。在超级绘图王中,直线、点划线、折线和矩形四种图形具有双线绘制功能,绘制这四种图形时,若同时单击"双线"按钮,就可以一次绘制出两个同类图形,并且绘制方法完全等同于单个图形的绘制,第二个图形由系统自动生成。对于直线、折线、点划线,生成的第二条线是所画直线的平行线;对于矩形,生成一个嵌套在所绘矩形里面的小矩形(可方便地用于配筋图等图形的绘制)。

图 2-29(a)和图 2-29(b)是双直线和双折线的绘制效果,图 2-29(c)是双矩形的绘制效果。

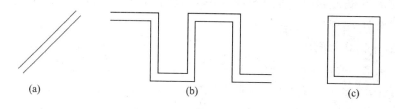

(a)   (b)   (c)

图 2-29 双线图形的绘制效果

2.6.2 操作步骤

以绘制一条双直线为例,操作步骤为:

① 单击"直线"按钮 ╱，并设置线型、线宽、线颜色等绘图参数。

② 单击"双线"按钮 ▌▌，界面如图 2-30 所示，进行双线参数设置。

③ 将鼠标移到绘图区内，按画直线的方法绘制直线即可。由于"双线"按钮呈按下状态，所以可以看到每画一条直线会自动生成另一条与其平行的直线。若再单击一次"双线"按钮，则会取消其选中状态，然后画直线就恢复为一次绘制一条直线的方式了。

画双折线、双点划线、双矩形步骤类似，都是在绘图时单击"双线"按钮即可。再次单击"双线"按钮又恢复单图形的绘制。

2.6.3 选项设置

在图 2-30 中，可以设置绘制双线图形时的各项参数，下面具体介绍其含义。

1. 双线间距

这是双线设置中最重要的参数，它决定两条直线

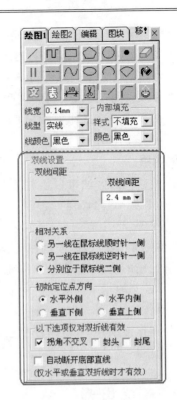

图 2-30 选中双线后的操作面板窗口

（或两个矩形）的间隔距离，可以从下拉列表项中选择标准值，也可以在组合框内直接输入一个值。允许的最小值是 0.1 mm，最大值是 200 mm，数据单位固定为 mm 且不需要输入。

2. 相对关系

本参数决定软件自动生成的那条直线与通过鼠标绘制的那条直线之间的位置关系，这个参数对于双矩形无效。各选项含义如下：

① "另一线在鼠标线顺时针一侧"：新生成的直线位于鼠标绘制直线的顺时针一侧。

② "另一线在鼠标线逆时针一侧"：新生成的直线位于鼠标绘制直线的逆时针一侧。

③ "分别位于鼠标线二侧"：用鼠标所画的那条直线视为两条平行线的中心线，在这条中心线的两侧分别各生成一条直线。这个选项特别适用于墙体线的绘制，用户沿墙体的中心线（也就是轴线）单击鼠标，软件在轴线两侧生成墙体线。

这三个选项的示意图如图 2-31 所示。

3. 自动断开底部直线

本选项仅对水平双折线或垂直双折线有效。勾选本项后，绘制水平或垂直双折线时，若双折线底部有直线，则底部直线位于双折线之间的部分将被截去。选取本项与不选取本项的对比效果如图 2-32 所示。在图 2-32 图中，直线 $a1a2$ 和 $a3a4$ 是已存的直线，而 $b1b2$ 和 $b3b4$ 是新绘制的双折线，在选取"自动断开底部直线"后，直线 $a1a2$ 和 $a3a4$ 位于 $b1b2$ 和 $b3b4$ 之间的部分被自动断开。

◎说明 新绘制的双折线 $b1b2$ 和 $b3b4$ 必须是水平或垂直的，否则不能断开其底部直线；但对底部直线 $a1a2$ 和 $a3a4$ 没有要求，它们可以不是水平或垂直的。

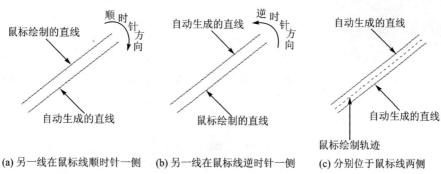

(a) 另一线在鼠标线顺时针一侧　(b) 另一线在鼠标线逆时针一侧　(c) 分别位于鼠标线两侧

图 2 - 31　双线相对关系

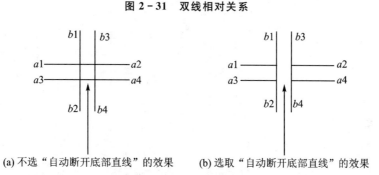

(a) 不选"自动断开底部直线"的效果　　(b) 选取"自动断开底部直线"的效果

图 2 - 32　"自动断开底部直线"的效果

4．其他选项

在图 2 - 30 中,还有"初始定位点方向"、"拐角不交叉"、"封头"与"封尾"四个选项,限于篇幅,本处不对其作详细介绍,请读者参考软件的电子版说明书《超级绘图王用户手册》2.7.3 节。

2.7　自动重复绘制

2.7.1　自动重复功能介绍

有时需要绘制一系列有规律排放的图形,如图 2 - 33 所示的暖气片图中,需要绘制一排均匀间隔的矩形,对于这样的图形在超级绘图王内不需要单个绘制,因为软件独有的自动重复绘制功能可以轻松完成这类工作。

使用自动重复绘制功能时需要首先由用户绘制出第一个图形(这个图形称为母图),然后软件将自动重复生成一系列与母图完全相同的图形,并且这些图形之间具有指定的间距(由"重复图形间距"参数指定),图形的排列方向则由用户用鼠标指定。启用自动重复绘制功能后,在绘制完母图后,还要增加一次鼠标单击操作,此操作

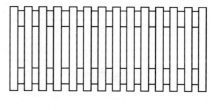

图 2 - 33　暖气片图

确定"自动重复绘制终点",这个终点决定着自动重复绘制生成图形的排列方向,也决定着自动重复绘制生成图形的个数。

2.7.2 操作步骤

除折线与曲线外,其余的基本图形都支持自动重复绘制。支持自动重复绘制的图形在选取后,操作面板窗口底部会显示"自动重复绘制"设置区,以选中矩形为例,界面如图2-34所示。

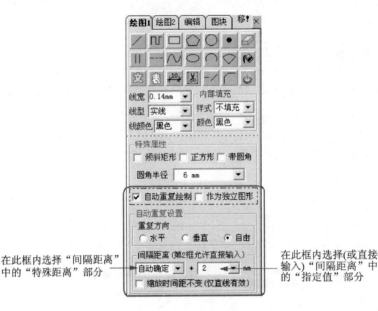

在此框内选择"间隔距离"中的"特殊距离"部分

在此框内选择(或直接输入)"间隔距离"中的"指定值"部分

图 2-34 "自动重复绘制"设置区

下面以绘制图2-33所示的暖气片为例,介绍自动重复绘制的操作步骤。

① 绘制出两组平行线,如图2-35(a)所示,每组平行线都可以使用双直线功能一次绘出。

② 单击"矩形"按钮,设置内部填充样式为"实心",内部填充颜色为白色,这样矩形内部不再是透明的,会自动遮挡住其底部的直线。同时,勾选"自动重复绘制"复选框,将"重复方向"设置为水平,而"间隔距离"的设置采用默认值即可。

③ 在绘图区内,绘制出第一个小矩形(即母图),如图2-35(b)所示。这一步需要在标有①和②的两个叉号处单击鼠标。

④ 向右移动鼠标,到图2-35(b)中标有③的叉号处单击鼠标,从而确定自动重复绘制终点,整个绘制过程结束。

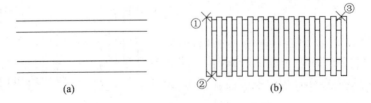

(a)   (b)

图 2-35 "自动重复绘制"操作步骤

◎说明 对任何图形,使用自动重复绘制功能后,只需要在使用原绘制方法绘出第一个图形后,再增加一次用于确定自动重复绘制终点的单击操作即可。

2.7.3　选项设置

下面介绍图 2-34 中与自动重复绘制功能相关的各选项的含义。

1. 自动重复绘制

要想使用自动重复绘制功能,必须勾选"自动重复绘制"复选框;否则,不能使用自动重复绘制功能。

2. 作为独立图形

若不选这一项,由自动重复绘制功能生成的图形在逻辑上不是独立图形,而是母图的影子图形,它们不能被单独选中、修改或删除,实际上不能对这些图形进行任何操作。同时,对母图的任何修改,都会导致这些图形被修改,删除母图也会导致这些图形被删除。

若选中这一项,自动重复绘制功能生成的每个图形在逻辑上都是独立图形,这些图形生成以后,与母图不再有任何联系,每个图形都可以单独修改或删除。

3. 重复方向

如果选择"水平"单选按钮,则强制自动重复绘制生成的图形与母图位于同一水平线上;如果选择"垂直"单选按钮,则强制自动重复绘制生成的图形与母图位于同一垂直线上;如果选择"自由"单选按钮,则自动重复绘制生成的图形可以由鼠标任意控制排列方向。

2.7.4　重复图形间距

1. 概　述

图 2-34 中的"间隔距离"选项组用于指定自动重复绘制生成的图形之间的间隔距离。这个距离的设置如图 2-36 所示。

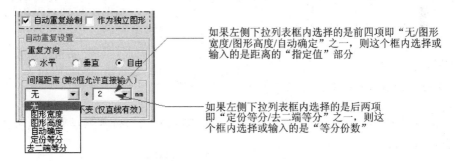

图 2-36　"间隔距离"的设置

自动重复绘制图形之间的间隔距离简称为自动重复间距,可以用两种方式指定:
①指定一个"特殊距离"和一个"指定值",将这两者的和作为自动重复间距。
②指定自动重复操作需要绘制多少份图形,图形之间的距离由软件按照图形均匀间隔的原则自动确定。

2. 指定"特殊距离"和"指定值"

在图 2-36 中,当在左侧的下拉列表框内选择前四项之一时,表示自动重复间距将由一个"特殊距离"加一个"指定值"构成,如图 2-37 所示。

（1）特殊距离。在左侧的下拉列表框内，可以选择以下四个值之一。

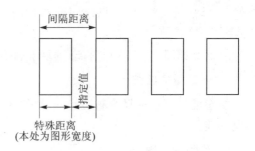

图 2 - 37　自动重复图形间距

①"无"：没有特殊距离，此时"间隔距离"="指定值"。

②"图形宽度"：此时"间隔距离"=母图的宽度+"指定值"，图 2 - 37 所示的就是这种情况。当重复图形水平排列时，选择本项比较合适，此时"指定值"正好就是图形之间的间隙大小。

③"图形高度"：此时"间隔距离"=母图的高度+"指定值"，当重复图形垂直排列时，选择本项比较合适。

④"自动确定"：这是默认选项，如果绘制时重复图形水平或近似水平排列，则软件自动取"图形宽度"作为特殊距离；如果绘制时重复图形垂直或近似垂直排列，则软件自动取"图形高度"作为特殊距离。

（2）指定值。指定值是一个以 mm 为单位的值，可以从右侧的组合框内选择，也可以直接在右侧的组合框内输入（只需输入数字即可，单位固定为 mm 且不必输入）。以图 2 - 37 为例，如果"指定值"设置为 0，则重复图形在水平方向上紧密排列（无空隙）；如果"指定值"设置为负值，则重复图形在水平方向上重叠排列。

3. 指定重复图形份数

在图 2 - 36 中，当在左侧的下拉列表框内选择最后两项之一时，表示指定自动重复操作需要绘制图形的份数，这些图形要按照从母图到填充终点之间均匀分隔的原则确定其位置。这时，图形的份数要通过右侧的组合框来选择或输入。

假设在右侧的组合框内选择"3"（即绘制 3 份图形），当在左侧的下拉列表框内选择"定份等分"时，表示从第一个图形（母图）到填充终点之间要绘制 3 份图形，如图 2 - 38(a)所示。当在左侧的下拉列表框内选择"去两端等分"时，表示从第一个图形（母图）到填充终点之间的距离要等分为 5 份，这 5 段距离中起点与终点处不画图形（即去掉两端的图形），仅在中间的 3 个位置处生成图形，如图 2 - 38(b)所示。

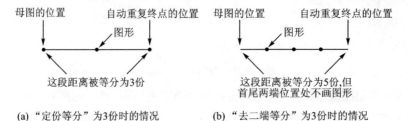

(a)　"定份等分"为3份时的情况　　　(b)　"去二端等分"为3份时的情况

图 2 - 38　"定份等分"与"去二端等分"的区别

指定份数自动重复绘制在绘制均匀排列的图形时特别方便。下面举例说明。

图 2 - 39(a)是一幅配筋图，这个图形的绘制步骤为：

① 画出图 2 - 39(a)所示的正方形。

② 在"绘图 1"选项卡中单击"点"按钮，将线宽设置为一个较大值（如 1.5 mm），勾选"自

动重复绘制"复选框,在"间隔距离"选项组的左侧下拉列表框内选择"定份等分",在右侧的组合框内将等分份数设置为 4,如图 2 - 39(b)所示。

③ 先在图 2 - 39(a)中的 A、B 两点处分别单击鼠标,再在 C、D 两点处分别单击鼠标,绘制出左右两侧的两排钢筋点。

④ 在"间隔距离"选项组的左侧下拉列表框内选择"去二端等分",在右侧的组合框内将等分份数设置为 2。在图 2 - 39(a)中的 A、C 两点处分别单击鼠标,绘制出上面的那一排钢筋点(实际上只绘制中间的那两个钢筋点,A、C 两点处不会重复绘制钢筋点)。

⑤ 在 B、D 两点处分别单击鼠标,绘制出下面的那一排钢筋点中的中间部分。

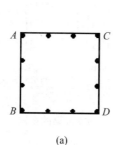

(a)

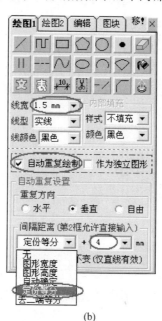

(b)

图 2 - 39 配筋图及其绘制要点

2.7.5 直线类图形的特殊说明

直线类图形中直线和点划线两种图形支持自动重复绘制(折线不支持)。相对于其他图形的自动重复绘制,直线类图形有三点特殊之处。

1. "间隔距离"的意义与其他图形不一样

直线类图形的"间隔距离"指两条相邻重复直线之间的平行距离,如图 2 - 40 所示。利用这一特征可以非常方便地生成一系列具有指定平行距离的直线。

2. "特殊距离"选项的意义与其他图形不一样

对于直线类图形而言,"图形宽度"与"图形高度"都是指母图直线的长度。因此,在正常情况下,直线类图形在指定"间隔距离"时应将"特殊距离"指定为"无",即只使用"指定值"来控制"间隔距离"的大小。

仅当重复直线沿母图直线的延长线方向排列时,才应当将"特殊距离"指定为"图形宽度"或"图形高度"之一,这样可以生成具有指定空隙的间断线。限于篇幅,本处不对此作详细介

图 2 - 40   直线类图形的自动重复间距

绍,请读者参考软件的电子版说明书《超级绘图王用户手册》2.8.5 节。

3. "缩放时间距不变"复选框

在图 2 - 34 中,有一个"缩放时间距不变"复选框,这个选项仅对直线类图形的自动重复绘制有效。若选中它,绘制出的直线在放大或缩小时,重复直线间的间距将不会跟随放大或缩小,而是增加或减少重复直线的数量(即缩放的是直线的数量),如图 2 - 41 所示。

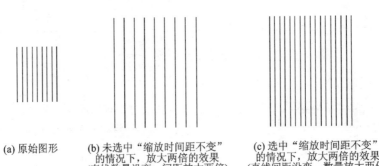

(a) 原始图形   (b) 未选中"缩放时间距不变"   (c) 选中"缩放时间距不变"
　　　　　　　　　　　的情况下,放大两倍的效果   的情况下,放大两倍的效果
　　　　　　　　　　　(直线数量没变,间距放大两倍)   (直线间距没变,数量放大两倍)

图 2 - 41   "缩放时间距不变"复选框对直线类图形缩放效果的影响

2.8   鼠标捕捉与坐标锁定

2.8.1   鼠标捕捉概述

1. 问题的引入

鼠标捕捉就是当鼠标接近某一个特殊位置时,将其强制"捕捉"到这个特殊位置处。鼠标捕捉可以解决仅通过目视很难将图形对准到某个位置上的问题。如图 2 - 42 所示,已画了一个矩形,现想为其添加一条对角线(图中虚线所示的直线),如果没有鼠标捕捉功能,则在画这条对角线时很难将鼠标对准在矩形的左上角和右下角的顶点上;但有了鼠标捕捉,可以非常容易地解决这个问题。

2. 启用鼠标捕捉

单击工具栏上的"捕捉"按钮,使其呈凹陷状态(见图 2 - 42),即启动了鼠标捕捉功能(注意,自超级绘图王 4.0 版开始,软件已默认启用了这一功能)。

启用鼠标捕捉后,上面所述对角线的绘制方法为:移动鼠标到矩形左上角附近,会有一个绿色的点显示在矩形左上角,表示鼠标已被捕捉到矩形左上角了,这时单击鼠标。然后移动鼠

标到矩形右下角附近,待右下角上显示绿色点后,再次单击鼠标。这样,以矩形左上角为起点,右下角为终点的直线就产生了。

◎说明　上面所说的绿色点称为捕捉指示点,它的出现表示鼠标已被捕捉,并且它的显示位置就是鼠标被捕捉后的位置。在显示了捕捉指示点的情况下,单击鼠标绘图时一律以指示点的位置作为鼠标的当前位置。

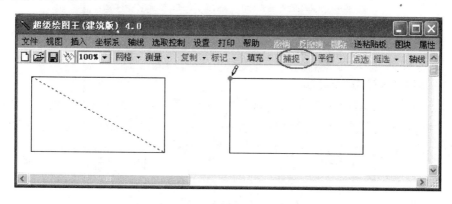

图 2-42　鼠标捕捉的应用与操作方式

3. 关闭鼠标捕捉

在已启动了鼠标捕捉的情况下,再次单击工具栏上的"捕捉"按钮,会使其由凹陷状态恢复为正常状态,这就关闭了鼠标捕捉功能。关闭鼠标捕捉后,鼠标就完全自由而不受任何约束了。

4. 暂时禁止鼠标捕捉

一般情况下,用户都是启用鼠标捕捉功能的,但有时需要在一个特殊点附近绘图(在"附近"而不是在特殊点上),如果不关闭鼠标捕捉,鼠标就会被捕捉到特殊点上;如果关闭鼠标捕捉,则画完这个点后,需要再次开启鼠标捕捉,比较麻烦。为此,软件允许暂时禁止鼠标捕捉,绘图期间只要按 Ctrl 键,鼠标捕捉功能就被暂时禁止,松开 Ctrl 键后,又恢复鼠标捕捉。这样,鼠标在关键点附近而又不想被其捕捉时,只要暂时按一下 Ctrl 键即可。

2.8.2　捕捉方式设置

前面提到在启用鼠标捕捉的情况下,当鼠标接近某些特殊位置时,鼠标会被捕捉过去。那么哪些位置算是"特殊位置"呢?这由捕捉方式决定。

单击工具栏上"捕捉"按钮右侧的下三角,会显示"捕捉"按钮的按钮菜单,如图 2-43 所示。单击其第一项"捕捉方式",会弹出"鼠标捕捉方式"对话框,如图 2-44 所示。

◎说明　图 2-44 所示的对话框还有一种快速调出方式,那就是在"捕捉"按钮上单击鼠标右键。

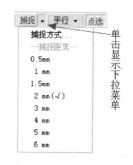

图 2-43　"捕捉"按钮的按钮菜单

这个对话框上部的虚线框中列出了八项可以被鼠标捕捉的项目,在某一项前面打上勾,这一项就能被鼠标捕捉。序号代表这些项的优先级,序号小者

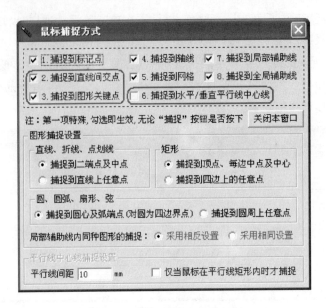

图 2-44 "鼠标捕捉方式"对话框

优先级高。若鼠标可同时被多个项目所捕捉,则优先级高者会捕捉到鼠标。在本节内,只介绍这一界面中的第 2、3、6 项(用粗线圈出者)。

1. 捕捉到图形关键点

选中后,已绘制图形的关键点会被鼠标捕捉;否则,已绘制图形的关键点不会被鼠标捕捉。

大多数图形的关键点是固定的,通常是图形的绘制点及图形内部的特殊点。例如,对三角形而言,其三个顶点、每条边的中心以及三角形的重心是关键点。但有几类图形的关键点是可以设置的。

(1) 直线类图形(包括直线、折线、点划线)的关键点。在"图形捕捉设置"选项组中的"直线、折线、点划线"框内,有两个选项:

① "捕捉到两端点及中点":选中后,直线类图形的两个端点及中点能捕捉鼠标。

② "捕捉到直线上任意点":选中后,直线类图形的任何一个点都能捕捉鼠标。

◎**说明**　如果想从直线的端点或中点处开始绘图,则选择第一项,选择第二项会导致鼠标仅能被捕捉到直线上去,但不能对准到端点或中点上。若想从直线上端点或中点以外的地方开始绘图,则应选择第二项。

(2) 矩形的关键点。在"图形捕捉设置"选项组中的"矩形"框内,有两个选项:

① "捕捉到顶点、每边中点及中心":选中后,矩形的四个顶点、四条边的中点以及矩形的中心(两条对角线的交点)能捕捉鼠标,如图 2-45 所示。

② "捕捉到四边上的任意点":选中后,矩形四条边上的每一个点都能捕捉鼠标。

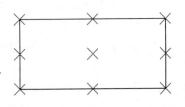

图 2-45 矩形的鼠标捕捉点(带叉号处)

(3) 圆类图形(包括圆、圆弧、扇形、弦)的关键点。在"图形捕捉设置"选项组中的"圆、圆弧、扇形、弦"框内,有两个选项:

①"捕捉到圆心及弧端点":选中后,下列地方均能捕捉鼠标(见图 2-46):圆、圆弧、扇形的圆心;圆弧、扇形、弦的两个端点及弧中点;圆的四个边界点(即圆与坐标轴的交点);弦直线的中点。

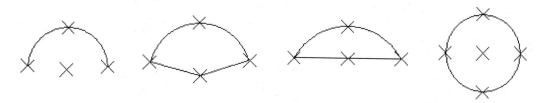

图 2-46 圆类图形的鼠标捕捉点(带叉号处)

②"捕捉到圆周上任意点":选中后,圆周上的任意一个点均能捕捉鼠标。同时,扇形两条边上的任意一个点、弦直线上的任意一个点也能捕捉鼠标。

◎说明 椭圆也能捕捉鼠标,但它的关键点固定为圆心及椭圆与坐标轴的四个交点。

2. 捕捉到直线间交点

选中后,直线类图形(直线、折线、点划线)之间的交点能捕捉鼠标,当需要从直线之间的交点处开始绘制一个新图形时,这一项非常有用。

3. 捕捉到水平/垂直平行线中心线

选中后,两条水平线或两条垂直线之间的中心线也能捕捉鼠标。利用这一功能,可以方便地在已画好的两条平行线(如道路、墙体等,都绘制为两条平行线)之间补画出中心线。限于篇幅,本处不对此作详细介绍,请读者参考软件的电子版说明书《超级绘图王用户手册》2.9.2 节。

2.8.3 捕捉距离设置

捕捉距离规定鼠标距关键点多远时,鼠标会被捕捉过去。在图 2-43 中,在"捕捉距离"下有八个距离菜单可以选择,默认是 2 mm。若要选择其他距离,则用鼠标单击对应的菜单即可。当前被选中的距离后面会标有"√"以示提醒。

◎说明 一般情况下不使用较大的捕捉距离,否则当鼠标距关键点较远时便被捕捉过去,会干扰正常绘图。但是,在将鼠标捕捉到某些不可见的特殊点上时(如捕捉到圆的圆心上),较大的捕捉距离可以使鼠标大致在目标点附近时就被捕捉到,以提高捕捉速度。

2.8.4 坐标锁定

1. 概　述

坐标锁定用于强制欲绘制的图形在水平或垂直方向上与某个已存的图形对齐,现举例说明这一功能及其用法。

如图 2-47(a)所示,已有一个矩形 A,现欲画矩形 B 与直线 C,要求矩形 B 的上下边与矩形 A 的上下边是对齐的,而直线 C 的两个端点与矩形 A 的左右边是对齐的,即满足图 2-47(a)中虚线所示的对齐关系。

▦分析 矩形 B 与矩形 A 只是在 y 轴方向上存在对齐关系,在 x 轴方向上可能相距很远。因此,不能用鼠标捕捉来实现这种对齐。直线 C 与矩形 A 的关系也存在同样的情况。对于这种单个坐标的对齐,需要使用坐标锁定来解决。

2. 矩形 B 的绘制步骤

① 在操作面板窗口中单击"矩形"按钮,进入矩形绘制状态。

② 在绘图区内,移动鼠标到矩形 A 右上角附近(或矩形上边的其他位置处),当出现鼠标捕捉指示点时(这时鼠标的 y 轴坐标会被强制调整为矩形上边的 y 轴坐标),按键盘上的 F2 键,屏幕上出现坐标锁定指示线(一条水平虚线与一条垂直虚线),如图 2-47(b)所示。

③ 向右移动鼠标,可以看到只有垂直虚线跟随鼠标而移动,而水平虚线是固定的,这说明鼠标的 y 轴坐标已被锁定,只有 x 轴坐标可以变化。将鼠标移到图 2-47(a)中矩形 B 的左上角附近并单击鼠标,完成矩形 B 第一点的绘制。

④ 将鼠标移到矩形 A 的右下角附近(或矩形底边的其他位置处),当出现鼠标捕捉指示点时,按键盘上的 F2 键,屏幕上出现坐标锁定指示线(这次是出现在矩形底边上)。然后向右移动鼠标到矩形 B 的右下角处,单击鼠标,即完成矩形 B 的绘制。

◎**说明** F2 键是 y 轴坐标锁定键,按下后,当前鼠标的 y 轴坐标被保存,下一次绘图操作时将直接使用,而忽略鼠标的实际 y 轴坐标。坐标锁定仅对下一次鼠标单击操作有效,鼠标单击后,锁定自动解除。另外,在已锁定了 y 轴坐标的情况下,再按 F2 键也可以解除锁定。

3. 直线 C 的绘制步骤

① 在操作面板窗口中单击"直线"按钮,进入直线绘制状态。

② 在绘图区内,移动鼠标到矩形 A 左下角附近(或矩形左边的其他位置处),当出现鼠标捕捉指示点时(这时鼠标的 x 轴坐标会被强制调整为矩形左边的 x 轴坐标),按键盘上的 F3 键,屏幕上出现坐标锁定指示线。

③ 向下移动鼠标,可以看到只有水平虚线跟随鼠标而移动,而垂直虚线是固定的,这说明鼠标的 x 轴坐标已被锁定,只有 y 轴坐标可以变化。将鼠标移到图 2-47(a)中直线 C 的左端点附近并单击鼠标,完成直线 C 第一点的绘制。

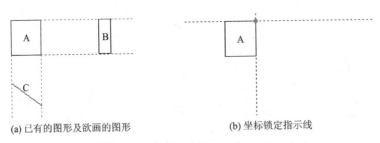

(a) 已有的图形及欲画的图形   (b) 坐标锁定指示线

图 2-47 用坐标锁定实现图形对齐

④ 将鼠标移到矩形 A 的右下角附近(或矩形右边的其他位置处),当出现鼠标捕捉指示点时按键盘上的 F3 键,屏幕上出现坐标锁定指示线。然后向下移动鼠标到直线 C 的右端点处,再单击鼠标,完成直线 C 的绘制。

◎**说明** F3 键是 x 轴坐标锁定键,按下后,当前鼠标的 x 轴坐标被保存,下一次绘图操作时将直接使用,而忽略鼠标的实际 x 轴坐标。坐标锁定仅对下一次鼠标单击操作有效,鼠标单击后,锁定自动解除。另外,在已锁定了 x 轴坐标的情况下,再按 F3 键也可以解除锁定。

2.8.5　水平垂直直线对直线端点的吸附

"水平垂直直线对直线端点的吸附"是一个独立选项,由"设置"|"水平垂直直线对直线端点的吸附"菜单的子菜单来决定是否启用。若启用这一功能,当新绘制直线的端点位于一条水平或垂直直线(或其延长线)附近时,新绘制直线的端点会被自动调整到这条水平或垂直直线(或其延长线)上,从而可以消除建筑图纸中墙线(墙线总是水平或垂直的直线)附近直线由于绘图时鼠标难以准确对准到墙线上而与墙线之间产生的微小缝隙。

限于篇幅,本处不对这一功能作详细介绍,请读者参考软件的电子版说明书《超级绘图王用户手册》2.9.5 节。

2.9　相关操作及设置

2.9.1　显示比例

使用工具栏上的显示比例组合框(见图 2-48)可以方便地改变图形的显示比例,从而将图形放大或缩小显示。

除了可以从下拉列表项中选择一个显示比例外,还可以直接输入一个显示比例值(如输入 110,百分号不用输入),输入后按 Enter 键,新比例即生效。

◎说明

① "设置"|"线宽不随显示比例而缩放"菜单决定了显示比例变大(或变小)时图形的线宽是否也放大(或缩小)。选中菜单,使其前面带上勾号,就进入了"线宽不随显示比例而缩放"状态;再单击这个菜单,其前面的勾号就会去掉,又会退出"线宽不随显示比例而缩放"状态。两种状态下效果对比如图 2-49 所示。

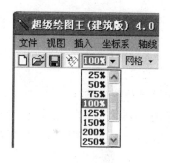

图 2-48　显示比例组合框

(a) 原始图形　(b) 线宽随显示比例而缩放时在300%显示比例时的效果　(c) 线宽不随显示比例而缩放时在300%显示比例时的效果

图 2-49　线宽随显示比例而缩放与否的效果对比

② 显示比例不仅在显示图形时有效,在打印与送粘贴板操作时也同样有效。在 300% 的显示比例下打印或送粘贴板,相当于将图形放大三倍后再进行同样的操作。

2.9.2　鼠标指针设置

鼠标指针的形状有两种选择:绘图笔✐或十字线╋,默认是绘图笔。通过"设置"|"鼠标指针"中的两个子菜单,可以在两种鼠标指针形状之间切换,如图 2-50 所示。

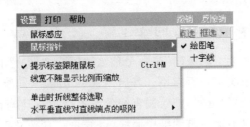

图 2-50　鼠标指针的设置菜单

2.9.3　十字定位线

十字定位线是呈十字交叉显示的两条水平与垂直长直线(虚线),如图 2-51 所示。十字定位线随鼠标的移动而移动,用于指示当前鼠标位置与已存在的图形在水平或垂直方向上的对齐关系。

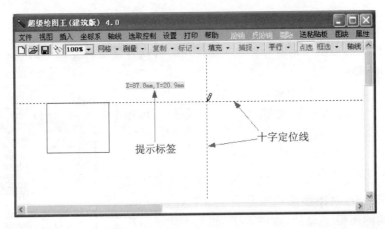

图 2-51　十字定位线与提示标签

使用"视图"菜单下的四个子菜单(见图 2-52 中粗线圈)可以设置是否显示十字定位线,以及何时显示。这四个菜单都是开关选项,功能如下:

① 绘图时显示十字定位线:选中后绘图时显示十字定位线,否则绘图时不显示。

② 标注时显示十字定位线:用法同上,但本菜单控制在文字标注时是否显示十字定位线。

③ 选取后显示十字定位线:用法同上,但本菜单控制在选取图形或文字后是否显示十字定位线。

④ 复制中显示十字定位线:用法同上,但本菜单控制在复制操作状态下(工具栏上的"复制"按钮被按下时)是否显示十字定位线。

◎**说明**　以上四个选项是独立的,可以同时选取多个,互不影响。

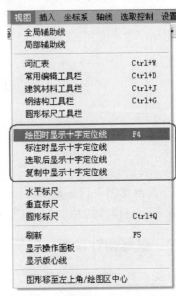

图 2-52　视图菜单的子菜单

2.9.4　提示标签与标尺

1. 提示标签

提示标签是显示在绘图区内的一个小窗口(见图 2-51),用于显示与当前操作有关的信息,如鼠标的当前位置、所绘图形的参数、某些操作的操作步骤等。

正常情况下提示标签是跟随鼠标的,它总是显示在鼠标指针附近,并且随鼠标的移动而移动。也可以禁止提示标签跟随鼠标,禁止后,提示标签将固定显示在屏幕某个位置上。这时,用鼠标拖动提示标签可以移动其在屏幕上的位置。

提示标签是否跟随鼠标而移动由"设置"|"提示标签跟随鼠标"菜单决定。这一菜单是开关选项,单击它一次,其前面会带上勾号,就设置为允许;再单击它一次,其前面的勾号会去掉,就设置为禁止。

2. 标　尺

标尺是显示在屏幕上的带有刻度的尺子,超级绘图王中有一把水平标尺和一把垂直标尺,分别用"视图"|"水平标尺"和"视图"|"垂直标尺"两个菜单控制其显示与否。

限于篇幅,本处不对这两种标尺作详细介绍,请读者参考软件的电子版说明书《超级绘图王用户手册》2.10.4 节。

2.9.5　撤销与反撤销

"撤销"菜单用于撤销上一步操作,"反撤销"菜单用于撤销最后一次的撤销操作,即恢复被撤销的上一步操作。"撤销"与"反撤销"菜单都是可以直接使用的顶级菜单,其在菜单栏上的位置如图 2-53 所示。

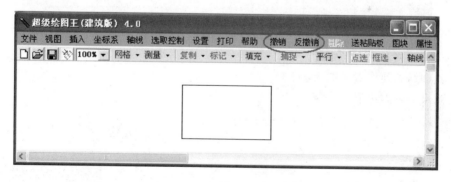

图 2-53　撤销与反撤销菜单

⊚说明　软件支持无限次撤销,但图层操作会删除全部撤销与反撤销信息,导致之前的操作不能再撤销。用户可以经常进行一下无用的图层操作(例如将当前图层设置为下一层,然后立即切换回来),就会清除撤销与反撤销信息并释放因记录这些信息而耗费的内存。

2.9.6　图形擦除

在操作面板窗口"绘图 1"选项卡中有一个"橡皮"按钮 ⬜,利用这个按钮可以实现擦除图形的任意一部分。限于篇幅,本处不对这一功能作详细介绍,请读者参考软件的电子版说明书

《超级绘图王用户手册》6.6节。

2.10 习 题

1. 如何选中一个绘图按钮？选中后如何取消？

2. 图形的通用绘图参数有哪些？如何设置？

3. 下列角度值在超级绘图王内如何表示？

① 30 度 20 分 30 秒；　　② 100 度 20 秒；　　③ −45.6 度。

4. 画出下列直线。

5. 画点划线时，如何设置点划线每一部分的长度？

6. 如何画水平或垂直的直线？如何画一条与水平线呈 30°夹角的直线？

7. 如何使画出的直线能穿过屏幕上某个特定的点？

8. 画出下列各类矩形。

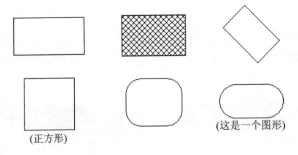

9. 画点时，如何设置点的大小？

10. 画出下列多边形。

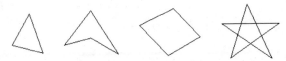

11. 如何画任意边数（即在绘图过程中动态确定边数）的多边形？

12. 画出下面的六角螺母。

13. 画出下列圆。

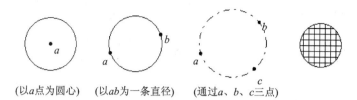

(以*a*点为圆心)　　　(以*ab*为一条直径)　　　(通过*a*、*b*、*c*三点)

14. 画出下列椭圆。

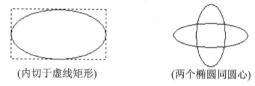

(内切于虚线矩形)　　　　　　(两个椭圆同圆心)

15. 画出下列圆弧、扇形或弦等图形。

16. 画出下图中的(a)与(b)两个图形。

提示：欲画图形(b)，必须先构建图形(c)所示的边界。

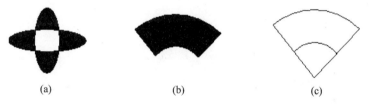

(a)　　　　　　　　(b)　　　　　　　　(c)

17. 利用双线功能画出下列图形。

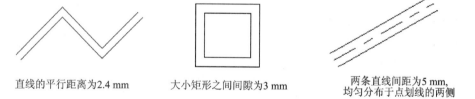

直线的平行距离为2.4 mm　　　　大小矩形之间间隙为3 mm　　　两条直线间距为5 mm，
均匀分布于点划线的两侧

18. 利用自动重复绘制功能，画出下列图形。

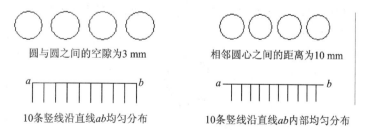

圆与圆之间的空隙为3 mm　　　　　相邻圆心之间的距离为10 mm

10条竖线沿直线*ab*均匀分布　　　10条竖线沿直线*ab*内部均匀分布

19. 已有直线 *AB* 和 *CD*，如何画出其中心线(即下图(a)中的虚线)，以及其三等分线(即下图(b)中的两条虚线)？

提示：利用自动重复绘制的"去二点等分"选项，先在 AB 处画出首直线，再将 AC 之间的距离进行二等分或三等分。

20. 什么是鼠标捕捉？如何启用或停止它？

21. 在"捕捉"按钮呈按下状态的情况下，如何临时禁用鼠标捕捉？

22. 在超级绘图王中，哪些项目可以捕捉鼠标？

23. 对于直线来说，如何设置能使其任意点均可捕捉鼠标？如何设置才能使其只有两端点与中点可以捕捉鼠标？

24. 如何设置鼠标捕捉距离？什么情况下需要将鼠标捕捉距离设置得大一些？

25. 已有一个点 A，欲画另一点 B，如何使画出的点 B 与点 A 位于同一条水平线上（提示：坐标锁定）？

26. 如何改变显示比例？如何使图形的线宽不随显示比例的变大而变粗？

27. 如何使提示标签不随鼠标的移动而移动？在提示标签固定的情况下，如何改变其在绘图区内的位置？

28. 如何在绘图时显示十字定位线？

第3章 图形选取与修改

3.1 图形选取

3.1.1 概 述

图形画好后,往往还需要对其进行各种修改操作,如调整形状、改变大小、旋转、移动位置、与其他图形对齐、复制图形、删除图形等,这些操作统称为图形编辑操作。在图形编辑操作前,需要选取图形,编辑操作只针对被选取的图形进行,而不会针对全体图形进行。因此,图形选取是图形编辑的前提和基础。

超级绘图王有两种图形选取方式:单击选取和选取框选取。这两种选取方式分别用工具栏上的两个按钮控制,即"点选"按钮和"框选"按钮,如图3-1所示。单击"点选"按钮,使其呈凹陷状态,就处于单击选取方式;单击"框选"按钮,使其呈凹陷状态,就处于选取框选取方式。这两个按钮是互斥的,按下一个会自动弹起另一个。

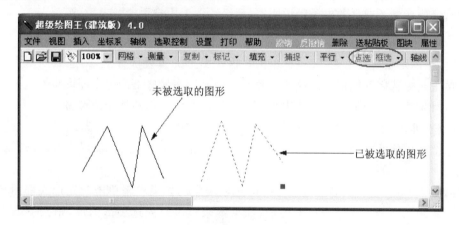

图 3-1 图形选取相关界面

不论用何种方式选取图形,被选取的图形都用红色虚线显示以示区别。

要想选取图形,必须处于无操作状态,即操作面板窗口的"绘图1"和"绘图2"选项卡上没有任何一个图形按钮被选中,这时鼠标的单击或拖动等操作才被解释为图形选取操作;若有图形按钮处于按下状态,则鼠标操作被解释为绘图操作。

◎说明

① 在绘图过程中想选取图形时,按 Esc 键即可进入无操作状态。对支持键盘参数的图形,若已绘制了图形的一部分(例如直线已绘制了一个点),则需要连续按两次 Esc 键。

②还有一种快速进入无操作状态的方法,就是单击工具栏上的"点选"或"框选"按钮。例如,假设"点选"按钮处于凹陷状态,若单击一次"框选"按钮,则切换进入选取框选取方式,同时

进入无操作状态;若单击的仍然是"点选"按钮,则选取方式保持不变但会使软件进入无操作状态。

3.1.2 鼠标单击选取

1. 单击选取的操作方法

在工具栏上"点选"按钮呈凹陷状态的情况下,在一个图形上单击鼠标,就可以将其选中。

要实现选取多个图形,则需要在单击第一个图形之前按下 Ctrl 键,然后依次单击每个图形。若多选过程中单击一个已选取了的图形,则可取消其选取状态。松开 Ctrl 键后,多选过程即结束。

❋**注意** 以上过程与 Windows 默认的多选操作方式不同。Windows 默认的选取多个对象的操作方式是先选取第一个对象,再按下 Ctrl 键并单击其他对象;而超级绘图王的多选方式是先按下 Ctrl 键,再依次单击每个图形。

◎**说明**

① 对于直线、圆弧等非封闭图形,需要在其轮廓线上单击鼠标才能将其选中。对于矩形等封闭图形,在其内部没有填充时,也必须在其轮廓线上单击才能将其选中;若其内部有填充,则在图形内部任何一点上单击均可将图形选中。

② "墨水"图形(使用"墨水瓶色区"涂色时的操作结果)的选取比较特殊。限于篇幅,本处不作介绍,请读者参考软件的电子版说明书《超级绘图王用户手册》3.1.2 节。

2. 重叠图形的选取

如果多个图形重叠在一起,而鼠标单击在这些图形的重叠部分上,则选取规则为:如果已设置为"单击时先选底部图形",则这些重叠图形中显示在最底下的那个图形将被选中;如果未设置"单击时先选底部图形",则这些重叠图形中显示在最上面的那个图形将被选中。

软件是否处于"单击时先选底部图形"状态由"选取控制"|"单击时先选底部图形"菜单决定,单击这个菜单使其前面带上勾号,软件就处于"单击时先选底部图形"状态,否则就不处于这一状态。

另外,按下 Shift 键可以暂时反转图形的选取顺序。如果本来单击时先选底部图形,则按下 Shift 键再单击时会首先选中顶部图形;如果本来单击时先选顶部图形,则按下 Shift 键再单击时改为先选底部图形。总之,如果偶尔需要改变图形单击选取顺序,则按下 Shift 键再单击鼠标即可,这比通过菜单切换要方便一些。

3. 折线的选取

折线是首尾相连的一系列直线,这一系列直线可以单条选取,也可以作为一个整体被全部选取。默认情况下,折线处于单条选取状态,如果用鼠标单击在折线的某一条直线上,则只有被单击的这一条直线会被选取。

单击一次"设置"|"单击时折线整体选取"菜单,使其前面带上勾号,则折线处于整体选取状态,这时鼠标单击在组成折线的任意一条直线上,会导致整条折线上的所有直线被全部选取。如果想取消折线的整体选取功能,则再单击"设置"|"单击时折线整体选取"菜单一次,去掉其前面的勾号即可。

3.1.3　选取框选取

1. 选取框选取操作方法

在工具栏上"框选"按钮呈凹陷状态的情况下,在绘图区内按下鼠标左键并拖动,屏幕上会显示一个虚线的矩形选取框,如图 3-2 所示。松开鼠标左键后,选取框范围内的图形均被选中。

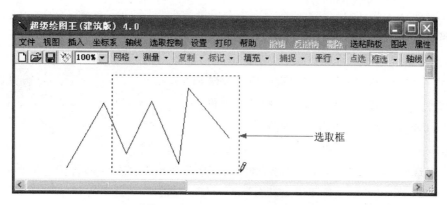

图 3-2　选取框

若先按下 Ctrl 键,再拖动鼠标形成选取框,则一次选取过程中允许多次使用选取框。只有松开 Ctrl 键后,选取过程才结束。这种方式可以选取多块不相邻区域内的图形。

2. 选取框选取的子形式

选取框选取有三种子形式:基本方式、端点选取方式和允许半选中方式。单击"框选"按钮右侧的下三角,会显示"框选"按钮的按钮菜单,如图 3-3 所示。要使用选取框选取的某一种子形式,单击对应的菜单即可。

当前正在使用的子形式通过两种方式显示出来:

① 菜单后面带上勾号。例如,在图 3-3 中"基本方式"后面带有勾号,表示当前处于基本方式下。

② "框选"按钮的按钮文字不同。如果处于基本方式下,则按钮文字为"框选";如果处于端点选取方式下,则按钮文字为"端选";如果处于允许半选中方式下,则按钮文字为"半选"。

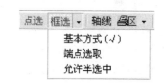

图 3-3　"框选"按钮的按钮菜单

下面详细介绍这三种子形式各自的特点。

(1) 基本方式:只有整个图形都在选取框内时才会被选中,部分在选取框内而部分在选取框外的图形不被选中。

(2) 端点选取方式:图形只要有一个端点被包含在选取框内,该图形就被选中。当多个图形相互交叉重叠时,使用端点选取可以很容易地实现只选取其中某一个图形,而不会将周围的图形误选中。

◎**说明**　对于圆、椭圆,其与 x 轴或 y 轴的交点算是端点。对于扇形,其圆心与两侧的端点均算是端点。

（3）允许半选中方式：这种方式对直线、折线、圆弧作了特殊规定，当其有一个端点在选取框内而另一个端点在选取框外时，这条直线（或折线、圆弧）在选取框内的那一端被选中，而在选取框外的那一端不被选中，即处于半选中状态。除直线、折线、圆弧外，这种方式下其他图形的选取同基本方式。

处于半选中状态的图形用绿色虚线显示，半选中方式的应用见5.2.5节。

3.1.4　全部选取与取消选取

1. 全部选取

如果要将所有图形全部选中，则可以直接在绘图区中按 Ctrl＋A 快捷键，或者将操作面板窗口切换到"编辑"选项卡，单击其中的"全选"按钮，如图3-4所示。

图3-4　"全选"按钮

2. 取消选取

取消选取就是将已选取的图形再变为未选取状态，有三种方法：

① 在被选取图形的最小包围矩形以外的绘图区内单击鼠标左键，如图3-5所示。注意，被选取图形的最小包围矩形在屏幕上没有显示，但很容易判断出来。

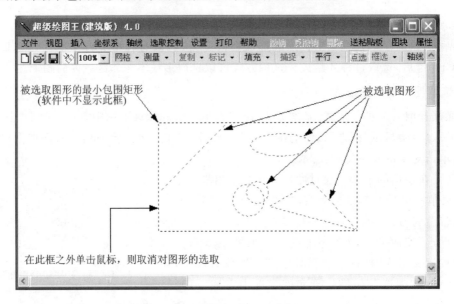

图3-5　选取图形的最小包围矩形

② 在选取图形后，单击鼠标右键，在弹出的右键菜单中选择"取消选取"菜单。

③ 按键盘上的 Esc 键。

3.1.5　相关的菜单与工具栏

1. 使用菜单来限制选取内容

一张图纸中往往混合了图形与文字，在选取时可能只想选中其中的图形或者文字，这一要求可以通过限制选取内容来实现。

"选取控制"菜单下有三个子菜单："图文都选"菜单、"只选图形"菜单和"只选文字"菜单，如图 3-6 所示。这三个子菜单是互斥的，每次只能选取其一（选中者前面会打上勾号），用它们可以控制图形与文字都选、只选取图形或者只选取文字。

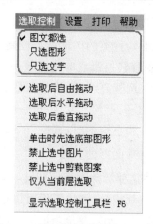

2. "选取控制"工具栏

"选取控制"工具栏实现与"选取控制"菜单相同的功能，但某些情况下使用更方便。选择"选取控制"|"显示选取控制工具栏"菜单，屏幕上会显示"选取控制"工具栏，如图 3-7 所示。工具栏上各选项的控制功能都与同名菜单相同，不再赘述。

图 3-6　"选取控制"菜单的子菜单

图 3-7　"选取控制"工具栏

3.2　调整与删除图形

3.2.1　调整图形

1. 前提条件

要想对图形的形状进行调整，必须一次只选取一个图形。一次选取操作结束后，如果只选取了一个图形，则软件内将显示图形调整控制点，以直线为例，如图 3-8 所示。

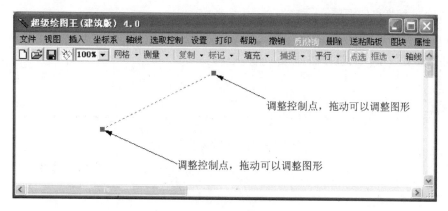

图 3-8　直线的调整控制点

2. 调整方法

如图 3-8 所示，用鼠标拖动某个调整控制点，就可调整相应的图形端点。当所有端点位置调整好后，再取消选取（取消选取的方法见 3.1.4 节的介绍），调整即结束。

◎说明

① 不同种类的图形调整控制点个数不一样,可调整的参数也不一样,用户需要通过选取图形并观察其控制点的拖动效果来逐步了解。

② 在调整直线、折线或点划线时,若按下 Shift 键再拖动控制点,则可将其调整为水平、垂直或 45°之一。

③ 在调整矩形时,若按下 Shift 键再拖动控制点,则可将其调整为正方形。

3. 特殊图形的调整

对于几种特殊图形的调整,作如下说明:

① 点划线:点划线不但可以调整两个端点,还可以调整空白区大小,如图 3-9(a)所示。

② 圆角矩形:圆角矩形除可以调整两个对角顶点外,还可以调整圆角大小,如图 3-9(b)所示。

③多边形:多边形的每个顶点实际上都可以调整,虽然某一时刻只会出现三个调整控制块[见图 3-9(c)],但在选取图形时只要用鼠标单击在不同的边上,三个调整控制块就会出现在不同位置上(总是出现在被单击的边前后),因而就可以拖动调整不同的端点。

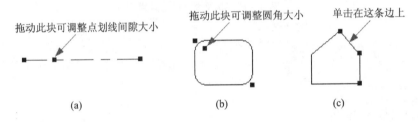

图 3-9 特殊图形的调整

④ 倾斜矩形:倾斜矩形在调整后,将变为平行四边形,即调整时不再维护每个角固定为 90°。

4. 自动重复终点的调整

对于带有自动重复绘制的图形,选取后其自动重复终点也可以调整,从而改变重复图形的排列方向和重复数量。调整方法如图 3-10 所示。

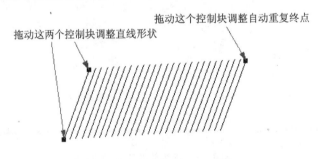

图 3-10 自动重复终点的调整方法

3.2.2 删除图形

删除图形的步骤为:

① 选取需要删除的图形(可以是一个或多个)。

② 选择"删除"菜单(右侧菜单栏的第三个菜单),或者按键盘上的 Delete 键,或者单击鼠标右键再从弹出的右键菜单中选择"删除"菜单。

3.3　组合与合并图形

3.3.1　组合图形概述

以图 3 - 11 所示的插座图形为例,它由六个基本图形构成,这六个图形构成了一个有意义的整体,在以后进行操作时,用户显然不希望对这六个图形分别进行选取、移动等操作(因为这样很容易导致六个图形"分家"),而是希望将这六个图形作为一个整体进行各种操作。这时,就要用到软件的组合图形功能了。

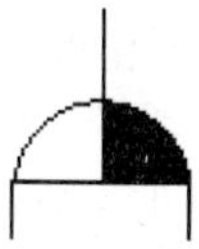

在超级绘图王中,若干图形可以组合成一个组合图形,一个组合图形在逻辑上是一个图形,它只能被整体选取或编辑,其中的任何一个成员都不能被单独选取或编辑。

图 3 - 11　插　座

构成组合图形的成员可以是简单图形,也可以是组合图形,即组合图形可以再被组合到其他的组合图形中。通过组合图形,用户可以用基本图形或已有的组合图形构造更复杂的图形,并且这个复杂图形可以像一个基本图形一样方便地使用。

3.3.2　构造组合图形

将多个图形组合成一个组合图形的步骤为:

① 选取需要参加组合的图形(不能少于两个图形)。

② 单击鼠标右键,从弹出的右键菜单中选择"组合"菜单,如图 3 - 12 所示。

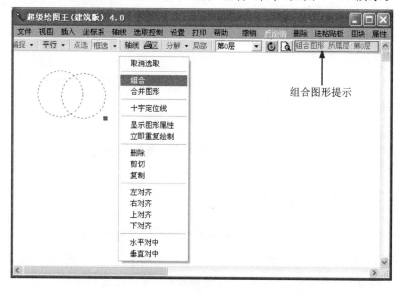

图 3 - 12　选取后右键菜单及组合图形提示

◎说明

① 选取组合图形的任何一个成员,都会导致整个组合图形被选中。

② 如果只选取了一个图形,并且这个图形是组合图形,则工具栏右侧会显示组合图形提示,如图 3-12 所示。

3.3.3 解散组合

组合图形可以被解散组合,解散组合后各个成员又成为独立图形,可以单独进行编辑或修改。解散组合的方法为:

① 选取需要解散的组合图形(可以是一个或多个)。

② 单击工具栏上的"分解"按钮(见图 3-12)。

◎说明 如果只选取了一个组合图形(即工具栏上出现如图 3-12 所示的组合图形提示),也可以单击鼠标右键,从弹出的右键菜单中选择"解除组合"菜单。

3.3.4 合并图形概述

可以将两个图形合并为一个图形,合并后两个图形位于公共相交部分的边界线消失,两个图形"贯通"成为一个图形,效果如图 3-13 所示。

合并操作步骤为:

① 选取两个封闭并且相交的图形。

② 单击鼠标右键,从弹出的右键菜单中选择"合并图形"菜单(见图 3-12)。

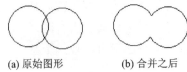

(a) 原始图形　　　　(b) 合并之后

图 3-13　合并图形

对于合并图形的一些具体规则,限于篇幅,本处不作详细介绍,请读者参考软件的电子版说明书《超级绘图王用户手册》3.5 节。

3.4　分解图形

3.4.1　概　述

利用图形分解功能,可以将复杂的图形分解为其基本组成部分。

1. 使用场合

图形分解一般用于如下几种场合:

① 将组合图形解散组合,即将组合图形分解为其各个组成成员。此功能上一节中已介绍过。

② 将自动重复绘制功能生成的图形分解为独立图形。例如,画直线时选中了"自动重复绘制"复选框而一次绘制出一系列直线,这一系列直线未分解前是一个图形,通过分解功能,可以将其分解为多条独立的直线,从而便于针对某条直线单独进行操作。

③ 将复杂图形分解为基本图形。例如,"绘图 1"选项卡上的"标注线"、"绘图 2"选项卡上的"地暖线"、"洗手盆"等都是复杂图形,通过分解操作,可以使这些图形变为一系列的直线、圆弧等基本图形。

④ 将基本图形分解为更简单的图形。例如,将三角形分解为三条直线;矩形分解为四条直线等。

图形分解及其效果如图 3 - 14 所示。

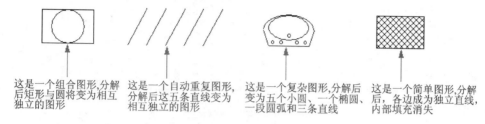

这是一个组合图形,分解后矩形与圆将变为相互独立的图形　　这是一个自动重复图形,分解后这五条直线变为相互独立的图形　　这是一个复杂图形,分解后变为五个小圆、一个椭圆、一段圆弧和三条直线　　这是一个简单图形,分解后,各边成为独立直线,内部填充消失

图 3 - 14　图形分解及其效果

2. 图形分解的用处

将图形分解可以带来如下操作上的好处:

① 基本图形支持的操作多,而复杂图形支持的操作少,通过将复杂图形分解为基本图形,使得对复杂图形也可以进行基本图形的操作。最典型的例子是"旋转"操作,基本图形都支持旋转,但复杂图形不支持。将复杂图形分解后,复杂图形也可以旋转了。

② 对复杂图形进行修改。例如,图 3 - 14 中的第三个图形是一个洗手盆,对这个图形默认只能修改其大小,而不能修改其内部结构。通过分解操作,这个图形不再是一个图形,而变成了五个小圆圈、一段圆弧、一个椭圆和三条直线的组合,这样就可以对其中的任何一个图形进行修改了。

3. 分解后的再组合

分解操作有利也有弊,虽然分解后在旋转、修改等操作方面获得了好处,但分解后一个大图形变为一系列散碎的小图形,管理起来变得比较麻烦。因此,应该只有在需要时才分解图形,而且对分解后的图形进行所需要的处理后,一般应该再用组合功能将这些图形组合成一个组合图形,这样其在逻辑上视为一个图形,管理起来就方便多了。

3.4.2　操作步骤

图形分解有两种方式,单个分解和批量分解。

1. 单个分解

单个分解方式步骤为:

① 单击工具栏上的"分解"按钮,使其呈凹陷状态,这时便进入了一种称为"图形分解"的特殊操作状态,鼠标指针也变成了 ,如图 3 - 15 所示。

② 移动鼠标,当鼠标位于一个可被分解的图形上时,这个图形将变为红色显示。这时单击鼠标,红色显示的图形就被分解。重复本步骤,可以连续分解多个图形。

◎说明　分解后的图形会在屏幕上闪烁一次,以提示分解操作已完成。

③ 再单击一次工具栏上的"分解"按钮,使其由凹陷状态恢复正常,这时便退出了"图形分解"状态,操作结束。

2. 批量分解

如果有一批图形需要分解,则上面的单个分解方式效率太低,这时可以用批量分解方式,

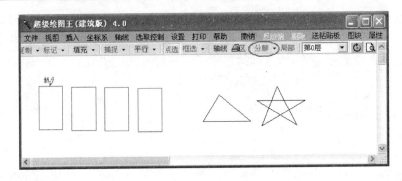

图 3 - 15　图形分解操作

步骤为：

① 选取全部需要分解的图形。

② 单击工具栏上的"分解"按钮。

3. 分解操作的选项参数

分解操作还有一些选项参数,用于控制分解的效果,这些选项参数位于工具栏上"分解"按钮的按钮菜单内。限于篇幅,本处不作详细介绍,请读者参考软件的电子版说明书《超级绘图王用户手册》3.6.3节。

3.5　属性窗口

3.5.1　属性窗口及其作用

属性窗口用于显示当前选取图形的详细参数信息。选取图形后,选择主窗口上的"属性"菜单,或者单击鼠标右键,从弹出的右键菜单中选择"显示图形属性"菜单,都会调出属性窗口,如图3-16所示。

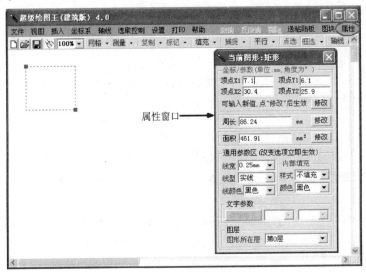

图 3 - 16　选取单个图形后的属性窗口

如果选取了一个图形,则属性窗口内将显示这个图形的参数信息,以及图形的周长与面积信息(非封闭图形,如直线等,没有面积)。

如果选取了多个图形,则属性窗口的标题栏上将显示选取图形的个数。如果这些图形全部是直线,还可以计算总长度及所围成的多边形面积。

3.5.2　修改通用绘图参数与图层

1. 修改通用绘图参数

对于已选取的图形,可以修改其线型、线宽、线颜色、填充样式、填充颜色等通用绘图参数,步骤为:

① 选取需要修改参数的图形,可以是一个或多个图形。

② 调出属性窗口,在属性窗口的"通用绘图参数区"选项组将线型、线宽、线颜色、填充样式、填充颜色等参数重新设置为需要的新值。

③ 取消选取。

2. 修改图层

图层是图形的"容器",每个图形必须属于一个特定的图层(图层的概念在 11.2 节介绍)。被选中图形所属的图层显示在属性窗口底部的"图形所在层"下拉列表框中,如果要改变图形所在的图层,只需要在这个下拉列表框中选择一个新图层,当前全部选中图形即从原所属图层调整到这个新图层中。

❋注意　调整图形所属的图层会导致当前的撤销与反撤销信息丢失,即不能再对以前的操作进行撤销与反撤销。

3.5.3　修改几何参数

如果只选取一个图形,则可以利用属性窗口对这个图形的几何参数进行修改。下面以选取一个矩形后的修改操作为例进行说明(见图 3 - 16)。

1. 修改图形关键点坐标

在属性窗口的"坐标/参数"选项组内,显示着被选取矩形的对角顶点坐标,这些数据可以修改,修改后要单击"修改"按钮,新的数据才能生效。

❋注意　有些关键点坐标可能不允许修改(修改时无法输入数据),比如倾斜矩形的最后一个顶点,它只能由前三个顶点的坐标计算出来。

2. 修改周长

如果要将图形调整为具有指定的周长,则可以在"周长"文本框内输入一个新的周长值,然后单击其右侧的"修改"按钮即可。

◎说明

① 如果被选取的图形是圆,周长唯一由半径决定,则修改操作可以立即执行。但对于矩形,周长由宽与高两个参数决定,这时软件会弹出对话框询问用户修改哪个参数,然后执行修改操作。

② 扇形与弦的周长,只是其弧长,并不包括扇形的两条半径边或者弦的弦直线长度。

3. 修改面积

如果要将图形调整为具有指定的面积，则可以在"面积"文本框内输入一个新的面积值，然后单击其右侧的"修改"按钮即可。

◎说明　与修改周长一样，如果图形面积由多个参数决定，则软件会询问修改哪个参数。

3.5.4　计算周长与面积

1. 单个图形的周长与面积

单个图形的周长与面积的计算问题在"3.5.3 修改几何参数"中已介绍过，选取一个图形后，属性窗口内会立即显示出这个图形的周长与面积。很多情况下还允许通过更改这两个参数反过来调整图形。

2. 多个图形的周长与面积

如果一次选中了多个图形，则软件会自动计算出全部选中图形的周长之和与面积之和并显示，这时的属性窗口如图 3-17 所示。

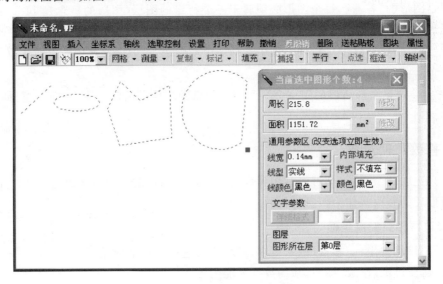

图 3-17　选取多个图形后的属性窗口

◎说明

① 对于面积之和，仅累加那些有面积的图形的面积，像直线等没有面积的图形不在统计之列。

② 对于多边形，可以是任意形状的凸多边形[见图 3-18(a)]或者凹多边形[见图 3-18(b)]，都可以正确计算面积，但不能是边与边存在交叉的多边形，如图 3-18(c)所示。

图 3-18(c)所示的这一类交叉边多边形不是数学意义上的多边形（是"假"多边形），它没有通用的面积计算公式。虽然这种多边形可以直接绘制，也能在软件内显示其"面积"，但这个面积是不正确的！用户需要手工将其分隔为多个非交叉边多边形，然后分别计算其面积并求和，才能得出正确面积。

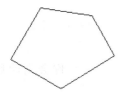  

(a) 凸多边形，可以计算面积　　(b) 凹多边形，可以计算面积　　(c) 交叉边多边形，不能计算面积

图 3 - 18　多边形类型对面积计算的影响

3. 由直线围成的多边形的周长与面积

当选取多条直线时，属性窗口会立即显示出这些直线的总长度。如果这些直线能构成一个多边形(任意形状的凸多边形或者凹多边形，但不能是边与边交叉的多边形)，则可以计算出这个多边形的面积。同时，已显示出的这些直线总长度就是多边形的周长。

下面以计算图 3 - 18(c)所示五角星的面积为例，说明这一功能的使用方法。前面已提到过，图 3 - 18(c)所示的多边形不能直接计算面积，需要进行适当的人工处理[即想办法将其变为图 3 - 19(c)所示的图形]，才能计算其面积。

操作步骤为：

① 使用"多边形"按钮 ⬡ 画出这个五角星，如图 3 - 19(a)所示(绘制时按 $A \rightarrow B \rightarrow C \rightarrow D \rightarrow E$ 的顺序单击鼠标)。

② 选取它，然后单击工具栏上的"分解"按钮，将其分解成为五条直线(即图 3 - 19(a)中的 AB、BC、CD、DE 和 EA，共五条直线)。

③ 在操作面板窗口内单击"剪刀"按钮 ✂，工作方式选择"剪除至交点"(实际上默认就是这种方式，"剪刀"按钮的用法在 5.6 节中介绍)，然后分别在图 3 - 19(b)中标有①、②、③、④、⑤的五段直线上单击鼠标，就会将位于五角星内部的直线全部剪掉，从而得到图 3 - 19(c)所示的图形。

◎**说明**　图 3 - 19(c)所示的"多边形"不是一个图形，而是十条首尾相连直线的集合。

④ 选取图 3 - 19(c)中的全部十条直线，然后调出属性窗口。这时的属性窗口如图 3 - 20 所示。

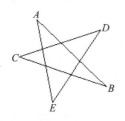 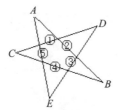 

(a) 多边形(一个图形)　　(b) 分解为五条直线　　(c) 由十条直线围成的多边形

图 3 - 19　由直线围成的多边形的面积计算

⑤ 单击图 3 - 20 中的"判断能否构成多边形，若能计算面积"按钮，软件会计算出这十条直线所围成的五角星的面积并填写在"面积"文本框内。

图 3 - 20　选取多条直线后的属性窗口

3.6　习　题

1. 超级绘图王有哪两种图形选取方式？如何设置？
2. 图形选取后，其显示方式有何变化？
3. 鼠标单击选取时，对重叠的图形，如何选中底下的图形？
4. 对于一次绘图操作画出的一批折线，如何将其一次全部选中？
5. 单击选取或选取框选取时，如何选中多个图形？
6. 选取框选取有哪几种子形式？各有何特点？
7. 如何将图形快速全部选中？
8. 取消图形选取的方法有哪几种？
9. 如何限制选取时只选取图形而不选取文字？
10. 什么情况下，才对选中的图形显示调整控制点？
11. 自动重复绘制图形的自动重复终点可以调整吗？
12. 删除图形有哪几种方法？
13. 为什么要将图形组合起来？如何组合？又如何将组合图形解除组合？
14. 分解图形有什么意义？
15. 如何进行单个图形的分解？如何进行批量分解？
16. 如何调出图形属性窗口？
17. 在图形属性窗口内可以设置或修改哪些参数？
18. 如何计算多边形的周长与面积？

第 4 章 文 字

4.1 标注文字

4.1.1 文字状态

文字是一张图纸中不可缺少的部分,超级绘图王有非常方便实用的文字功能。所有的文字操作都必须在文字状态下进行。进入文字状态的方法为:单击"文字"按钮 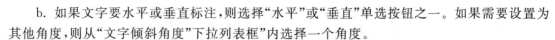,使其背景色由淡蓝色变为淡红色,就进入了文字状态。

文字状态下操作面板窗口的下方显示文字操作区,如图4-1所示。

文字操作结束后,再次单击"文字"按钮,其背景色会由淡红色还原为淡蓝色,就退出了文字状态。

4.1.2 标注文字

标注文字有两种方式,可以使用"标注"按钮标注,也可以直接定位输入。不论哪种方式,都需要首先进入文字状态。

1. 使用"标注"按钮标注

操作步骤为(见图4-1):

① 在"标注文字"框内输入要标注的文字。若框内事先已有文字,则可以单击"清空"按钮清除。

② 设置文字格式与倾斜角度,具体为:

a. 单击"详细格式"按钮,在弹出

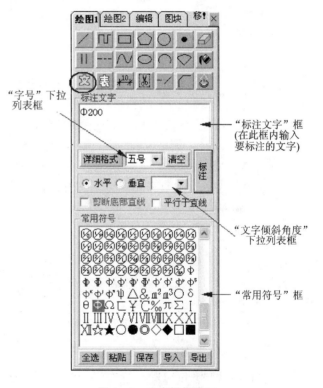

图4-1 文字操作界面

的对话框内可以详细设置文字格式。若只需要设置文字的字号,则直接在"字号"下拉列表框内选择一个字号会更方便。

b. 如果文字要水平或垂直标注,则选择"水平"或"垂直"单选按钮之一。如果需要设置为其他角度,则从"文字倾斜角度"下拉列表框"内选择一个角度。

③ 单击"标注"按钮,标注文字框内的文字立即出现在绘图区内。

④ 在绘图区内移动鼠标,文字跟随鼠标移动,到达合适位置后单击鼠标,文字位置就固定下来,操作结束。

2. 直接定位输入

操作步骤为：

① 在绘图区内想输入文字的地方单击鼠标，屏幕上出现标注文字输入条，如图 4 - 2 所示。

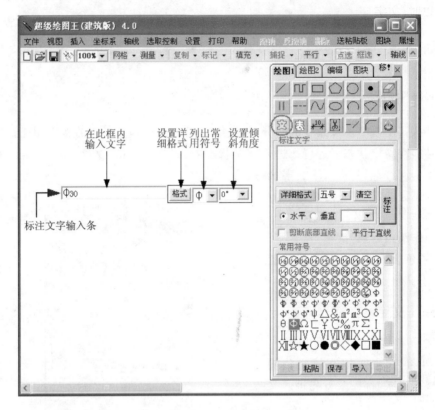

图 4 - 2　标注文字输入条

② 在文字输入框内输入文字。如果需要输入常用符号，则在"常用符号"框内选取一个常用符号，此符号会自动输入到文字输入框内。最后，单击"格式"按钮及"倾斜角度"下拉列表框设置文字格式及倾斜角度。

③ 在这个输入条以外的地方单击鼠标，或者按键盘上的 Esc 键，文字即显示在绘图区内，输入条消失且操作结束。

4.1.3　平行或剪断直线

在单击"标注"按钮进行标注时，有两个非常有用的选项（见图 4 - 1）："平行于直线"复选框和"剪断底部直线"复选框。

1. 平行于直线

若选中这一项，标注过程中当文字接近一条直线（广义上的直线，不仅包括直线、折线、点划线等直线类图形，也包括多边形的任何一条边等在视觉上是直线形状的东西）时，文字会自动调整角度，以使文字和直线平行。

应用示例：已有图 4 - 3(a)所示的三角形，要在其左侧边上沿这条边的斜线方向标注文字,达到如图 4 - 3(b)所示的效果。

分析 虽然可以在标注前设置文字的倾斜角度为任意一个值,但由于不知道三角形左侧边的倾角,所以无法通过设置文字倾斜角度的方法使文字平行于三角形的左侧边。"平行于直线"复选框专门用来解决这类问题,只要在标注前勾选这一项,当标注过程中鼠标接近三角形的左侧边时,文字自动变得与三角形左侧边平行,实现如图 4 - 3(b)所示的标注就非常容易了。

另外,一段文字能够以两种角度平行于某条直线。默认情况下,软件会自动选择一个最符合标注习惯的角度,如果用户并不想使用这一角度,则可以按下 Shift 键再移动鼠标,软件会选择使用另一个角度。图 4 - 3(c)就是勾选"平行于直线"复选框后,按下 Shift 键进行标注的结果。

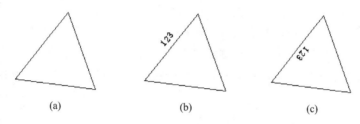

(a)   (b)   (c)

图 4 - 3 "平行于直线"复选框的应用

2. 剪断底部直线

有时,用户需要将一条直线剪去一段,在剪出的空白处再标注文字。这种操作在管道工程的绘图中尤其常用,管道总是绘制为一条直线,而大量表示管道类型或编号的文字,需要标注在管道直线中间的空白处。

"剪断底部直线"复选框专门用来快速实现上述操作,在标注操作前选中这一项,标注过程中单击鼠标时,文字底下的直线将被剪去一部分,且剪去部分的空隙正好容纳文字长度。

应用示例:已有图 4 - 4(a)所示的直线,现需要在其中间剪去一段,然后在剪出的空白处标注文字,达到如图 4 - 4(b)所示的效果。

———————— ————RS————
(a)   (b)

图 4 - 4 "剪断底部直线"复选框的应用

操作要点:在标注文字"RS"前,在图 4 - 1 中勾选"剪断底部直线"复选框,然后标注文字即可。另外,如果图 4 - 4(a)中直线是倾斜的,则需要在标注前同时勾选"剪断底部直线"和"平行于直线"复选框,才能达到完美效果。

4.1.4 应用技巧

超级绘图王中一次只能标注一行文字,不支持多行。这一行文字中所有字符的格式都是一样的,不支持上下标等特殊格式的字符。如果确实需要特殊格式的字符,则可以分多次标注,然后用组合功能将其组合为一个组合图形,以后就可以当做一个图形使用了。现以标注图 4 - 5 所示的公式为例,说明这一技巧。

① 设置字号为三号,分别标注"Z"、"$=$"、"X"、"$+$"、"Y"。

② 单个选取并拖动这些文字,以调整其间距至图 4 - 5 所示状态。然后选取这些文字,单击鼠标右键并从弹出菜单中选择

$$Z = \sqrt{X^2 + Y^2}$$

图 4 - 5 待标注公式

"垂直对中",使其对齐在同一水平线上。

③ 使用五号字连续标注两个"2",使其分别位于"X"和"Y"的右上角处,形成上标。

④ 画三条直线,构成根号。

⑤ 选取以上文字和直线,单击鼠标右键并从弹出菜单中选择"组合"。

此后,这个公式就像一个图形一样了。

4.2 文字的修改与调整

4.2.1 文字内容的修改

在文字状态下,在绘图区内某一文字上单击鼠标,仍然出现图 4-2 所示的标注文字输入条,但被单击的文字自动出现在文字输入框内,用户可修改文字内容、格式或倾斜角度,然后在这个输入条以外的地方单击鼠标,或按键盘上的 Esc 键,修改操作即结束。

◎说明 修改文字与直接定位输入文字唯一的区别在于,修改文字要在绘图区内一个已存在的文字上单击鼠标,而输入文字是在绘图区内空白处单击鼠标。

4.2.2 文字的选取与调整

1. 文字的选取

在无操作状态下,即"文字"按钮未选中且也没有其他绘图按钮被选中时,可以选取文字。文字的选取方法与图形的选取方法完全一样。单击选取时用鼠标在文字上单击即可将其选取;选取框选取的基本方式下,需要文字整个被包围在选取框内才能被选取;选取框选取的端点选取方式下,文字包围矩形[见图 4-6(a)]的任何一个顶点位于选取框内文字即被选取。

文字被选取后,用红色显示。可以对其进行移动、复制等操作,即图形的编辑操作都同样适用于文字。

2. 倾角与字号的调整

如果一次选取操作只选取了一个文字(除此之外无其他图形被选取),则文字后面会显示调整控制点,如图 4-6(b)所示。拖动上面的控制点可以旋转文字,即改变文字倾角;拖动下面的控制点可以缩放文字,即改变文字的字号。

旋转控制点,拖动可旋转文字

我爱北京天安门

文字的包围矩形

缩放控制点,拖动可缩放文字

(a)   (b)

图 4-6 文字包围矩形与选取后的控制点

3. 重设全部参数

如果一次选取了多个文字,则这些文字的字体、字号等参数可以全部修改为一个统一的

值,步骤为:

① 选取一个或多个文字后,选择主窗口上的"属性"菜单,调出属性窗口,如图 4 - 7 所示。

图 4 - 7 选取文字后的属性窗口

② 在属性窗口中重新设置字号、文字倾角,或者单击"详细格式"按钮重设全部绘制参数,新设置的参数将立即应用到已选取的文字对象中。

4.3 常用符号

4.3.1 常用符号及其使用

1. 概 述

对于一些经常使用但键盘上没有的符号,为了方便输入,可将其定义为常用符号。常用符号集中显示在图 4 - 1 所示的"常用符号"框内。常用符号的查找与输入都非常方便,因而可以彻底解决疑难符号的输入问题。

2. 使用常用符号

在图 4 - 1 中,在"常用符号"框内用鼠标拖动选取一个或一段符号,被选取的符号自动出现在"标注文字"框内。

在图 4 - 2 中,在"格式"按钮右侧的"常用符号"框内选取一个常用符号,被选取的符号自动出现在文字输入框内。

4.3.2 常用符号的增加与修改

1. 增加常用符号

增加常用符号有两种方法:

① 在图 4 - 1 中的"常用符号"框内直接输入新符号。

② 先在 Word 或记事本等软件中将常用符号收集起来,然后在 Word 或记事本中使用复制或剪切功能将这些符号送入 Windows 粘贴板,再在图 4 - 1 中单击"粘贴"按钮,Windows 粘

贴板中的内容将被粘贴到"常用符号"框内。

2. 修改常用符号

如果要修改常用符号,则在图 4－1 中"常用符号"框内直接进行修改即可。"常用符号"框支持如下操作:

① 用鼠标在"常用符号"框内拖动可以选取一段符号。单击窗口底部的"全选"按钮可以选取全部常用符号。

② 按 Delete 键可以删除已选取的常用符号,若未选取过常用符号,则删除当前插入点后面的那个符号。使用 BackSpace 键可以删除当前插入点前面的那个符号。

③ 使用 Ctrl＋C、Ctrl＋X、Ctrl＋V 组合键分别完成复制、剪切、粘贴操作。另外,粘贴操作也可以单击窗口底部的"粘贴"按钮完成。

3. 保存常用符号

增加或修改常用符号后,需要单击"保存"按钮,才能将结果保存到磁盘上。

4. 常用符号的导入与导出

若用户 A 积累了很多常用符号,希望提供给用户 B 使用,则用户 A 需要使用常用符号的导出功能,而用户 B 需要使用常用符号的导入功能。

限于篇幅,本处不对这两项功能作详细介绍,请读者参考软件的电子版说明书《超级绘图王用户手册》4.5.3 节。

4.4 词汇表

4.4.1 概　述

1. 词汇表的作用

在实际工作中,大量的代号需要标注在图纸上,如钢筋代号、门窗代号、管道代号、电器元件代号等,这些代号数量繁多,难于记忆。如果用户在每次标注时都先通过手册查出欲标注零件的代号,然后将其输入到软件的标注框内进行标注,将非常费时,并且易于出错(因代号太多而容易看错)。

改进的办法为将上述代号字符串预先收集起来放到一个列表中,当用户从列表中选择某一项后,这一项代号字符串即进入文字标注状态,随后用户只需要再单击一次鼠标以指定其在图纸上的位置,即可完成代号字符串的标注工作。这样既省去查阅手册的麻烦,又省去代号录入的麻烦,会极大地加快代号的标注速度。

超级绘图王的"词汇表"功能专门用于实现上述操作。

2. 调出"词汇表"窗口

"词汇表"窗口是一个标准的飘浮式工具栏,可以用三种方法调出:① 选择"视图"|"词汇表"菜单;② 在固定工具栏右侧空白处(没有按钮的位置上),单击鼠标右键,从弹出的右键菜单中选择"词汇表";③ 在无操作状态下,在绘图区内单击鼠标右键,从弹出的右键菜单中选择"词汇表"。

"词汇表"窗口调出后如图 4-8 所示。

☀**注意** "词汇表"窗口是一个标准的飘浮式工具栏,其移动与关闭等操作见 1.3.4 节的介绍。

3. 词汇表的结构

"词汇表"窗口的中心部分是一个词汇的列表,列表中每个词汇占一行。

每个词汇由两部分构成:词汇文本和词汇注释。

① 词汇文本。词汇文本是词汇的

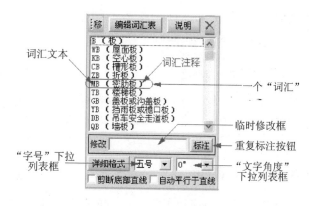

图 4-8 "词汇表"窗口

主要部分,显示在一行的左侧,它就是前面提到的钢筋代号、门窗代号等代号或符号。

② 词汇注释。词汇注释是对词汇文本意义的说明,显示在一行的右侧并用括号括起来。在向图纸中进行标注时,只有词汇文本会被标注到图纸中,词汇注释将被忽略。词汇注释的作用仅限于在用户选择词汇时起到信息提示作用。

一个词汇可以只有词汇文本而没有词汇注释,这并不影响词汇的使用,但尽量不要这么做,因为用户可能很容易忘记这个词汇所代表的意义。

4.4.2 使用词汇表进行标注

使用词汇表进行词汇标注操作起来非常简单,步骤为:

①设置文字格式,如果只需要设置字号或倾斜角度,则直接在图 4-8 中的"字号"下拉列表框和"文字角度"下拉列表框内选择即可。如果需要设置更多的格式(如字体、文字颜色等),则需要单击图 4-8 中的"详细格式"按钮,从弹出的对话框中完成设置。

② 在词汇列表区内用鼠标单击选择一项,就会立即进入词汇标注状态。移动鼠标到绘图区内,会发现选中词汇的"词汇文本"部分跟随鼠标而移动,用鼠标控制其到达合适位置后,单击鼠标,词汇的位置即固定下来,一次词汇标注操作结束。

🐌**说明**

① 词汇标注操作是"一次性"的。在"词汇表"窗口中选择一个词汇,只能标注一次。若想再次标注这个词汇,则需要再次单击选择。

② 如果已进入词汇标注状态后,又不想标注了,则可以单击鼠标右键,或者按 Esc 键来退出。

③ 词汇标注中也可以让词汇自动平行于附近的直线,或者剪断其底部的直线,只需要勾选图 4-8 中底部的"自动平行于直线"或"剪断底部直线"复选框即可,这两个选项的用法见 4.1.3 节。

4.4.3 标注前临时修改词汇

有些词汇,词汇文本中只有一部分内容是固定的,另一部分内容是变化的。假如一张图纸中的"门"分别用 M1、M2、M3 等进行编号,则这些词汇中前面的"M"部分是固定的,后面的数字部分是变化的。对于这样的情况，用户只需要将"M1"定义为标准词汇，"M2"与"M3"则通过在标注前对标准词汇临时修改即可得到。

当用鼠标在词汇列表区中单击选择一项后，被选中词汇的词汇文本会立即显示在词汇表底下的"临时修改框"内，用户可以在这一框内任意修改词汇文本。修改完成后，单击"词汇表"窗口上的"标注"按钮，以启动词汇标注操作。后面的操作与上一小节介绍的完全一样，用鼠标引导词汇到绘图区内合适位置，然后单击鼠标即可。

对于修改后的词汇，可以多次单击"标注"按钮进行重复标注。

4.4.4　词汇管理

默认状态下，词汇表内只有很少的几个词汇（示例性词汇），词汇表中词汇的添加、删除等管理工作要由用户完成，这样才能保证词汇表内的词汇对用户来说是最有用的。

单击图4－8中的"编辑词汇表"按钮，将弹出图4－9所示的窗口，在这个窗口内可以完成词汇的全部编辑工作。

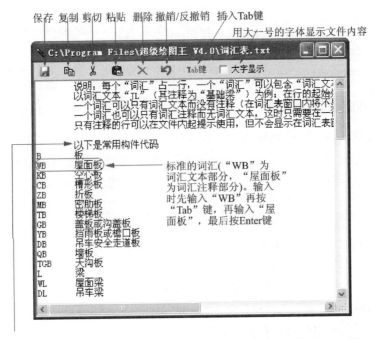

图4－9　词汇表编辑窗口以及词汇表结构说明

1. 增加词汇

每个词汇要单独占一行，增加词汇时，首先要在上一个词汇的后面通过按 Enter 键创建一个新行，然后在新行内输入词汇。根据新词汇的结构不同，具体分三种情况：

① 包括词汇文本和词汇注释的词汇：先输入词汇文本，然后按 Tab 键（或者单击工具栏上的 Tab 键按钮，下同），再输入词汇注释。

✿**注意**　虽然在"词汇表"窗口内，词汇的显示格式为"词汇文本（词汇注释）"，但在词汇表的保存文件内,词汇文本和词汇注释之间是用 Tab 键分隔的,而不是将"词汇注释"用括号括起来。用 Tab 键分隔的好处是:允许"词汇文本"内包含括号字符"()"。

② 只有词汇文本的词汇:直接输入词汇文本。

◎说明　在"词汇表"窗口内,这样的词汇将没有注释,但可以正常使用。

③ 只有词汇注释的词汇:先按 Tab 键,再输入词汇注释。

◎说明　由于没有词汇文本部分,所以这样的"词汇"不会显示在"词汇表"窗口内,也无法在标注时使用。在文件中增加这样的"词汇"的意义在于:这样的一个"词汇"相当于一个注释行,可以为下次修改词汇表时设置一些提示。例如,在某一类词汇开始之前和结束之后,各增加一个注释行,以后要删除这类词汇时,就可以通过注释行快速找到这类词汇的开始和结束位置。

2. 删除词汇

选中词汇所在的行,按 Delete 键,或者单击工具栏上的"×"按钮。

3. 其他操作

工具栏上的"复制"、"剪切"、"粘贴"按钮功能与 Windows 下同名的操作完全一样,用于复制文本或与其他软件交换文本。

"撤销/反撤销"按钮只提供最后一次操作的撤销与反撤销功能。第一次单击为撤销,第二次单击为反撤销。

最后,词汇编辑完后,要单击"保存"按钮进行保存。

4. 将"词汇表"文件提供给他人使用

词汇表的内容记录在一个名为"词汇表.txt"的文本文件内,用户可以将自己的"词汇表.txt"文件提供给他人,从而实现与他人共享自己的词汇表。限于篇幅,本处不作详细介绍,请读者参考软件的电子版说明书《超级绘图王用户手册》4.6.4 节。

4.5　习　题

1. 怎样进入"文字状态"? 又怎样退出这一状态?

2. 有哪两种在图纸上标注文字的方式? 如何操作?

3. 标注文字时,如何快速设置文字的大小(即字号)?

4. 标注文字"我爱北京天安门",并使之符合下列要求:

字体为隶书,字号为三号,粗体,带下划线,颜色为红色。

5. 画出下列图形。

6. 画出下面的图形,并将其组合为组合图形。

$$y = \frac{\sin 30°}{\cos 30°} \times 180$$

7. 文字标注后,如何用鼠标拖动的方式改变其字号与倾角?

8. 文字标注后,如何改变其颜色?

9. "常用符号"框有何作用?

10. 如何使用"常用符号"框内的符号?

11. 如何增加、删除或修改"常用符号"框内的符号?

12. 词汇表有何作用? 如何调出"词汇表"窗口?

13. 如何使用词汇表内的词汇? 词汇在标注前可以修改其内容吗?

14. 词汇在标注前,如何设置其字体、字号与倾斜角度?

15. 词汇由哪两部分构成? 词汇注释是必须的吗?

16. 如何调出词汇表编辑窗口?

17. 在词汇表编辑窗口内,如何增加词汇、删除词汇,以及调整词汇的显示顺序?

18. 在词汇表中用词汇"RMB(人民币)"替代原来的"B(板)"这个词汇。

第5章 图文编辑

5.1 简单编辑

5.1.1 对齐、间距调整及相同尺寸

1. 操作面板窗口的"编辑"选项卡

在图形选取之后,可以对其进行修改与调整操作(统称为"编辑"操作),绝大多数的编辑操作都由操作面板窗口的"编辑"选项卡来完成,如图5-1所示。

✷注意　为了描述简洁,本章中所说的"图形",除普通图形外,还包括文字。文字支持本章中介绍的大部分操作。

2. 单击按钮实现对齐、间距调整及相同尺寸操作

选取图形后,可以对被选取的图形进行对齐、间距调整及尺寸调整等工作,用操作面板窗口"编辑"选项卡上的一部分按钮实现,这些按钮如图5-2所示。

图5-1　操作面板窗口"编辑"选项卡

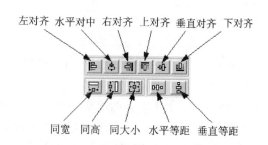

图5-2　对齐、间距调整及尺寸调整按钮

具体操作步骤为:

① 对齐。选取图形后（至少两个图形），单击"左对齐"、"右对齐"、"上对齐"、"下对齐"、"水平对中"或"垂直对中"按钮之一，可实现对选取图形的相应对齐操作。

② 统一尺寸。选取图形后（至少两个图形），单击"同宽"、"同高"或"同大小"按钮之一，可对选取图形实现相应的统一尺寸操作。

③ 等间距。选取图形后（至少三个图形），单击"水平等距"或"垂直等距"按钮之一，可对选取图形实现相应的间距调整操作。

3. 用右键菜单实现对齐与间距调整操作

对于对齐与间距调整操作，除可使用上述按钮来实现外，还可以使用右键菜单来完成。在选取图形后（至少两个图形），单击鼠标右键，会弹出如图 5-3 所示的右键菜单，从中选择相应的菜单就可以实现对齐与间距调整功能。

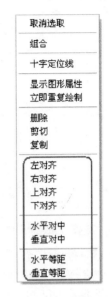

图 5-3　图形选取后的右键菜单

5.1.2　置前与置后

置前与置后操作用于调整重叠图形的相互遮挡顺序，只对相互重叠的图形才有意义。置前操作将图形调到最顶层（最前面），而置后操作将图形调到最底层（最下面）。

操作步骤为：

① 选取需要置前或置后的图形（可以是一个或多个）。

② 单击操作面板窗口"编辑"选项卡上的"置前"或"置后"按钮，如图 5-4 所示。

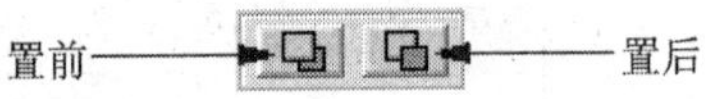

图 5-4　"置前"与"置后"按钮

🌀 **说明**　置前或置后操作只能在同一图层（图层的概念见 11.2 节）内改变图形间的先后遮挡顺序。如果一个图形经过"置前"后仍不能显示在最上面，则说明其上面的图形位于另一个图层内，需要将上面图形所在图层的显示顺序调低。

5.1.3　镜像翻转与临时图形

1. 镜像翻转

对于左右对称或上下对称的图形，可以只绘制一部分，然后利用镜像翻转功能自动生成其另一部分。操作面板窗口"编辑"选项卡内有两个镜像翻转按钮，如图 5-5 所示。

水平翻转————

垂直翻转————

图 5-5　镜像翻转按钮

水平翻转：用于左右对称的图形，可生成选取图形关于 y 轴的镜像图形。

垂直翻转：用于上下对称的图形，可生成选取图形关于 x 轴的镜像图形。

下面以对图 5-6(a) 所示的图形进行水平翻转为例，说明操作步骤为：

① 选取需要进行镜像翻转的图形，即图 5-6(a) 所示的六个圆。

② 单击"水平翻转"按钮，会生成所选取图形的镜像图形，如图 5-6(b) 所示。

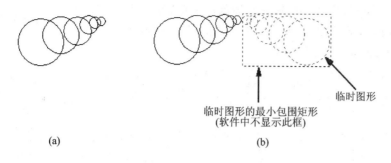

临时图形

临时图形的最小包围矩形
(软件中不显示此框)

(a)   (b)

图 5 - 6　镜像翻转操作步骤

2. 临时图形

上面镜像翻转操作中所生成的图形属于临时图形。临时图形用红色虚线绘制,它尚不是正式图形,可以放弃,也可以转为正式图形,并且转为正式图形前还可以移动其位置。

① 要将临时图形转为正式图形,在其最小包围矩形[见图 5 - 6(b),软件中不显示这个矩形,但很容易判断出来]之外的地方单击鼠标即可。

还有一种方法,就是单击鼠标右键,从弹出的右键菜单中选择"确认保留"。

② 要放弃(或者说是删除)临时图形,按键盘上的 Esc 键或 Delete 键,或者单击鼠标右键,从弹出的右键菜单中选择"删除图形"。

③ 用鼠标在临时图形的最小包围矩形内按下左键并拖动,可以移动临时图形,移动后的临时图形仍然可以采用上面的方法转为正式图形或放弃。

◎说明　除镜像翻转外,插入文件、插入元文件以及"粘贴"操作所得到的结果都是临时图形。临时图形的操作方法请读者掌握,后面不再赘述。

5.1.4　常用编辑工具栏

简单编辑功能除可以使用操作面板窗口的"编辑"选项卡实现外,也可以通过"常用编辑"工具栏上的相应按钮实现。选择"视图"|"常用编辑工具栏"菜单,可以调出"常用编辑"工具栏,如图 5 - 7 所示。"常用编辑"工具栏上的按钮与操作面板窗口"编辑"选项卡的对应按钮用法完全相同,不再赘述。

图 5 - 7　"常用编辑"工具栏

5.2　移 动 图 形

5.2.1　鼠标拖动法移动

1. 操作方法

选取图形后,在选取图形的最小包围矩形(见图 3 - 5)之内按下鼠标左键并拖动鼠标,被选取的图形会跟随移动,松开鼠标后拖动结束但图形仍处于选取状态。这时,可以再次拖动图形,也可以进行其他图形选取之后的操作。

2. 限制移动方向

在"选取控制"菜单下有三个互斥的子菜单可以用来限制拖动过程中鼠标的移动方向,即"选取后水平拖动"、"选取后垂直拖动"和"选取后自由拖动"菜单(见图3-6),这三个选项的具体含义为:

选取后水平拖动:拖动时强制鼠标沿水平方向移动,可保证移动前后的图形位于同一水平线上。

选取后垂直拖动:拖动时强制鼠标沿垂直方向移动,可保证移动前后的图形位于同一垂直线上。

选取后自由拖动:拖动时鼠标可自由移动。

🔊**说明** 在选取后自由拖动的情况下,若先按下Shift键再拖动,则强制鼠标沿水平或垂直方向移动。具体步骤为:若第一次移动鼠标时主要是沿水平方向移动,则整个Shift键按下期间鼠标只能沿水平方向移动;若第一次移动鼠标时主要是沿垂直方向移动,则整个Shift键按下期间鼠标只能沿垂直方向移动。如果沿水平方向拖动后再想沿垂直方向拖动,只需要松开Shift键,再重新按下,然后沿垂直方向拖动鼠标即可。使用Shift键来限制鼠标的移动方向实际上非常方便,操作起来比使用菜单要快得多。

5.2.2 微移图形

微移功能可以将图形一次移动一个很小的距离,当图形已接近于目标位置时,使用微移功能可以方便地将图形"靠"到目标位置。

微移操作由操作面板窗口"编辑"选项卡上的四个按钮来实现,如图5-8所示。

微移操作步骤为:

① 选取需要移动的图形。

② 在"微移量"下拉列表框内选择每次微移时图形移动的距离(单位是mm)。

图5-8 微移按钮

③ 单击"左移"、"右移"、"上移"、"下移"四个按钮之一,或者按键盘上的"↑"、"↓"、"→"、"←"键,被选图形即向相应的方向移动。

☀**注意**

① 若按下Shift键后再用键盘上的"↑"、"↓"、"→"、"←"键进行微移,每次微移量只有正常微移距离的一半,用于实现更精确的微移。

② 微移操作不仅可用于已选的图形,也可用于镜像翻转、粘贴等操作生成的临时图形。

5.2.3 精确移动

精确移动包括两个方面:① 将图形移动一个精确的距离;② 将图形中的某个点精确地对准到另一个图形的指定点上。精确移动功能是通过操作面板窗口"编辑"选项卡上"平移图形"选项组内的两个按钮来实现的,如图5-9所示。

1. 指定距离精确移动

这种移动方式的操作步骤为：

① 选取需要移动的图形。

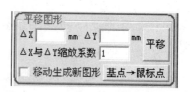

图 5-9　"编辑"选项卡内的"平移图形"选项组

② 在"△X"、"△Y"文本框内输入需要在 x（水平）轴方向和 y（垂直）轴方向移动的毫米数。在"△X 与 △Y 缩放系数"文本框中输入缩放系数，"△X"文本框与"△Y"文本框内的值将乘以这个系数，然后才作为实际的移动量。

※ **注意**　正常情况下缩放系数采用默认值 1 即可，这时"△X"文本框与"△Y"文本框内的值就是实际的移动量。当需要按比例绘图时，如按实物 1% 的比例绘图，可以将缩放系数设置为 0.01，然后在"△X"文本框与"△Y"文本框内输入实物尺寸，软件将这两者相乘可以算出图纸尺寸，避免了人工由实物尺寸计算图纸尺寸的麻烦。

另外，"△X 与 △Y 缩放系数"文本框内也可以输入一个比例表达式，如"1∶100"。当按实物 1% 的比例绘图时，既可以在"△X 与 △Y 缩放系数"文本框内输入"0.01"，也可以输入"1∶100"。

③ 单击"平移"按钮，图形就移动指定的距离。

◎ **说明**　如果勾选"移动生成新图形"复选框，则"移动"操作就变为"复制"操作，操作时原图形不动，而是在指定的移动位置处生成一个新图形。

2. 基点→鼠标点移动

在这种移动方式中，首先要在被移动图形中指定一个点（基点），然后在某个新位置处单击鼠标，选取图形将被移动适当的距离，使得移动后图形中的基点正好对准在鼠标的单击点上。

以图 5-10 为例，现想移动叉号（即左侧两条短直线），使其中心点对准在右侧长直线的中点上。操作步骤为：

① 选取需要移动的图形，即左侧构成叉号的两条短直线。

图 5-10　基点→鼠标点移动示例

② 单击图 5-9 中的"基点→鼠标点"按钮，将鼠标移到绘图区内，这时提示标签内会显示"请在基点处单击鼠标"的操作提示。

③ 移动鼠标到叉号的中心点附近，显示捕捉指示点后，单击鼠标，叉号的中心点即被指定为基点。

④ 移动鼠标到右侧长直线的中点附近，显示捕捉指示点后，单击鼠标，操作结束。

◎ **说明**

① 一般情况下基点应该是被选取图形内部的某一个特征点，但这不是必须的，基点可以是绘图区中的任何一点，这个点与鼠标单击点之间的位置差用于确定图形的移动量。

② 如果勾选"移动生成新图形"复选框，则"移动"操作就变为"复制"操作，将在鼠标位置处生成一个新图形。

③ 在操作过程中，单击鼠标右键或按 Esc 键，可以实现中途退出。

5.2.4 将图形整体移到图纸特定位置上

可以将全体图形作为一个整体,一次性移到绘图区的左上角或中心处,步骤为:选择"视图"|"图形移至左上角/绘图区中心"菜单,将弹出如图 5-11 所示的对话框,在这一对话框中单击"是"或"否"按钮会分别将图形移到绘图区的左上角或中心处。

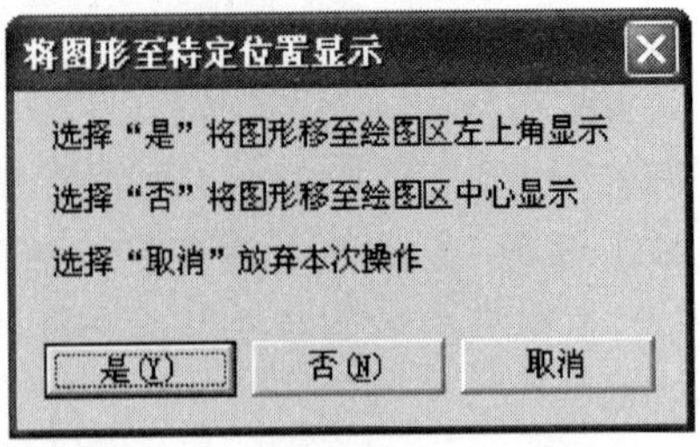

图 5-11 移动目标选择对话框

◎说明

① 如果图形所占面积比较小,而打印纸比较大,用户会希望将图形打印在打印纸的中心,这时需要在打印前将全部图形整体移动到绘图区的中心处。

② 如果图形经过反复移动后,有些图形已被移出了绘图区(从而导致这些图形不可视,也无法再选取),则可以用将图形整体移到绘图区左上角的方法,使这些图形再回到可视区。

③ 本操作的结果可以选择"撤销"菜单来撤销。

5.2.5 应用半选中方式实现级联调整

直线与圆弧可以进行半选中,半选中后的图形在用鼠标拖动时比较特殊,它不像其他图形那样是整体移动的,而是只有被选中的那一个端点在移动,未被选中的端点则不移动。利用这一规则可以完成许多功能,主要是实现级联修改和调整间隔,现举几个这方面的例子。

1. 直线的级联修改

所谓级联修改就是当几个图形交于一点时,改变这个交点应同时改变所有图形。如图 5-12 所示,图中三条直线交于 A 点,现想改变 A 点的位置而使三条直线的这个端点同时改动。

操作步骤为:

① 在工具栏上"框选"按钮的按钮菜单(见图 3-3)中选择"允许半选中",以启用"允许半选中"选取方式。

② 在绘图区内按下鼠标左键并拖动鼠标形成选取框,要使交点 A 位于选取框之内,而其他端点位于选取框之外,如图 5-12 所示。松开鼠标后三条直线的 A 点均被选中,而其他端点不被选中,三条直线都处于半选中状态。

③ 在三条直线构成的最小包围矩形内按下鼠标左键进行拖动,三条直线的 A 点都被移动,但另外三个端点不动。

④ 拖动结束后在三条直线的最小包围矩形之外单击鼠标,或按 Esc 键,以取消选取。

2. 圆弧的级联修改

图 5-13 所示是一段用圆弧构成的波浪线(利用鼠标捕捉功能,很容易绘制首尾相连的圆弧),如果要想修改圆弧的连接点,只需要在"允许半选中"方式下,用选取框选取两个圆弧的连接端点,使两段圆弧都处于半选中状态,然后在这两段圆弧的最小包围矩形内按下鼠标左键并拖动鼠标,就可以对这两段圆弧同时修改连接端点。

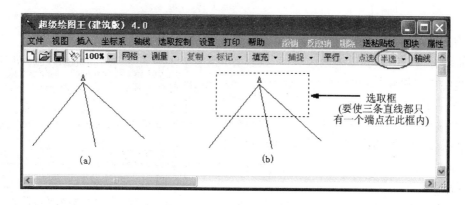

图 5 - 12　直线的级联修改

3. 调整间隔

调整间隔宽度是级联修改的另一种形式,如图 5 - 14 所示。要想将虚线框中的全部图形向右移动,即拉长直线 AB 和 CD。

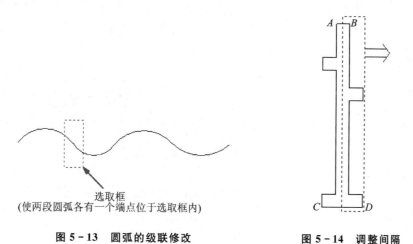

图 5 - 13　圆弧的级联修改　　　　**图 5 - 14　调整间隔**

操作步骤为:

① 启用"允许半选中"选取方式。

② 在绘图区内按下鼠标左键并拖动鼠标形成虚线矩形所示的选取框,使直线 AB 和 CD 处于半选中状态,而选取框内的其他直线处于全选中状态。

③ 在选取图形的最小包围矩形内按下鼠标左键并向右拖动,选取框内处于全选中状态的图形整体向右移动,而直线 AB 和 CD 是向右拉长。

④ 拖动结束后在选取图形的最小包围矩形之外单击鼠标,或按 Esc 键,取消选取。

5.3　复制图形

5.3.1　拖动复制与精确复制

超级绘图王有非常强大的图形复制功能。本节介绍几种简单而常用的方法,11.1 节中再介绍功能强大的"复制状态"。

1. 鼠标拖动复制

鼠标拖动复制是最基本的复制方法,这种方法完全同鼠标拖动法移动图形,区别只是在拖动鼠标前按下 Ctrl 键,就成为拖动复制图形。操作步骤为:

① 选取图形(可以是一个或多个图形)。

② 按下 Ctrl 键,在被选取图形的最小包围矩形内按下鼠标左键并拖动鼠标,被选取图形的一个副本会跟随鼠标而移动,到达合适位置后,松开鼠标左键,一次复制操作即结束。

③ 如果需要,则回到原始选取图形范围内再次按下鼠标左键并拖动,又开始一次复制操作,可以重复多次。

④ 松开 Ctrl 键,并取消图形的选取状态。

◉说明　配合使用5.2.1节介绍的限制鼠标移动方向的方法,可以使复制生成的图形位于同一条水平线或垂直线上。

2. 精确定位复制

在 5.2.3 节中介绍单击"平移"按钮或"基点→鼠标点"按钮移动图形时,勾选"移动生成新图形"复选框,移动操作就变成了复制操作,从而实现精确偏移距离复制或精确对准复制。

5.3.2　复制、剪切与粘贴

这三项操作由操作面板窗口"编辑"选项卡上对应的三个按钮实现,如图 5-15 所示。

复制:将所选图形的副本送入粘贴板。注意,操作前必须先选取图形。

剪切:将所选图形送入粘贴板,同时删除所选图形。注意,操作前必须先选取图形。

图 5-15　"复制"、"剪切"、"粘贴"按钮

粘贴:将粘贴板中的图形插入到绘图区内。粘贴进来的图形位于窗口左上角,并且是临时图形。关于临时图形的操作见 5.1.3 节。

软件也支持直接将图形粘贴在某个位置处(定点粘贴),方法是在绘图区内单击鼠标右键,从弹出的右键菜单中选择"粘贴",粘贴进来的图形会直接定位在当前鼠标点下。

◉说明

① 如果需要频繁地进行这种操作,则使用键盘快捷键会更加方便,复制、剪切、粘贴的快捷键分别为:Ctrl+C、Ctrl+X、Ctrl+V。

② 本处所述的粘贴板是软件内部的粘贴板,不是 Windows 粘贴板。因此,使用复制或剪切功能后不能在其他软件内通过"粘贴"操作取得图形。若同时运行两份超级绘图王,则可以在一份内使用复制或剪切而在另一份内使用粘贴来取得图形。退出程序或关机后,粘贴板内容仍然保留,下次启动时可以直接使用粘贴功能。若要在程序的两次运行之间共享某部分图形,则可以通过内部粘贴板实现。

③ 超级绘图王另有将图形送入 Windows 粘贴板以供其他软件使用的方法,将在 13.2.1 节中介绍。

5.4　缩放图形

5.4.1　鼠标拖动缩放

　　超级绘图王可以非常方便地对图形进行缩小或放大,当选取了两个及两个以上图形,或者是一个组合图形后,会显示三个缩放控制块,如图 5 - 16 所示。

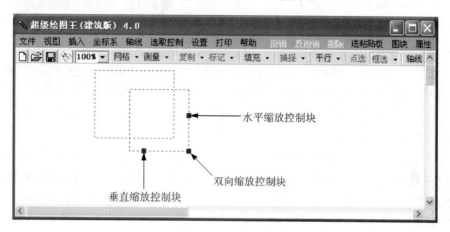

图 5 - 16　缩放控制块

这三个缩放控制块的用法为:
① 用鼠标拖动水平缩放控制块,可以在水平方向缩放图形,但图形在垂直方向不变。
② 用鼠标拖动垂直缩放控制块,可以在垂直方向缩放图形,但图形在水平方向不变。
③ 用鼠标拖动双向缩放控制块,可以在水平和垂直方向同时缩放图形。
　　◎说明　如果只选取了一个图形,并且这个图形不是组合图形,则显示的是调整控制点,而不是缩放控制块。调整控制点与缩放控制块外形一样,但调整控制点的数量随图形不同而不同(不多于四个),其作用是调整图形形状而不是缩放图形。单个非组合图形的缩放需要使用 5.4.2 节介绍的滑块缩放。

5.4.2　滑块缩放与精确缩放

1. 滑块缩放

　　在操作面板窗口的"编辑"选项卡内,有一个专用于缩放图形的滑块,如图 5 - 17 所示。选取图形后,拖动滑块即可对其缩放,一次缩放只能在 50% ～ 200% 之间进行。但可以连续进行,以实现更大或更小的缩放比例。
　　以实现 400% 的缩放为例,步骤为:
① 选取欲缩放的图形,可以是一个或多个。
② 用鼠标左键拖动滑块到最右侧,即实现了原图 200% 的放大。
③ 松开鼠标左键,滑块自动回位到 100% 的状态,并且被缩放图形仍处于选取状态。
④ 再次拖动滑块到最右侧,则在原放大 200% 的基础上又放大了 200%,即放大了 400%。

⑤ 取消选取,结束缩放操作。

2. 精确缩放

如果想将图形缩放一个指定的倍数,则可以在选取图形后,在图 5 - 17 中的"指定缩放比例"文本框内输入缩放比例,比如 200(就是缩放 200%,百分号不用输入),然后单击其右侧的"确定"按钮即可。

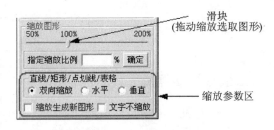

图 5 - 17　缩放操作相关界面

3. 缩放参数

在图 5 - 17 所示的缩放参数区内,有几项关于缩放的选项,含义如下:

① 缩放生成新图形。不选此项,缩放操作将直接改变原图形;选中此项,原图形不变,缩放操作将在原图形的一份副本上进行。此种情况也称为缩放复制。

② 文字不缩放。选中此项后,只对文字的坐标进行缩放,字号(即文字大小)不进行缩放。不选此项,文字的大小也缩放。

③ 直线、点划线、矩形与表格选项。

直线、点划线、矩形与表格,在进行缩放时可以选择单向缩放或双向缩放,由这几个选项控制。限于篇幅,本处不对这几个选项作详细介绍,请读者参考软件的电子版说明书《超级绘图王用户手册》5.5.4 节。

5.5　旋 转 图 形

5.5.1　概　述

1. 超级绘图王旋转操作的特点

超级绘图王的旋转功能很强大,共提供了四种旋转图形的方式供用户选择使用。

第一种方式是绕心旋转,它类似于 Word 中的图形旋转操作,其特点是操作简单方便,但图形只能绕自己的中心旋转,不能绕其他位置旋转,也不能精确指定旋转角度。实际上,这种方式可完成大部分情况下的旋转需求。

后三种方式为基轴自由旋转、基轴参照旋转和基点角度旋转,它们类似于 AutoCAD 中的旋转操作,其特点是可绕任意位置旋转,也可精确指定旋转角度,但操作过程有点麻烦,需要 2~3 步才能完成一次旋转操作。

2. 基点与基轴

基轴自由旋转、基轴参照旋转和基点角度旋转三种方式中,涉及两个简单的概念。

① 基点:基点是一个点,旋转时图形将以这个点为中心进行旋转。

② 基轴:基轴是通过基点的一条直线,旋转时假想所有图形都绑定在基轴的,用户通过旋转基轴来控制图形的旋转,如图 5 - 18 所示。

3. 操作界面

绕心旋转功能需要使用主窗口工具栏上的"旋转"按钮完成[见图 5 - 19(a)],其余三种方

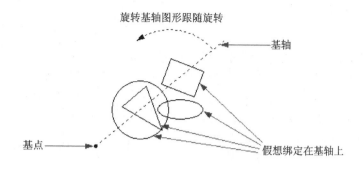

图 5 - 18　基点与基轴

式需要使用操作面板窗口"编辑"选项卡上的"旋转图形"选项组内相关按钮完成[见图 5 - 19 (b)]。图 5 - 19 (b)中有一个选项是"旋转生成新图形",若不选中这一项,则旋转操作直接在原图形上进行;若选中这一项,则会先生成原图形的副本并对副本进行旋转。

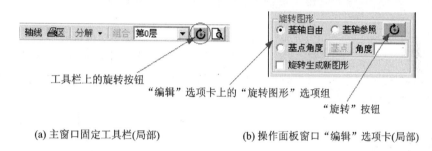

(a) 主窗口固定工具栏(局部)　　　　(b) 操作面板窗口"编辑"选项卡(局部)

图 5 - 19　旋转操作界面

4. 利用分解操作配合旋转

基本图形都支持直接旋转,但一些复杂图形(如标注线、地暖线等)不支持旋转,对这类图形必须先使用分解操作将其分解为基本图形,然后才可以旋转。

5.5.2　绕心旋转

绕心旋转有事先选取图形和事先不选取图形两种操作方式。

1. 事先不选取图形旋转

① 单击工具栏上的"旋转"按钮[见图 5 - 19 (a)],单击后即进入旋转操作状态。

② 移动鼠标到需要旋转的图形上,然后单击。这一步完成被旋转对象的选择。

③ 移动鼠标,选定的图形就跟随鼠标而旋转,到达合适角度后,再单击一次鼠标,旋转操作即结束。

◎**说明**　单击一次工具栏上的"旋转"按钮,只能旋转一个图形。

2. 事先选取图形旋转

① 选取需要旋转的图形,可以是一个或多个。

② 单击工具栏上的"旋转"按钮,单击后即进入旋转操作状态。

③ 移动鼠标,全部选取的图形将跟随鼠标而旋转,到达合适角度后,再单击一次鼠标,旋转操作即结束。

5.5.3 基轴自由旋转

这种方式的主要特点是旋转过程中首先指定基轴(旋转轴)并用鼠标控制基轴的旋转角度。下面以将图 5-20(a)所示的图形旋转为图 5-20(b)所示的图形为例,说明操作步骤为:

① 选取图 5-20(a)所示的几个图形。

② 在图 5-19(b)所示中,选中"基轴自由"单选按钮,然后单击"旋转"按钮⟳。

③ 移动鼠标到绘图区内,提示标签内会提示"在基点处单击鼠标",将鼠标移到 5-20(a)中的 A 点上(利用鼠标捕捉功能很容易地对准到 A 点上),单击鼠标。这时提示标签内提示"在基轴终点处单击鼠标",移动鼠标到 5-20(a)中的 B 点处,单击鼠标。至此,将 A 点确定为基点,将直线 AB 确定为基轴。

④ 移动鼠标,基轴将跟随鼠标旋转,同时被选取图形也跟随基轴而旋转。将基轴旋转到垂直向上时,单击鼠标结束旋转操作,就得到图 5-20(b)所示的图形。

◎说明　在操作过程中,单击鼠标右键或按 Esc 键,可以实现中途退出。

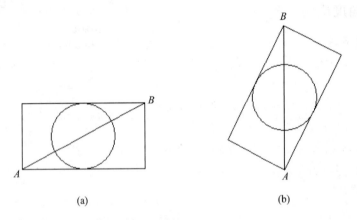

(a)　　　　　　　　　　(b)

图 5-20　基轴自由旋转示例

5.5.4 基轴参照旋转

这种方式用于将基轴旋转到与某个参照物平行。以图 5-21 为例,要想让图 5-21(b)所示的矩形及其里面的图形绕 A 点旋转,并且旋转后矩形的 AB 对角线要与图 5-21(a)所示的直线 CD 平行。

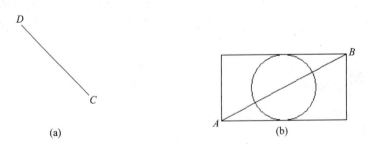

(a)　　　　　　　　　　(b)

图 5-21　基轴参照旋转示例

操作步骤为：

① 选取图 5 - 21(b)所示的矩形及其里面的图形。

② 在图 5 - 19(b)中,选中"基轴参照"单选按钮,然后单击"旋转"按钮。

③ 移动鼠标到绘图区内,提示标签内会提示"在基点处单击鼠标",将鼠标移到 A 点上(利用鼠标捕捉功能很容易地对准到 A 点上),单击鼠标。这时提示标签内提示"在基轴终点处单击鼠标",移动鼠标到 B 点处,单击鼠标。至此,将 A 点确定为基点,将直线 AB 确定为基轴。

④ 提示标签内提示"在参照轴起点处单击鼠标",移到鼠标到 C 点上,单击鼠标。提示标签内又提示"在参照轴终点处单击鼠标",移动鼠标到 D 点上,单击鼠标。

⑤ 选中图形自动进行旋转,并且旋转后图形中的直线 AB 与直线 CD 平行。

◎说明

① 上面第③步操作指定基轴,第④步操作指定参照轴,旋转时将把基轴旋转至与参照轴平行。

② 在操作过程中,单击鼠标右键或按 Esc 键,可以实现中途退出。

5.5.5　基点角度旋转

在这种方式下,需要指定一个基点及一个旋转角度,图形将绕基点旋转指定的角度。以将图 5 - 22(a)所示的矩形绕其顶点 A 旋转 30°,形成图 5 - 22(b)所示的图形为例,操作步骤为：

① 选取图 5 - 22(a)所示的矩形。

② 在图 5 - 19(b)中,选中"基点角度"单选按钮,然后单击"基点"按钮。

③ 在绘图区内,移动鼠标移到 A 点上(利用鼠标捕捉功能很容易地对准到 A 点上),单击鼠标。这一步将 A 点指定为基点。

④ 回到图 5 - 19(b)中,在"基点"按钮右侧的"角度"文本框内输入 30,然后单击"旋转"按钮,所选矩形就旋转至图 5 - 22(b)所示的状态。

◎说明　在操作过程中,单击鼠标右键或按 Esc 键,可以实现中途退出。

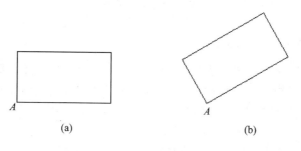

(a)　　　　　　　　　　(b)

图 5 - 22　基点角度旋转示例

5.6　剪　　断

5.6.1　概　　述

剪断是一种特殊编辑操作,可以对直线类图形(直线、折线、点划线)、圆弧、圆、矩形、自由曲线等图形进行这一操作,其中对直线类图形的操作功能最强,可以实现将一条直线(也包括折线与点划线,下同)剪短、剪断成为两条,从中间剪去一部分等。

　　剪断操作不是绘图操作,而是对已有图形的修改操作,使用这一功能前被剪断图形必须已存在。

　　要使用剪断功能,首先要在操作面板窗口"绘图 1"选项卡上单击"剪刀"按钮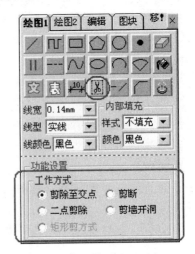,选中后操作面板窗口如图 5-23 所示。从这个窗口的"功能设置"选项组可以看到,有五种工作方式,下面分别介绍。

5.6.2　剪除至交点

　　本功能只适用于直线类图形,它可以剪除直线的某一段,直到遇到此直线与其他直线的交点为止。如图 5-24(a)所示,直线 AB 与两条竖线交于 C、D 两点,现想将 AC 与 BD 部分截掉,达到图 5-24(c)所示的效果。剪除至交点可以轻松地完成这一要求,操作步骤为:

图 5-23　单击"剪刀"按钮后的
操作面板窗口

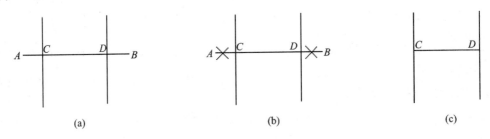

(a)　　　　　　　　　　(b)　　　　　　　　　　(c)

图 5-24　剪除至交点功能的使用

　　① 画出图 5-24(a)所示的三条直线。

　　② 单击"剪刀"按钮,并在图 5-23 中选择"剪除至交点"单选按钮。

　　③ 将鼠标移到绘图区内,可以看到鼠标指针变成了　形状,这提示用户已进入了剪断操作状态。在 AC 直线段与 BD 直线段上分别单击鼠标(两次鼠标单击点参见图 5-24(b)中的叉号处),这两段直线就被剪掉。

　　④ 在操作面板窗口内再单击一次"剪刀"按钮,取消其选中状态,操作结束。

　　◎说明

　　① 剪断操作状态下,当鼠标接近一条直线时,就会有一个绿色的点显示在这条直线上,这个点称为剪断点。只有出现了剪断点后才可以进行剪断操作,并且将从剪断点处剪断直线。

　　② 上例中如果在 CD 之间单击鼠标,直线 AB 在 CD 之间的部分将被剪掉,即剪断点两侧都有交点时,将从剪断点剪除到两侧的交点。另外,剪断操作不要求直线必须是水平或垂直的,倾斜直线也能自动剪除到交点。

5.6.3　剪　断

　　剪断操作适用于直线类图形、圆弧与自由曲线。

1. 直线的剪断

如果要想将一条直线从某个点处断开,使之变成两条,则需要使用本功能。如图 5-25 所示,以将直线 AB 剪断成为 AC 与 BC 为例,操作步骤为:

① 画出图 5-25 所示的直线 AB。

② 单击"剪刀"按钮,并在图 5-23 中选择"剪断"单选按钮。

图 5-25　直线的剪断

③ 在绘图区内,在 C 点处单击鼠标,AB 直线就从 C 点处被剪断。如果还要继续剪断其他直线,则移动鼠标到各个剪断点处并分别单击即可。

④ 在操作面板窗口内再次单击"剪刀"按钮,取消其选中状态,操作结束。

◎说明　直线 AB 剪断后从外观上看与剪断前没有区别,但剪断后 AC 与 BC 变成了两条独立的直线。另外,一次有效的剪断操作后,剪断新生成的两条直线会分别用红色闪烁一次,以提示直线已剪断。

2. 其他图形的剪断

圆弧与自由曲线(必须是非封闭的自由曲线,自由曲线在 7.2.1 节讲解)也可以剪断,操作步骤同上,只要第③步中在圆弧或自由曲线上单击鼠标即可。

5.6.4　二点剪除

本功能可用于直线类图形、圆、矩形、自由曲线四种情况。其中,自由曲线的二点剪除在 7.2.1 节中专门讲解。

1. 直线类图形的二点剪除

如果要想将一条直线剪去中间的一段,则需要使用二点剪除功能。如图 5-26 所示,现将直线 AB 剪去其中的 CD 部分,成为两条直线 AC 与 BD,操作步骤为:

① 画出图 5-26 所示的直线 AB。

② 单击"剪刀"按钮,并在图 5-23 中选择"二点剪除"单选按钮。

图 5-26　直线的二点剪除

③ 在绘图区内,在 C 点与 D 点处分别单击鼠标,直线 AB 位于 CD 之间的部分即被剪除。

④ 在操作面板窗口内再次单击"剪刀"按钮,取消其选中状态,操作结束。

2. 圆的二点剪除

二点剪除功能可以将一个圆剪断成为两条圆弧。以图 5-27 所示的圆为例,二点剪除状态下在图 5-27(a)所示的圆的 C、D 两点处单击鼠标,圆就从 C、D 两点处断开,变为图 5-27(b)所示的两条圆弧(实际上两个圆弧之间没有空隙,为了突出显示这是"两个"图形,图中将两个圆弧适当拉开了距离)。

3. 矩形的二点剪除

二点剪除功能可以将矩形的一条边剪去一部分,从而完成在矩形上的"开洞"。以图 5-28 所示的矩形为例,二点剪除状态下在图 5-28(a)所示的矩形的 C、D 两点处单击鼠标,矩形上边位于 C、D 之间的部分将被剪除,变为图 5-28(b)所示的图形(实际上这个"矩形"不是真正的矩形,而是五条直线)。

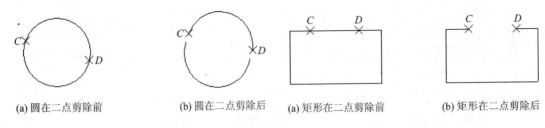

| (a) 圆在二点剪除前 | (b) 圆在二点剪除后 | (a) 矩形在二点剪除前 | (b) 矩形在二点剪除后 |

图 5 - 27　圆的二点剪断　　　　　　　　图 5 - 28　矩形的二点剪除

◎说明

① 两个剪断点必须在矩形的同一条边上。

② 这一功能在绘制像地基剖面图等图形时非常有用。

5.6.5　矩形剪方式

矩形剪方式只对水平或垂直直线有效,工作时需要绘制一个矩形,位于这个矩形之内的水平或垂直直线均被剪除。在图 5 - 23 中选择"矩形剪方式"单选按钮后,操作面板窗口将变长,如图 5 - 29 所示。在这个窗口中,可以设置矩形剪工作时只剪除水平直线、只剪除垂直直线或水平垂直直线都剪除。

以图 5 - 30 为例,图 5 - 30(a)所示的五条水平直线右侧长短不一,现想将其剪齐,即让这五条直线右端点是对齐的。要达到这一目的,只需要将这五条直线位于图 5 - 30(b)所示的虚线矩形内的部分剪掉即可,使用矩形剪可轻松地完成这一工作,步骤为:

图 5 - 29　矩形剪方式下的操作面板窗口

| (a) | (b) |

图 5 - 30　"矩形剪方式"应用示例

① 画出图 5 - 30(a)所示的五条直线。

② 单击"剪刀"按钮,并在图 5 - 29 中选择"矩形剪方式"单选按钮。在"矩形剪剪除内容"选项组内选择"水平直线与垂直直线"或"仅水平直线"单选按钮之一。

③ 在绘图区内,移动鼠标到图 5 - 30(b)中的 A 点处,按下鼠标左键并拖动鼠标,到 B 点处松开鼠标,则 A、B 两点之间构成一个剪切矩形,五条直线中位于剪切矩形之内的部分均被剪除。

④ 在操作面板窗口内再次单击"剪刀"按钮,取消其选中状态,操作结束。

5.6.6　剪墙开洞

剪墙开洞功能是专为建筑图纸的绘制而设计的,它可以方便地在"墙"上进行挖洞操作(所谓的"墙"必须是两条相距不太远的水平或垂直平行直线)。下面以图 5-31 为例说明这一功能。

图 5-31(a)是一个房间的墙,现需要在 AB 之间开一个洞(以便安装门或窗),开洞后要达到图 5-31(b)所示的结果。

使用剪墙开洞功能来实现上述要求的操作步骤为:

① 画出图 5-31(a)所示的房间墙线。

② 单击"剪刀"按钮,并在图 5-23 中选择"剪墙开洞"单选按钮。

③ 在绘图区内,在图 5-31(a)中的 A、B 两点处(或者 C、D 两点处也可以)分别单

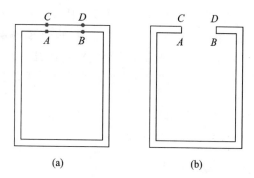

图 5-31　剪墙开洞功能的应用

击鼠标,软件自动将 AB、CD 之间的直线剪断,同时添加 AC、BD 之间的直线,即得到图 5-31(b)所示结果。

④ 在操作面板窗口内再次单击"剪刀"按钮,取消其选中状态,操作结束。

5.6.7　指定被剪断图形

如图 5-32 所示,直线 $K1$ 与 $K2$ 交于 A 点。假设当前处于"剪断"方式下,当鼠标在交点 A 上单击时,$K1$ 或 $K2$ 中的某一条将从 A 点处被剪断,但具体是哪一条直线被剪断,由软件自动确定。这样,软件剪断的那条直线可能并不是想要剪断的。这时,就需要使用"预先指定被剪断图形"功能来指定需要剪断哪个图形,操作步骤为:

① 画出图 5-32 所示的直线 $K1$ 与 $K2$。

② 单击"剪刀"按钮并将工作方式设置为"剪断",进入剪断操作状态。

③ 移动鼠标到直线 $K1$ 上,单击鼠标右键,弹出如图 5-33 所示的剪断操作右键菜单,选择"指定剪断此图形"。然后,直线 $K1$ 会闪烁,表示它已被指定为要剪断的图形。

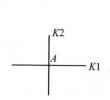

图 5-32　相交直线的剪断

图 5-33　剪断操作的右键菜单

④ 移动鼠标到 A 点上并单击,则直线 $K1$ 被剪断。

◎说明

① 上面操作的最后一步中，由于直线 $K1$ 已预先被指定为要剪断的图形，所以软件首先试图将直线 $K1$ 剪断。但若鼠标单击点不在直线 $K1$ 上，例如鼠标单击在除 A 点之外的直线 $K2$ 其他点上，则仍会将直线 $K2$ 剪断。

② 只有"剪除至交点"、"剪断"、"二点剪除"三种方式支持预先指定被剪断图形。

③ 预先指定的被剪断图形仅对后面的一次剪断操作有效。

④ 鼠标未指在任何图形上时，也可单击鼠标右键调出右键菜单并选择"指定剪断此图形"。这时的作用是取消已预先指定的被剪断图形。另外，在没有图形的地方单击一次鼠标（即进行一次无效的剪断操作），也会导致取消预先指定的被剪断图形。

5.7 延 长

5.7.1 概 述

延长操作对直线类图形（直线、折线、点划线）或圆弧均有效，可以在不改变直线或圆弧方向的情况下，调整其长度。延长操作不是绘图操作，而是对已绘制直线或圆弧的修改操作，所以使用这一功能前被延长的图形必须已存在。

要使用延长功能，首先要在操作面板窗口"绘图1"选项卡上单击"延长"按钮 ，这时操作面板窗口如图 5-34 所示。从这个窗口的"延长设置"选项组中可以看到，延长有两种工作方式：延长到鼠标指定点和延长到交点（又分为包含隐含交点与不包含隐含交点两种子情况），下面分别介绍。

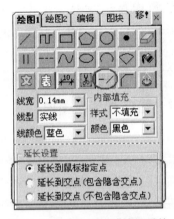

图 5-34 单击"延长"按钮后的操作面板窗口

5.7.2 延长到鼠标指定点

这种方式下可用鼠标控制直线或圆弧进行自由延长，以图 5-35 为例，已有直线 AB，现想将其沿端点 B 向外延长，成为直线 AC。另有圆弧 EF，现想将其沿端点 F 向外延长，成为圆弧 EG。操作步骤为：

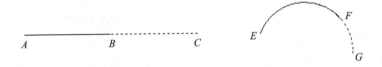

图 5-35 直线与圆弧的延长

① 画出图 5-35 所示的直线 AB 和圆弧 EF。

② 单击"延长"按钮，并在图 5-34 中选择"延长到鼠标指定点"单选按钮。

③ 移动鼠标到绘图区内，这时鼠标指针变成了 ，表示目前处于延长操作状态。移动鼠

标到直线 AB 上且靠近 B 端的一侧(若移到靠近 A 端的一侧将导致延长 A 点而不是 B 点),当鼠标接近直线 AB 时,直线 AB 就会变为红色显示,这就表示可以对 AB 进行延长操作了,这时单击鼠标(单击的作用是确认直线 AB 为被延长对象),然后移动鼠标,就会发现直线 AB 随鼠标的移动而变长(或变短),用鼠标控制将直线 AB 延长到 C 点处,再单击鼠标一次,直线 AB 的延长结束。

④ 将鼠标移到圆弧 EF 靠近 F 点的一侧的弧线上,待圆弧 EF 变为红色显示时,单击鼠标左键,然后移动鼠标,圆弧 EF 将随鼠标的移动而延长(或缩短),用鼠标控制将圆弧延长到 G 点后,单击鼠标,圆弧的延长操作结束。

⑤ 在操作面板窗口内再次单击"延长"按钮,取消其选中状态,操作结束。

5.7.3　延长到交点

延长到交点操作只适用于直线,对圆弧无效。如图 5-36(a)所示,要想延长直线 $B1B2$,使之与直线 $A1A2$ 相交,操作步骤为:

① 画出图 5-36(a)所示的直线 $A1A2$ 和直线 $B1B2$。

② 单击"延长"按钮,并在图 5-34 中的"延长设置"选项组中选择第 2 项或第 3 项。

③ 在绘图区内,移动鼠标到直线 $B1B2$ 上且靠近 $B2$ 端的一侧(若移到靠近 $B1$ 端的一侧将导致延长 $B1$ 点而不是 $B2$ 点),待直线 $B1B2$ 变为红色显示时,单击鼠标,直线 $B1B2$ 自动延长到其与 $A1A2$ 的交点处。

④ 在操作面板窗口内再次单击"延长"按钮,取消其选中状态,操作结束。

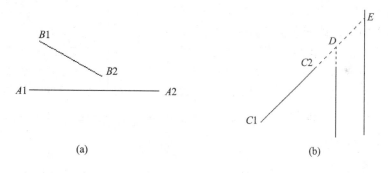

图 5-36　延长到交点

◎说明

① "延长设置"选项组中选择第 2 项将使用直线可以延长到隐含交点,而选择第 3 项将不会延长到隐含交点。隐含交点是两条直线均需要延长后才存在的交点,图 5-36(b)中 D 为一个隐含交点,而 E 不是(因为只需要延长 $C1C2$ 这一条直线就可以得到)。当选择了"延长到交点(包含隐含交点)"单选按钮时,延长 $C1C2$ 将被延长到 D 点;而选择了"延长到交点(不包含隐含交点)"单选按钮时,延长 $C1C2$ 将被延长到 E 点。

② "延长"按钮后,可以一次延长多条直线,也可以将同一直线连续延长多次。

③ 剪断与延长都是常用功能,现举一个小例子简要介绍其用途。

图 5-37 所示是利用轴线生墙功能生成的某房间图,对这个图可以使用剪断与延长功能对其进行修正。使用延长到交点功能并在各个叉号处单击鼠标,可以使墙的拐角线自动愈合。

使用矩形剪功能并在各个圆圈处单击鼠标,可"抠去"部分墙线而留出开门所需的空间。这两步完成后可得到图 5-38 所示的结果。

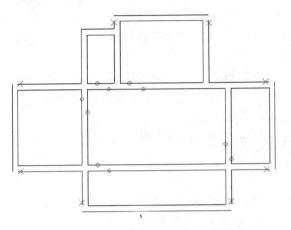

图 5-37　利用轴线生墙功能生成的房间图

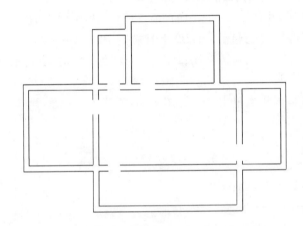

图 5-38　墙角愈合及留出开门空间后的房间图

5.8　倒　角

5.8.1　概　述

倒角操作只对直线类图形(直线、折线、点划线)有效,用于改变两条直线的拐角形状。倒角分为斜线倒角和圆弧倒角两种情况。图 5-39 所示为倒角的效果图。倒角操作不是绘图操作,而是对已绘制直线的修改操作,所以使用这一功能前被倒角直线必须已存在。

要使用倒角功能,首先要在操作面板窗口"绘图 1"选项卡上单击"倒角"按钮，这时操作面板窗口如图 5-40 所示。从这个窗口的功能设置区可以看到,有两种倒角形状和两种倒角距离的指定方式。倒角距离是直线在倒角中被剪去部分的长度。以图 5-39(a)为例,下面那条直线在倒角中 CA 之间的部分被剪去,这一段长度就是这条直线的倒角距离;而上面那条直线的 DB 部分被剪去,DB 的长度就是这条直线的倒角距离。倒角距离可以在倒角中用鼠标

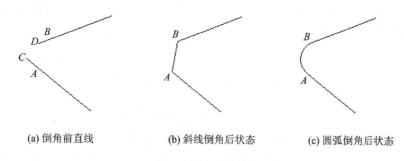

(a) 倒角前直线　　　　　(b) 斜线倒角后状态　　　　　(c) 圆弧倒角后状态

图 5 - 39　倒角效果图

临时指定,也可以使用预先设定的值(这时可将直线截去一个精确的长度)。

5.8.2　操作步骤

以将图 5 - 39(a)所示的直线倒角为图 5 - 39(b)所示的状态为例,操作步骤为:

① 画出图 5 - 39(a)所示的两条直线。

② 单击"倒角"按钮,并在图 5 - 40 中的"倒角形状"选项组中选择"斜线倒角"单选按钮,在"倒角距离"选项组中选择"由鼠标确定"单选按钮。

③ 移动鼠标到绘图区,这时鼠标指针变成了 ↗ ,表示目前处于倒角操作状态。移动鼠标到图 5 - 39(a)中下面那条直线的 A 点上,当鼠标接近直线时,直线会变成红色显示,就表示可以对其进行倒角操作了,这时单击鼠标。再移动鼠标到图 5 - 39(a)中上面那条直线的 B 点上,上面的那条直线又会变为红色显示,单击鼠标,即得到图 5 - 39(b)所示的图形。

④ 在操作面板窗口内再次单击"倒角"按钮,取消其选中状态,操作结束。

◎ 说明

① 圆弧倒角与斜线倒角操作过程完全一样,若在②步中将"倒角形状"选择"圆弧倒角",就会生成图 5 - 39(c)所示的图形,其余操作不变。

② 当"倒角距离"选择"由鼠标确定"时,鼠标在直线上的单击点决定了直线将被截去部分的长度,从直线最靠近单击点的那个端点到单击点之间的部分将被截去。若选择"使用预设值"单选按钮,则需要在图 5 - 40 中的"首直线"与"末直线"文本框内分别输入第一条直线和第二条直线将被截去部分的长度(以 mm 为单位),倒角时直线将被截去这个长度。但在圆弧倒角时,"末直线"文本框内不能输入数据,因为圆弧倒角中第二条直线被截去部分的长度是计算确定的。

③ 两条直线不论是平行还是相交(指延长后相交),都可以对两端进行倒角,图 5 - 41 所示是圆弧倒角后的效果。对于两条已经相交的直线,必须先在交点端进行圆弧倒角后,才能在非交点端进行倒角。

④ 倒角也是一项常用功能,下面举一个小例子说明其应用。

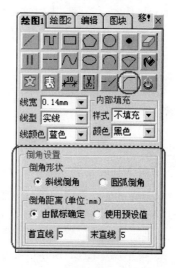

图 5 - 40　单击"倒角"按钮后的
操作面板窗口

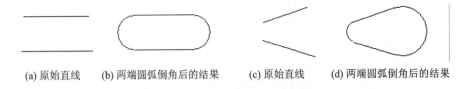

(a) 原始直线　　(b) 两端圆弧倒角后的结果　　(c) 原始直线　　(d) 两端圆弧倒角后的结果

图 5-41　圆弧倒角后的效果示意图

建筑总平面图中常常需要绘制人工湖、池塘等不规则图形,利用直线及其倒角功能可以画出这类图形。如图 5-42(a)所示,先用几条直线摆放出池塘的大体轮廓,再对直线进行圆弧倒角(或斜线倒角),即可得到如图 5-42(b)所示的池塘图形。

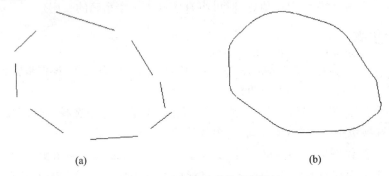

(a)　　　　　　　　　　　　　(b)

图 5-42　利用倒角功能绘制池塘

5.9　习　题

1. 在一条水平线上画五个圆,分别对其进行以下操作:

① 上对齐;　　② 下对齐;　　③ 垂直方向上居中对齐;　　④ 水平等间距。

2. 当两个图形重叠时,如何调整其遮挡顺序?

3. 画出下列图形。

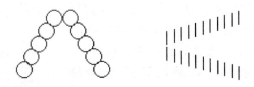

4. 对于临时图形,如何移动其位置? 如何保留或抛弃?

5. 如何调出"常用编辑"工具栏?"常用编辑"工具栏有什么功能?

6. 有哪些移动图形的方式? 什么时候需要使用图形的微移功能?

7. 画一个矩形,然后将其精确向右移动 10 mm。

8. 将下图中图(a)所示的小圆移到图(b)所示的大圆之内,使其成为同心圆,即达到图(c)所示的效果。

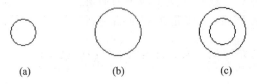

(a)　　　　　　　　(b)　　　　　　　　(c)

9. 如何将图形移到图纸的中心处？

10. 半选中图形在移动时有何特点？

11. 复制图形有哪些方法？

12. 如何将图纸 A 内的一些图形复制到图纸 B 内？

13. 缩放图形有哪些方法？如何将图形精确放大 2.5 倍？

14. 什么情况下，选取图形后会显示缩放控制块而不是调整控制块？

15. 画出下面的图形，其中每个外层矩形的面积都是内层矩形的 1.4 倍。

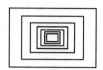

16. 有哪些旋转图形的方法？各有何特点？

17. 如何使一个图形绕自己的中心旋转 30°？又如何使它绕屏幕上的一个特定点旋转 30°？

18. 将下图中的图(a)进行适当地旋转和移动，使其能正好套在图(b)内，达到图(c)所示的效果。

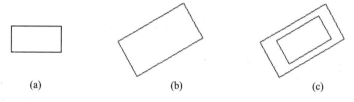

    (a)   (b)   (c)

19. 任何图形都可以旋转吗？对于不支持直接旋转的图形，如何实现其旋转？

20. 有哪些图形支持"剪刀"按钮对其进行剪断？

21. 对于下图中的水平直线，如何实现下述操作？

① 将右侧标有×的部分删除； ② 在 a 点处剪断； ③ 剪除 ab 之间的部分。

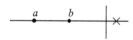

22. 对于下图中左侧的图形，如何使其变为右侧的图形（提示：左对齐、水平等距、矩形剪右侧剪齐）？

23. 对于下图中左侧的图形，如何通过三次剪除操作，使其变为右侧的图形？

24. 如何对圆进行剪断操作？如何对矩形进行剪断操作？

25. 哪些图形支持延长操作？直线支持几种延长方式？圆弧支持几种延长方式？

26. 将下图(a)所示的图形，通过延长操作，分别变为图(b)和图(c)所示的状态。

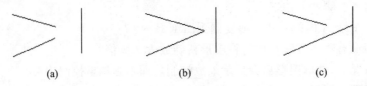

(a)　　　　　　　　(b)　　　　　　　　(c)

27. 已有下图中左侧的图形，利用对直线的延长与对圆的剪断功能，将其变为右侧的图形。

28. 剪断与延长在建筑图纸的绘制中有何应用？

29. 已有下图中左侧的图形，利用对直线的圆弧倒角功能，将其变为右侧的图形。

第6章 尺寸标注

6.1 概　述

尺寸标注是图纸的一个重要组成部分。尺寸标注一般由标注线和尺寸文字构成,其中标注线的绘制是最烦琐和麻烦的部分。超级绘图王为标注线的绘制提供了专门的支持,可以将常用的标注线一笔绘出,也可以根据输入的图纸尺寸自动计算并生成复杂的尺寸标注。

超级绘图王可以直接绘制六种类型的标注线,如图6-1所示。

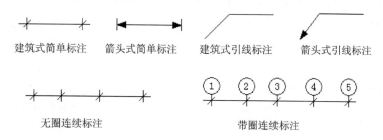

建筑式简单标注　　箭头式简单标注　　建筑式引线标注　　箭头式引线标注

无圈连续标注　　　　　　　带圈连续标注

图6-1　标注线类型

绘制标注线的步骤为:

① 用鼠标单击"绘图1"选项卡上的"标注线"按钮,使其呈按下状态。这时操作面板窗口底部显示"标注设置"选项组,如图6-2所示。

② 确定要绘制的标注线类型,方法是在六个标注类型按钮之一上单击鼠标,使其处于选中状态。处于选中状态的标注类型按钮背景为黄色。

③ 在绘图区内按要求绘制标注线。这一步因标注线的类型不同而不同,后面详述。

④ 标注线绘制完后,再次用鼠标单击"标注线"按钮,或者按键盘上的 Esc 键,以取消"标注线"按钮的选中状态,结束绘制操作。

◎**说明**　除建筑式引线标注与箭头式引线标注外,其余四种类型的标注都带有角度指定功能(即指定标注线中那条长直线的角度),角度指定时可以选择"任意角度"、"水平/垂直"或者"指定角度",如图6-2所示。

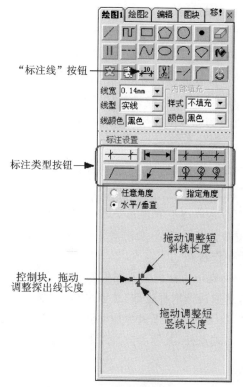

图6-2　标注线操作界面

这些参数的含义完全同直线的角度指定,参见 2.2.4 节控制画线角度中的介绍。

6.2 简单标注与引线标注

6.2.1 简单标注

简单标注包括"建筑式简单标注"和"箭头式简单标注"两种类型,它们都是只需要两个点即可绘制的图形,是标注线中最简单的两种类型。

1. "建筑式简单标注"绘制步骤

① 单击"建筑式简单标注"按钮，这时会显示如图 6-2 所示的画面。在这个画面中,可以用鼠标拖动三个控制块来调整长直线探出段的长度、短竖线的长度以及短斜线的长度,以便自定义这几段线的绘制长度。其中,若将探出线长度控制块拖到短竖线右侧再释放,则会将长直线探出段的长度设置为 0。

② 在绘图区内,在显示标注线的起始位置和终止位置处分别单击鼠标左键,在这两点之间就会绘制出一条标注线。

2. "箭头式简单标注"绘制步骤

①单击"箭头式简单标注"按钮，这时操作面板窗口底部的画面如图 6-3 所示。在图 6-3 面中,可以用鼠标拖动两个控制块来调整短竖线的长度和箭头的大小,以控制图形的绘制效果。

② 在绘图区内,在标注线的起始位置和终止位置处分别单击鼠标,在这两点之间就会绘制出一条标注线。

3. 绘制说明

所绘制的标注线只有"线"而没有文字,文字要通过文字操作(见第 4 章的介绍)来单独标注。

4. 选取与调整

两种简单标注的选取与调整方法是完全一样的,要点如下:

① 选取图形前首先要进入无操作状态。若"标注线"按钮处于按下状态,则需要用鼠标单击它一次,或者按键盘上的 Esc 键,以退出绘图状态并进入无操作状态。

② 选取方法同普通图形的选取完全一样。可以用鼠标单击选取或选取框选取,选取之后,会显示两个调整控制点,如图 6-4 所示。用鼠标拖动调整控制点可以调整相应的端点。除端点外,其他参数在绘制后不能调整。

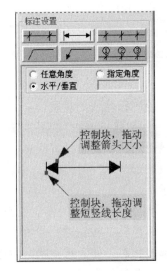

图 6-3 箭头式简单标注操作界面

图 6-4 简单标注的调整控制点

6.2.2 引线标注

1. 概 述

引线标注是由一条斜线与一条水平(或垂直)直线构成的图形,根据起点形状不同,分为"建筑式引线标注"和"箭头式引线标注"两种。它们的绘制过程是一样的,都需要在绘制时依次指定三个点,如图6-5所示,图中的序号代表了鼠标单击的顺序。

2. "建筑式引线标注"绘制步骤

① 单击"建筑式引线标注"按钮 。

② 在绘图区内,在三个绘制点处依次单击鼠标。

3. "箭头式引线标注"绘制步骤

① 单击"箭头式引线标注"按钮 ,这时操作面板窗口底部的界面如图6-6所示。在图6-6中,可以用鼠标拖动控制块,以调整箭头的大小。

② 在绘图区内,在三个绘制点处依次单击鼠标。

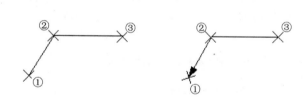

图6-5 引线标注的绘制点

图6-6 箭头式引线标注操作界面

4. 绘制说明

不论是"建筑式引线标注"还是"箭头式引线标注",第一条直线可以是任意角度倾斜的,而第二条直线只能是水平或垂直的。

5. 选取与调整

选取前如果处于绘图状态,先按一下键盘上的Esc键退出绘图状态才能进行选取。引线标注的选取方法与普通图形完全一样,都可以使用单击选取或选取框选取,如果使用选取框选取的端点选取形式,则引线标注的三个绘制点都可以作为选取端点。

引线标注选取后在三个绘制点处显示调整控制块,如图6-7所示。用鼠标拖动这些控制块可以调整相应的

图6-7 引线标注的调整控制点

绘制点。其中,斜线起点处的控制块可以自由拖动,位于水平(或垂直)直线上的控制块只能水平(或垂直)拖动。

6.3 无圈连续标注

6.3.1 概 述

无圈连续标注用于绘制一系列连续的标注线,使用时需要先单击按钮 ✕—✕—✕ ,单击后操作面板窗口底部如图6-8所示。图6-8中三个控制块的作用见6.2.1节中的介绍。

无圈连续标注有两种绘制方式,用鼠标绘制和直接输入尺寸绘制,下面分别介绍。

6.3.2 用鼠标绘制

用鼠标绘制时,在绘图区内,在各个标注点处(即各条短竖线与水平长直线的交叉点处)单击鼠标左键,并在最后一个标注点处单击鼠标右键(单击鼠标右键表示产生一个标注点并结束绘制,而单击鼠标左键表示产生一个标注点并继续绘制)。图6-9所示为这一绘制过程。

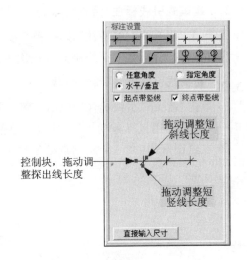

图 6-8 无圈连续标注操作界面

图 6-9 无圈连续标注的绘制过程

在图6-8中,若不选"起点带竖线"或"终点带竖线"复选框,则生成的标注线在起点处或终点处将没有竖线。若两项都不选,则起点和终点处将都没有竖线。这几种情况如图6-10所示。端点处不带竖线的无圈连续标注主要用于分标注与多层标注,在6.5节中将具体介绍其应用。

(a) 起点无竖线   (b) 终点无竖线   (c) 起点、终点均无竖线

图 6-10 端点处无竖线的绘制效果

用鼠标绘制无圈连续标注(以及后面的带圈连续标注)时,应注意使用一项绘制技巧,即连续标注的方向是由前两个鼠标单击点决定的,如果前两个鼠标单击点在同一条水平线上(或其他角度的直线上),就已经决定了标注线是水平(或其他角度)的,但并不要求后续的鼠标单击点也必须在这条水平线(或前两点决定的其他角度直线)上。观察图6-11所示的图形,如果

在绘制下面的连续标注线时试图在 E、F、G、H 处单击鼠标（H 处要单击鼠标右键），则绘制速度将较慢，因为要保证四个鼠标单击点与上面的 A、B、C、D 四个点是上下对齐的，这要耗费一些时间。正确的办法是在 A、B、C、D 四个点上依次单击鼠标（D 点上要单击鼠标右键，借助于鼠标捕捉功能，很容易准确地单击在这四个点上），这样绘制完后，标注线的纵向位置位于 A 点所示的位置上，只要选取这段

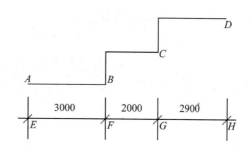

图 6 - 11　绘制技巧示例

标注线，将其向下移动一段距离即可。然后标注上三个文字串，就达到图 6 - 11 所示的效果。

6.3.3　选取与调整

选取前如果处于绘图状态，先按一下键盘上的 Esc 键退出绘图状态才能进行选取。无圈连续标注的选取方法与普通图形完全一样，都可以使用单击选取或选取框选取。如果使用选取框选取的端点选取形式，则长直线的两个端点以及任何一条短竖线（垂直绘制时则是短横线）的两个端点都可以作为选取端点。如果使用单击选取，则单击在长直线或短竖线（垂直绘制时则是短横线）上均可。

无圈连续标注选取后显示两个调整控制块，如图 6 - 12 所示。用鼠标拖动这两个控制块可以分别调整短竖线在水平长直线之上部分或之下部分（垂直放置时就是之左部分或之右部分）的长度。注意，短竖线在水平长直线之上部分或

图 6 - 12　无圈连续标注的调整控制点

之下部分绘制时总是等长的，但绘制完后可以调整为不等长，这样既可以方便地绘制短竖线上、下段等长的标注线，又可以方便地绘制短竖线上、下段不等长的标注线。

6.3.4　直接输入尺寸绘制

无圈连续标注也可以根据输入的图纸尺寸自动生成，并且自动生成的标注线是带有尺寸文字的，如图 6 - 13 所示（图中 A、B、C、D 四个字母是为方便描述问题而添加的，不是自动生成的）。

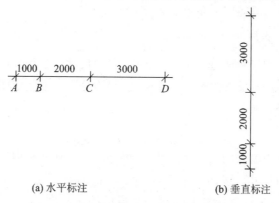

(a) 水平标注　　　　　　　　(b) 垂直标注

图 6 - 13　直接输入尺寸生成的无圈连续标注

要使用直接输入尺寸功能,需要在图6-8中单击"直接输入尺寸"按钮,弹出图6-14所示的对话框。这个对话框中各部分的作用如下:

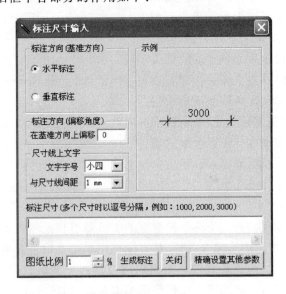

图6-14　无圈连续标注的直接输入尺寸对话框

1. 标注方向(基准方向)

若选择"水平标注",则生成的标注线水平放置,如图6-13(a)所示;若选择"垂直标注",则生成的标注线垂直放置,如图6-13(b)所示。

2. 标注方向(偏移角度)

设置生成的标注线在基准方向(水平或垂直)的基础上再偏移多少度,输入的角度可以是正值,也可以是负值。正角度表示在基准方向的基础上逆时针偏移,负角度表示顺时针偏移。

3. 尺寸线上文字

"文字字号":决定标注线上尺寸文字的大小,即图6-13中文字串"1000"、"2000"、"3000"的字号。

"与尺寸线间距":决定尺寸文字与尺寸线的距离,以图6-13(a)为例,就是文字串"1000"、"2000"、"3000"与其底下的水平长直线之间的间隙。

4. 标注尺寸

"标注尺寸"文本框用于输入建筑物各部分的实物尺寸,尺寸的单位均为mm(不需要输入)。多个尺寸之间用逗号(英文逗号而不是中文逗号)分隔。要生成图6-13所示的标注线,则需要输入"1000,2000,3000"。

5. 图纸比例

"标注尺寸"文本框内输入的是实物尺寸,它要乘以图纸比例框内输入的图纸比例,然后才是每一段标注线的绘制尺寸。以图6-13(a)为例,在"标注尺寸"文本框内输入的是"1000,2000,3000",若图纸比例采用默认值1%,则 *AB* 段的绘制长度是10 mm(1000×1%)、*BC* 段的绘制长度是20 mm(2000×1%),*CD* 段的绘制长度是30 mm(3000×1%)。

如果要自定义短竖线、短斜线或长直线探出部分的长度,则可以在图 6-8 中拖动控制块来设置,或者在图 6-14 所示的对话框中单击"精确设置其他参数"按钮,从弹出的"标注参数设置"对话框中设置。"标注参数设置"对话框的用法将在 6.4.2 节介绍。

具体操作步骤(在图 6-14 所示对话框内)为:

① 选择标注方向,设置尺寸线上文字的大小及与其尺寸线的间距。

② 在"标注尺寸"文本框内输入尺寸数字串,在图纸比例框内设置图纸比例。

③ 单击"生成标注"按钮,标注线立即生成在绘图区内。

④ 单击"关闭"按钮或者右上角的叉号,关闭对话框。

6.3.5 标注线的修改

在直接输入尺寸生成的标注线中,尺寸线上的文字与尺寸线是两个独立的图形,如图 6-15 所示。这样可以很方便地调整尺寸线上文字的位置,例如将文字移到尺寸线的底下。如果要将尺寸线及其上面的文字同时移动,则需注意将这两个图形同时选取后再进行移动,否则会导致它们"分家"。

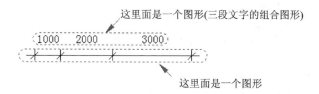

图 6-15 直接输入尺寸生成的标注线的结构

尺寸线不论多长都是一个图形,绘制后除短竖线长度可调整外,其余部分不能再修改(如果必须要修改,则需要先使用"分解"操作将其分解为若干条直线,然后才可以修改)。尺寸线上的文字是一个组合图形,选取后可以通过解散组合操作分解为单个的文字串,然后就可以对每个文字串分别进行修改了。

6.4 带圈连续标注

6.4.1 概　述

带圈连续标注是所有标注中最复杂的一种,也是建筑图纸中最常用的一种。图 6-16 所示为其常见的四种形式。

绘制时,首先要单击按钮 以选择带圈连续标注,单击后操作面板窗口底部如图 6-17 所示。

带圈连续标注与无圈连续标注相比,只是多出了圆圈及圈内的文字,这二者的绘制过程是完全一样的,绘制步骤可参见上一节中的介绍。下面主要介绍圆圈及圈内文字的控制问题。

① 用鼠标拖动位于圆圈上的那个控制块可以调整圆圈的大小。

② 调整圆圈内文字的大小(字号)有两种办法:用鼠标拖动位于文字右下角的那个控制块,或者在"字号"下拉列表框内选择一种字号。

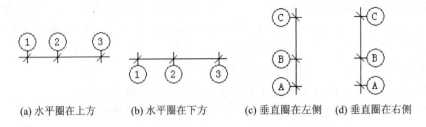

(a) 水平圈在上方　　(b) 水平圈在下方　　(c) 垂直圈在左侧　　(d) 垂直圈在右侧

图 6-16　带圈连续标注的四种形式

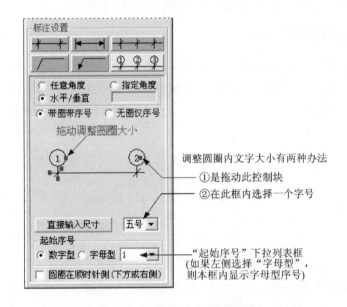

图 6-17　带圈连续标注操作界面

③ 圆圈内序号的起始值由"起始序号"下拉列表框内的设置决定,首先在左侧选择"数字型"或"字母型"之一,这一选择将决定右侧的"起始序号"下拉列表框内显示数字型序号还是字母型序号。然后在这一列表框内选择一个合适的序号作为起始序号。

④ "圆圈在顺时针侧(下方或右侧)"复选框如果选中,则圆圈位于标注线长直线的顺时针一侧;否则位于逆时针一侧。通过这个选项可以控制圆圈在长直线的哪一边。

⑤ "带圈带序号"与"无圈仅序号"二者只能选择其一,选中前者生成的标注线是带圆圈的;而选中后者将不带圆圈,但圈内的文字仍然有。这种情况下圆圈虽然不可见,但圆圈的半径仍然决定着圆圈内文字与短竖线之间的距离。

◎说明　根据规范,垂直轴线的编号不使用 I、O、Z 三个字母(因易与1、0、2相混淆)。

6.4.2　输入尺寸绘制

除可用鼠标控制逐点绘制外,带圈连续标注也可以输入图纸的尺寸自动生成,并且自动生成的标注线是带有尺寸文字的,如图 6-18 所示。

要使用直接输入尺寸自动生成功能,则需要在图 6-17 中单击"直接输入尺寸"按钮,弹出如图 6-19 所示的对话框。

这个对话框中除"标注方向(基准方向)"外,其他部分均与图 6-14 相同,并且输入尺寸生

图 6 - 18　直接输入尺寸生成的标注线

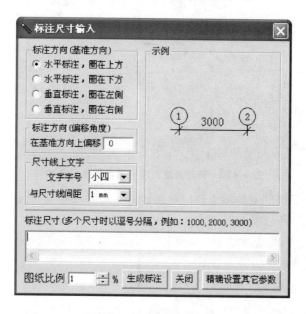

图 6 - 19　带圈连续标注的"标注尺寸输入"对话框

成标注的过程也与无圈连续标注的直接输入尺寸生成过程完全相同,请参考上一节的介绍。本处只介绍上一节未介绍到的相关功能。

1. 标注方向

标注方向有四种选择,如下:

"水平标注,圈在上方":生成水平标注线,圈位于标注线上方,如图 6 - 16(a)所示。

"水平标注,圈在下方":生成水平标注线,圈位于标注线下方,如图 6 - 16(b)所示。

"垂直标注,圈在左侧":生成垂直标注线,圈位于标注线左侧,如图 6 - 16(c)所示。

"垂直标注,圈在右侧":生成垂直标注线,圈位于标注线右侧,如图 6 - 16(d)所示。

❈**注意**　在输入尺寸生成的标注线中,"圈"仍然可以没有,只要在图 6 - 17 中选择"无圈仅序号"单选按钮即可。

2. 偏移角度对序号位置的影响

通过适当地选择在基准方向上的偏移角度,可以控制序号从长直线上希望的那一个端点处开始。以图 6 - 20(a)所示的垂直直线为例,偏移 45°(逆时针旋转 45°)与偏移-135°(顺时针旋转 135°)后直线的倾斜方向是一致的,但序号的开始端点不一样,分别如图 6 - 20(b)和图 6 - 20(c)所示。

◎**说明**

① 之所以出现上面的结果,是因为将图 6 - 20(a)的图形绕底下的端点逆时针旋转 45°后,"序号 D"所在的圆圈仍然在"序号 A"所在圆圈的上面,即得到图 6 - 20(b)所示的图形。但如

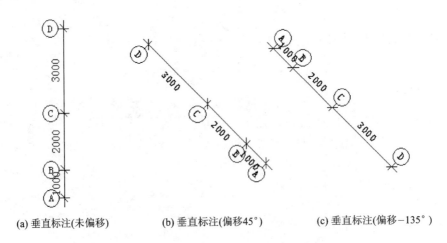

(a) 垂直标注(未偏移)　　　　(b) 垂直标注(偏移45°)　　　　(c) 垂直标注(偏移-135°)

图6-20　偏移角度对序号起始位置的影响

果将图6-20(a)的图形绕底下的端点顺时针旋转135°后,"序号D"所在的圆圈将旋转到了"序号A"所在圆圈的底下,所以得到图6-20(c)所示的图形。

②尺寸线上的文字(即上图中的"1000"、"2000"、"3000")是一个独立图形,可以在选取后用鼠标将其拖到标注线的上方或下方。

3. 精确设置其他参数

这项功能一般用不到,如果要使用,在图6-19中,单击"精确设置其他参数"按钮,则会出现如图6-21所示的对话框。用这个对话框可以对标注线的参数进行以mm为单位的精确设置。参数设置后,对话框内的示例区会直观地显示这一参数的变化情况。各参数的含义前面已讲过,不再重述。仅注意一点:"标注圈"选项组内的"带圈"、"仅序号"、"无序号"三个单选按钮专用于轴线标注(参见15.4.1节),本处不能使用。

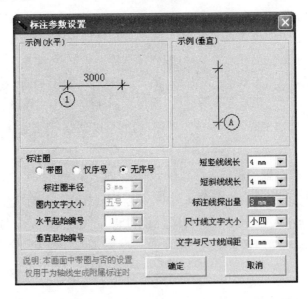

图6-21　"标注参数设置"对话框

6.5　各类特殊标注

6.5.1　分标注

除前面介绍的很"规则"的标注外,建筑图纸中根据需要也经常使用各种特殊形式的标注,对这类标注,超级绘图王也可以非常轻松地进行处理。本节首先介绍分标注。

分标注如图 6-22 所示。下面以这个图形的绘制为例,介绍这类标注的处理方法。

绘制步骤为:

① 在"绘图 1"选项卡上单击按钮 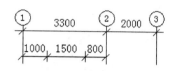 进入标注线的绘制状态,再单击按钮 以选择带圈连续标注,显示如图 6-17 所示。单击"直接输入尺寸"按钮,显示如图 6-19 所示的界面,在"标注尺寸"文本框内输入"3300,2000",单击"生成标注"按钮,会生成如图 6-23(a)所示的图形。单击"关闭"按钮关闭图 6-19 所示的对话框。

图 6-22　分标注

② 按 Esc 键退出绘图状态,按 Ctrl+A 键将新生成的图形全部选取,用鼠标将其拖动一段距离(否则后面再生成的图形会与现在的图形重叠,造成后面再生成的图形在选取时比较麻烦)。拖动后,按 Esc 键取消选取,再用单击选取法单独选中标注线部分,并用鼠标向下拖动标注线中短竖线下面的那个控制块,以拉长短竖线底部部分,如图 6-23(b)所示。

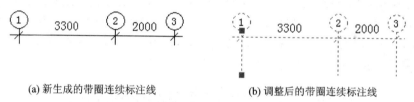

(a) 新生成的带圈连续标注线　　　　(b) 调整后的带圈连续标注线

图 6-23　生成的带圈连续标注及其调整

③ 单击按钮 进入标注线的绘制状态,再单击按钮 以选择无圈连续标注,这时界面如图 6-8 所示。去掉"起点带竖线"和"终点带竖线"两个复选框前面的勾号,再单击"直接输入尺寸"按钮,得到如图 6-14 所示的界面,在"标注尺寸"文本框内输入"1000,1500,800",单击"生成标注"按钮,生成图 6-24(a)所示的图形。单击"关闭"按钮关闭图 6-14 所示的对话框。

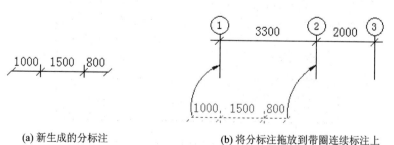

(a) 新生成的分标注　　　　　　(b) 将分标注拖放到带圈连续标注上

图 6-24　生成的分标注及其定位

④ 按 Esc 键退出绘图状态,用选取框选取法选取新生成的分标注图形,然后用鼠标将其拖放到前面已生成的带圈连续标注线的前两条短竖线之间[见图 6-24(b)],就得到图 6-22 所示的图形。

❋**注意** 可以再将以上图形组合成为一个组合图形,这样以后在选取、移动时就等同于一个图形了。

6.5.2 多重标注

多重标注如图 6-25 所示。下面以这个图形的绘制为例,介绍这类标注的处理方法。

绘制步骤为:

① 绘制一条垂直直线和三条起点无竖线的无圈连续标注,三条无圈连续标注的起点都从垂直直线处开始。图 6-26(a)所示为直线与无圈连续标注的组合关系。

② 分别选取每条无圈连续标注线,拉长其右侧端点处短竖线在水平线之长的那部分长度,得到的结果如图 6-26(b)所示。

③ 标注"2000"、"3500"、"4600"三段文字,然后将以上这些图形组合为一个图形。

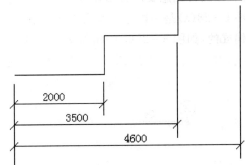

图 6-25 多重标注

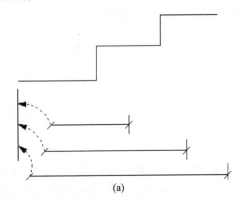

(a)

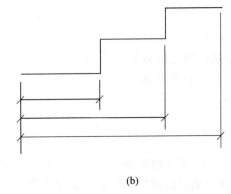

(b)

图 6-26 多重标注的绘制过程

6.5.3 圆弧与直径标注

圆弧标注如图 6-27(a)所示,直径标注如图 6-27(b)与图 6-27(c)所示。

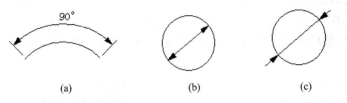

(a)   (b)   (c)

图 6-27 圆弧与直径标注

限于篇幅,本处不对这两种标注作详细介绍,请读者参考软件的电子版说明书《超级绘图王用户手册》7.6.3 节和 7.6.4 节。

6.6　标注线的调整

6.6.1　自动生成标注线的结构

图形的标注是多样的和复杂的,有些情况下要先输入尺寸自动生成标注线,然后进行调整和修改,才能得到想要的图形。首先,分析一下自动生成标注线的结构。

图 6-28(a)是一段通过输入尺寸自动生成的带圈连续标注线,这段标注线是由三个独立图形构成的,如图 6-28(b)所示。

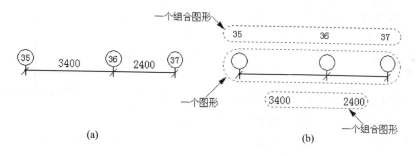

图 6-28　自动生成的带圈连续标注的结构

标注线(包括圆圈)是一个图形。圆圈里面的所有文字("35"、"36"、"37")是一个组合图形,可以通过解散组合操作将每一个文字串分解为一个独立图形。所有尺寸数字("3400"、"2400")是一个组合图形,也可以通过解散组合操作将每一个尺寸数字串分解为一个独立图形。

6.6.2　自动生成标注线的修改

图 6-29 是一段较复杂的标注图形。在这段图形中,"35"、"36"、"37"三个圈是规则部分,可以直接生成,"1/36"、"36"两个圈是非规则部分,需要自行添加。这段图形的绘制步骤为:

① 输入尺寸生成图形,应输入的尺寸是"3400,2400"。3400 是 35 号轴线(图中编号为 35 的那个圈,下同)到 36 号轴线之间的距离(1300+2100),而2400 是 36 号轴线到 37 号轴线之间的距离(300+2100)。最后生成的图形如图 6-28(a)所示。

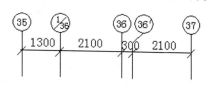

图 6-29　较复杂的标注图形

② 选取文字串"3400"与"2400"构成的组合图形,将其解除组合,然后将这两段文字都修改为"2100",并适当向右移动位置,如图 6-30(a)所示。

③ 绘制六条直线和两个圆圈,构成图 6-30(b)所示的图形。

④ 标注上相应文字,得到图 6-29 所示的图形。

◎**说明**　有时圆圈里面的文字也需要修改,例如在生成了图 6-28(a)所示的图形后,想

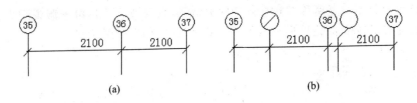

图 6 - 30 复杂标注图形的绘制过程

要修改为图 6 - 31 所示的图形。需要先将文字串"35"、"36"、"37"构成的组合图形解除组合，然后将字符串"36"的字号适当缩小并移至圆圈的下半部分处，再在 36 号圈内补画一条直线，以及标注出上面的文字"1"。当然，修改完后最好将这些图形再组合起来，以便于整体选取和移动。

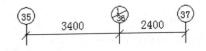

图 6 - 31 标注圈内文字修改示例图

6.7 习　题

1. 超级绘图王内可以直接绘制哪几种类型的标注？

2. 画出下列图形，绘制时保证标注线位于矩形的正上方或右侧。

3. 画出下列图形，每条标注线的倾角都是 $45°$。

4. 画出下列图形。

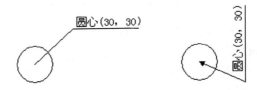

5. 下图中，这三个控制块各有何作用？

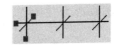

6. 画出下图所示的连续标注线。

7. 无圈连续标注或带圆连续标注可以绘制成倾斜的吗？若能，如何绘制？

8. 在用鼠标绘制无圈连续标注或带圆连续标注时，如何结束绘制？

9. 用直接输入尺寸的方法，生成下列标注。

10. 对于带圈连续标注，如何设置圈内文字的字号？如何设置标注圆的大小？

11. 对于带圈连续标注，如何设置圈内文字的起始序号？如何控制标注圈与标注线的相对位置（即标注圈在标注直线的哪一侧）？

12. 输入尺寸自动生成的标注由哪几个图形构成？如何对每一部分进行修改？

13. 画出下列图形。

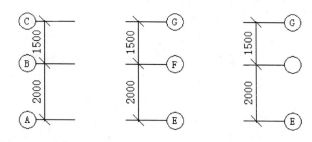

14. 画出下列图形。

15. 画出下列图形。

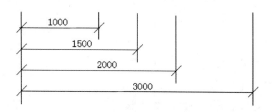

第7章 曲线绘制

7.1 概 述

7.1.1 曲线功能

各行业图纸的设计中经常要用到曲线,超级绘图王具有很好的曲线功能。实际上,曲线(这里专指不规则曲线)处理的最大难度在于"描述"困难,没有一个很简单的办法描述出一条曲线的"样子"。为此,超级绘图王提供了四种手段供用户"表达"出自己想要的曲线。

① 自由曲线,这是最简单的曲线,用户按下鼠标并拖动,鼠标经过的轨迹构成一条自由曲线。自由曲线最大的特点是"自由",用户想怎么画就怎么画,但自由曲线很难画得比较光滑。

② 贝塞尔曲线,其特点是先由软件自动产生一条曲线,用户不满意时通过曲线的调整控制点进行调整,这是典型的"软件画,用户选"的表述方式。这很像人们逛商场买衣服,在买之前人们自己也说不清楚想要的衣服具体是什么样子,只能浏览商场提供的衣服样品,感觉哪件中意就买哪件。

当人们对曲线没有具体要求而只有"感觉"上的要求时,使用贝塞尔曲线非常合适,例如设计一个花瓶时,用户要求一条"光滑而优美"的曲线,这时只能通过调整贝塞尔曲线得到。

③ 样条曲线,这是一种半用户控制半自动生成方式,当用户对曲线的形状有一个大体要求时,就需要使用这种方式。绘制时先由用户通过鼠标指定一系列的关键点,这些关键点指定了曲线的形状与走向,再由软件产生一条通过全部关键点而且非常光滑的曲线。

④ 边界提取,这是一种操作,它允许用户通过多个图形"拼凑"出一条曲线,而不是去"画"曲线。使用前用户需要用多个图形(可以是任意种类的图形)包围出一个封闭边界,边界提取操作将提取出这条封闭边界的曲线并形成一个图形。

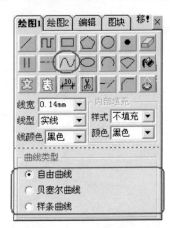

图 7-1 曲线绘制界面

7.1.2 操作界面

要进行曲线绘制,首先要在"绘图 1"选项卡上单击曲线按钮 ◯,如图 7-1 所示。然后,从"曲线类型"选项组中选择一种曲线类型,进行相应地绘制即可。

7.2 三类曲线

7.2.1 自由曲线

1. 绘制步骤

自由曲线是将鼠标拖动经过的轨迹点连接而成的曲线,其形状可由用户自由控制,用于绘制形状不规则的物体,如水坑的轮廓、树的轮廓等。

绘制步骤为:

① 单击按钮,在"曲线类型"选项组中选择"自由曲线"(见图 7-1),然后设置线型、线宽、线颜色等绘图参数。

② 在绘图区内按下鼠标左键并拖动鼠标,鼠标经过的路径就构成了一条自由曲线,松开鼠标左键即结束绘制。图 7-2 是一条画好了的自由曲线。

图 7-2 自由曲线

2. 编辑修改

一条自由曲线在逻辑上是一个图形,它只能被整体选中(并进行编辑操作),而不可对其中的局部进行。

自由曲线支持移动、旋转、缩放、对齐、镜像等操作。同时,自由曲线支持剪断,从而可以实现将其剪短、抠去局部等操作。这里重点讨论一下剪断问题。

非封闭的自由曲线(即曲线的首点与末点不相连的曲线,图 7-2 就是这样的曲线)支持单点剪断和二点剪除。

① 在剪断操作(详见 5.6 节)的工作方式为"剪断"时,在非封闭自由曲线的任意点上单击鼠标,曲线将从鼠标单击点处被剪断,一条曲线变为两条。

② 在剪断操作的工作方式为"二点剪除"时,在非封闭自由曲线的任意两点上单击鼠标,两个鼠标单击点之间的部分将被剪除,同时剩余部分成为两条独立自由曲线。

封闭自由曲线[即曲线的首点与末点相连的曲线,见图 7-3(a)]只支持二点剪除,并且这种"剪除"实际上是剪断。在剪断操作的工作方式为"二点剪除"时,在封闭自由曲线的任意两点上单击鼠标,曲线就从两个鼠标单击点处剪断为两条[见图 7-3(b)]。

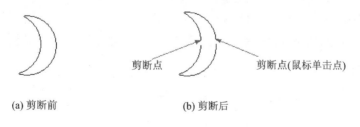

剪断点   剪断点(鼠标单击点)

(a) 剪断前   (b) 剪断后

图 7-3 封闭自由曲线的剪断

◎说明

① 自由曲线虽然简单,但非常重要,除可以手工绘制外,样条曲线、边界提取操作所得到的曲线本质上也是自由曲线,遵循与自由曲线完全相同的操作规则。

② 图 7-3(a)所示的封闭自由曲线很难用手工绘制,但用边界提取等方式可以很轻易地得到。

7.2.2 贝塞尔曲线

1. 概 述

贝塞尔曲线是一种非常光滑的曲线,以法国数学家 Pierre Bézier 的名字命名,最初用于汽车的外形设计。如果需要流线型或其他光滑弯曲的艺术图案,则贝塞尔曲线是不错的选择。

贝塞尔曲线由四个点决定,两个端点与两个控制点,如图 7-4 所示。通过调整端点或控制点位置,可以使曲线呈现各种各样的形状。

2. 绘制步骤

贝塞尔曲线的绘制特点是先生成后调整,整个绘制过程关键在于拖动调整,步骤为:

① 单击按钮 ∿,在"曲线类型"选项组中选择"贝塞尔曲线"(见图 7-1),然后设置线宽、线颜色等绘图参数。

② 在绘图区内,在曲线的起点与终点(见图 7-4,就是图中的端点 1 和端点 2)处分别单击鼠标,软件自动生成一条贝塞尔曲线。

③ 用鼠标拖动任意一个控制点或者端点,都会改变曲线形状,直到满意为止。然后,在贝塞尔曲线的最小包围矩形(此矩形不显示,但很容易判断出来)之外单击鼠标,整个调整过程结束。

图 7-5 所示是贝塞尔曲线的一个应用示例,这个花瓶由两条贝塞尔曲线(只需要绘制一条,另一条通过水平翻转得到)、一个椭圆和一条直线构成。

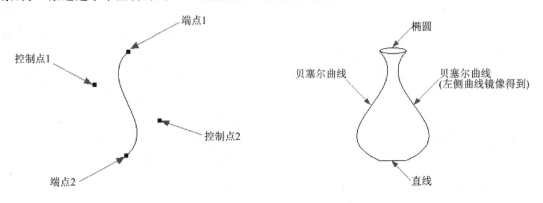

图 7-4 贝塞尔曲线及其控制点   图 7-5 贝塞尔曲线应用示例

7.2.3 样条曲线

1. 概 述

样条曲线是一种由用户控制形状与走向的光滑曲线,其特点是先由用户用鼠标指定一系列的关键点,然后软件自动生成一条穿过全部关键点的光滑曲线。用户指定的关键点越多,对曲线形状的控制越精确。图 7-6 是一条绘制好的样条曲线(图中的圆点为关键点)。

样条曲线应用广泛,常用于绘制江河湖泊的轮廓、物体的运动轨迹、实验数据曲线等。

图 7 - 6　样条曲线

2. 绘制步骤

① 单击按钮 ，在"曲线类型"选项组中选择"样条曲线"（见图 7 - 1），这时屏幕上会出"现样条曲线"工具栏，如图 7 - 7 所示。

图 7 - 7　"样条曲线"工具栏

②指定关键点：指定关键点操作有画轮廓点和擦轮廓点两种操作（轮廓点就是关键点），默认为画轮廓点。在画轮廓点时，用鼠标在曲线的各关键点处单击即可（以图 7 - 6 为例，就是在图中的各个圆点处单击）。每单击一次，就增加一个关键点，同时曲线的形状也相应调整。各关键点的指定没有顺序要求，可以在已有的关键点之间补增关键点。

如果想取消某个关键点，则在"样条曲线"工具栏上选择"擦轮廓点"，然后在需要取消的关键点上单击鼠标，关键点即被删除。擦轮廓点与画轮廓点可以交替进行。

③ 全部关键点指定完后，单击"确认曲线"按钮，绘制样条曲线的操作结束。若单击"取消曲线"按钮，则放弃已生成的样条曲线，同时结束操作。

◎ **说明**

① "样条曲线"工具栏上的"曲线精度"下拉列表框控制着生成曲线的精度，曲线精度也就是在两个相邻的关键点之间需要软件插入进去的点的数量。插入进去的点越少，曲线越不光滑；反之，插入进去的点越多，曲线越光滑，但耗费的内存也越多。曲线精度可在 0%～100% 之间选择，数值越大，曲线越光滑。

② 样条曲线绘制完后，就变成了一条自由曲线，可以对其使用自由曲线的各种编辑操作。

7.3　边界提取

7.3.1　特点及操作步骤

"边界提取"是超级绘图王独有的强大曲线功能，其特点是能将任意复杂的封闭边界（可以由任意数量的任意图形包围而成）的边界曲线提取出来，提取结果为一条自由曲线或任意多边形。下面以绘制图 7 - 8(c) 所示的月牙图形为例，介绍其操作步骤。

① 画出图 7 - 8(a) 所示的两个圆，为了描述方便，称左侧圆之外右侧圆之内的区域为 A 区。

② 在"绘图 1"选项卡上单击"边界提取"按钮 ，这时界面如图 7 - 9 所示。

③ 移动鼠标到绘图区内，会发现鼠标指针变成了 ，这表示已进入了边界提取状态。在 A 区之内的任意位置上单击鼠标，鼠标单击点所在区域（也就是 A 区）的边界曲线就被提取出

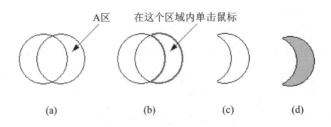

图 7-8　通过边界提取绘制月牙图形

来,并形成一个红色显示的临时图形,如图 7-8(b)所示。关于临时图形的操作见5.1.3节。这一步边界提取操作得到的曲线称为边界曲线。

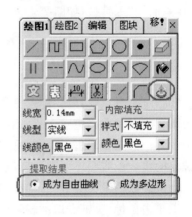

图 7-9　边界提取操作界面

④ 一般情况下,用户不希望边界曲线呆在原始提取位置上,需要将其移开。这时,在边界曲线内按下鼠标左键并拖动鼠标,边界曲线将随之移动,到达合适位置后,松开鼠标左键。

⑤ 在边界曲线的最小包围矩形(这个矩形不显示,但很容易判断出来)之外单击鼠标,边界曲线就从临时图形变为正式图形。这个正式图形是一条自由曲线,以后可以按自由曲线的编辑规则对其进行处理。

◎说明

① 边界提取操作是单次性的。进入边界提取状态后,只能提取一次边界曲线。若再次提取,则需要再次单击按钮 ◎ 进入边界提取状态。

② 边界提取的结果,不仅可以是一条自由曲线,也可以是一个多边形。多边形可以带内部填充,但不能进行剪断等操作。图 7-8(d)是提取为带内部填充的多边形的例子,要达到这一效果,只需要在图 7-9中将提取结果设置为"成为多边形",同时内部填充的样式设置为"实心",颜色设置为"青色",其余步骤不变。

③ 只有封闭的边界才能提取其边界曲线,如果边界不是封闭的,则需要在开口处画上一条临时直线,使之封闭。边界提取完成后,再将临时直线删除。而对于提取出来的边界曲线,则需要用剪断功能剪去因临时直线而生成的封口部分。

7.3.2　应用示例

当一个图形的边界较为复杂,无法直接绘制时,应考虑"逐段绘制",也就是用一些简单的图形分别表示出这个边界的某一段,然后将这些分段边界再"围"成一个封闭边界,最后对这个封闭边界进行边界提取,即得到一个复杂边界。

下面介绍两个简单的例子。

1. 椭圆弧的绘制

椭圆弧用得比较少,不支持直接绘制,但通过间接处理,软件也可以绘制任意角度的椭圆弧。图 7-10为椭圆弧的绘制过程,具体步骤为:

① 画椭圆,如图 7-10(a)所示。

② 将椭圆旋转,得到图 7 - 10(b)所示的图形。

③ 对椭圆进行边界提取,得到图 7 - 10(c)所示的图形。注意,这一步是在边界提取状态下,在图 7 - 10(b)所示的椭圆内部单击鼠标进行边界进取,然后将边界曲线拖动移开后得到的结果。图 7 - 10(c)与图 7 - 10(b)虽然外观一样,但图 7 - 10(c)是自由曲线,而图 7 - 10(b)是椭圆。自由曲线支持剪断,但椭圆不支持。

④ 对图 7 - 10(c)所示的自由曲线进行剪断(使用二点剪除),同时删除剪断后底下的那部分曲线,就得到了图 7 - 10(d)所示的倾斜椭圆弧。

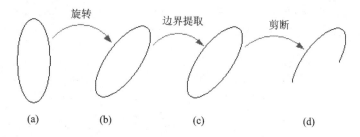

旋转　　　边界提取　　　剪断

(a)　　　　(b)　　　　(c)　　　　(d)

图 7 - 10　椭圆弧的绘制过程

2. 其他例子

图 7 - 11 是边界提取应用的另一个例子,在图 7 - 11(a)中,两个椭圆相交,构成了 A、B、C、D、E 五个区域,通过边界提取操作,可以随意取得这五个部分中每一部分的边界曲线,如图 7 - 11(b)所示。

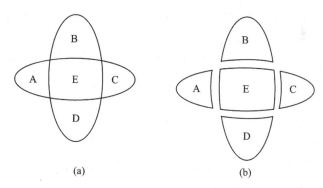

(a)　　　　　　　(b)

图 7 - 11　边界提取应用示例

7.4　习　题

1. 自由曲线、贝塞尔曲线与样条曲线各有何特点?

2. 如何绘制自由曲线?

3. 自由曲线支持什么类型的剪断操作?

4. 如何绘制贝塞尔曲线?

5. 什么情况下要使用样条曲线,如何绘制?

6. 什么是边界提取?如何进行边界提取操作?

7. 边界提取的结果可以是什么?

8. 画出下图中图(b)和图(c)所示的图形。

提示:先用圆弧组成图(a)所示的图形,然后对其进行边界提取,图(b)在边界提取前将线型设置为"点线",图(c)在边界提取前将线型设置为"无线"。

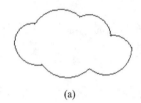　　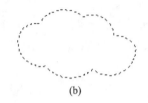　　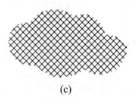

　　(a)　　　　　　　　　　(b)　　　　　　　　　　(c)

第8章 图案填充

8.1 概　述

对指定的区域用某种图案进行填充,这是经常遇到的绘图问题。建筑领域中的详图(地基详图、楼梯详图等),或者机械领域中的各种剖面图,在绘制时都必须进行图案填充操作。

超级绘图王中可以用三种办法实现对区域的图案填充:

① 对于封闭的基本图形,如矩形、圆、椭圆、扇形、多边形等,通过设置适当的内部填充样式和内部填充颜色,就可以进行图形内部的图案填充。这种方式简单高效,占用内存最少。缺点是被填充区域必须由单个图形构成,若需要填充的区域是由几个图形包围而成的,则不能用。

② 使用墨水瓶功能对封闭区域涂色。这种方式操作非常简单,可以对任意复杂的区域进行涂色,但缺点是只能将区域涂为单一颜色,而不能是某种图案花纹。

③ 使用本章介绍的专用图案填充功能。这种方式可以对任意区域进行任意图案的填充,是超级绘图王非常有特色的功能之一。如果要进行预定义图案的填充,则这种方式的操作速度也非常快;如果进行自定义图案的填充,则这种方式与上面的两种方式相比要复杂一些。

专用填充功能包括快速填充和标准填充两种,快速填充的特点是"快",它只提供固定图案的填充,但只需要在目标填充区域内单击一次鼠标即可完成填充操作。标准填充的特点是功能强大,但需要自行绘制填充图案。

8.2 快速填充

8.2.1 快速填充操作

1. 快速填充的特点

快速填充是针对建筑图纸中经常用到的填充图案专门设计的,其特点是:

① 填充图案固定。目前支持剖面线、石子、砂子、土层、砖墙五种图案,每种图案虽然形状固定,但参数可调,如剖面线的角度、间隔等均可调整。

② 操作简单,选择一种填充图案后,在目标填充区域内单击一次鼠标,即可完成填充操作,极好地解决了绝大多数建筑图纸中的填充需求。

◎说明　快速填充状态下,单击鼠标右键或按 Esc 键,可立即退出填充操作,回到无操作状态。

2. 操作步骤

下面以将图 8-1(a)所示的图形填充为图 8-1(b)所示的状态为例,说明快速填充的操作步骤。

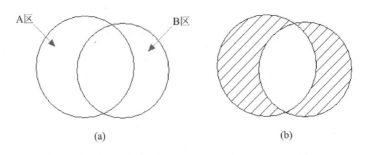

图 8-1 快速填充示例

① 画出图 8-1(a)所示的两个圆。

② 单击主窗口工具栏上的"填充"按钮,屏幕上出现"快速填充"工具栏,如图 8-2 所示。

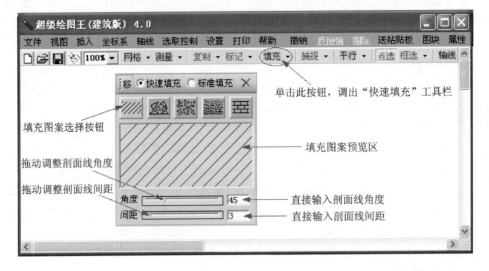

图 8-2 "快速填充"工具栏

③ 单击"快速填充"工具栏中的第一个填充图案选择按钮("剖面线"按钮),使之处于选中状态。

④ 移动鼠标到绘图区内,这时鼠标指针变为 ✐▨,表示已处于剖面线的快速填充状态。分别在图 8-1(a)所示的 A 区和 B 区内各单击一次鼠标,就得到图 8-1(b)所示的图形。

⑤ 单击"快速填充"工具栏右上角的"×",关闭此工具栏,结束填充操作。

◎说明

① 在上面操作步骤④中,鼠标必须单击在一个封闭区域内,软件自动将鼠标单击点所在的最小封闭区域内填满剖面线。如果对一个非封闭的区域进行图案填充,则需要先在非封闭区域的开口处画上一条临时直线,使之封闭。待图案填充完成后,再删除此临时直线即可。

② 用鼠标拖动"快速填充"工具栏角度框内的滑块可以调整剖面线的倾斜角度,也可以在其右侧的文本框内直接输入一个角度(用角度表示而不是弧度)。用鼠标拖动间距框内的滑块可以调整相邻剖面线之间的间隔距离,也可以在其右侧的文本框内直接输入一个间距值(单位为 mm,不用输入)。角度与间距的调整效果可以立即在填充图案预览区内看到。

③ 剖面线的线宽、线型、线颜色也可以设置,在"绘图 1"选项卡的线宽、线型、线颜色框内设置即可。

④ 填充图案选择按钮的第 2、3、4、5 个按钮分别为石子、砂子、土层、砖墙,选择之一可以进行相应图案的填充。其中,石子、砂子、土层选择后,可以利用底下的滑块设置这三种图形的填充密度,以及石子三角形的大小、砂子圆与土层点的大小等。而砖墙选择后,可以利用底下的滑块设置"砖"的宽度与高度。

8.2.2　关于边界的说明

1. 边界单击规则

快速填充操作很简单,只需要用鼠标单击一次,就可以将鼠标单击点指定的区域填满特定图案。不过,这一操作过程中鼠标单击在哪儿,却"大有学问",规则为:

当鼠标移到欲填充的边界上时,如果边界变成红色显示,则应立即在边界上单击鼠标;如果鼠标移到边界上时边界不变色,则需要将鼠标移到边界内部再单击。

上述规则的原理为:如果在一个封闭边界内部单击鼠标,则软件会自动搜索出包围这个点的封闭边界,然后进行填充。但这一搜索过程是针对任意复杂的边界而设计的,对于规则几何形状的边界来说,这样做不但浪费了搜索时间,而且导致边界的几何信息丢失。所以,当鼠标移动到规则几何形状的边界上时,软件会用红色显示边界图形来提示用户,这个边界是可以优化的,这时用户应立即在边界上单击鼠标,软件就能用最优的方式去记录边界信息。

规则几何形状的边界包括:单个封闭图形(圆、矩形、椭圆、多边形、扇形、弦)的边界,以及由首尾相连的直线和圆弧构成的边界(可以只包含其中的一种图形,也可以包含两种图形),如图 8-3 所示。

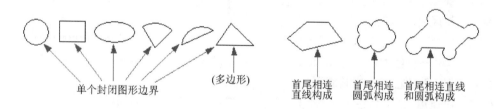

单个封闭图形边界　　　(多边形)　　首尾相连　首尾相连　首尾相连直线
　　　　　　　　　　　　　　　　　直线构成　圆弧构成　和圆弧构成

图 8-3　规则几何形状的边界

◎说明　一个边界是否进行了优化存储,主要对计算机的处理性能有影响,对用户来说基本上无差别(唯一的区别在于规则几何形状的边界优化存储后在放大时比普通边界具有更好的精度)。

2. 应用示例

要求:画出图 8-4(c)所示的筛子图形。

操作步骤为:

① 画出筛子的外框圆,如图 8-4(a)所示。

② 单击工具栏上的"填充"按钮,调出"快速填充"工具栏,如图 8-2 所示。单击画面中的"剖面线"按钮,然后在角度滑块右侧的文本框内输入 60(即设置剖面线的角度为 60°),在间距滑块右侧的文本框内输入 2(即设置剖面线间的距离为 2 mm)。

③ 移动鼠标到筛子的外框圆上,待圆变为红色显示时单击鼠标,得到如图8-4(b)所示的结果。

④ 回到"快速填充"工具栏,在角度滑块右侧的文本框内输入120(即设置剖面线的角度为120°)。

⑤ 再次移动鼠标到筛子的外框圆上,待圆变为红色显示时单击鼠标,得到如图8-4(c)所示的结果。

⑥ 关闭"快速填充"工具栏,结束操作。

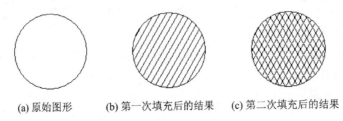

(a) 原始图形   (b) 第一次填充后的结果   (c) 第二次填充后的结果

图8-4　筛子图形的绘制

8.2.3　地基详图的填充

下面以绘制图8-5(d)所示的地基详图为例,进一步介绍快速填充在建筑图纸绘制中的应用。

操作步骤为:

① 绘出图8-5(a)所示的图形。

② 单击主窗口工具栏上的"填充"按钮,调出"快速填充"工具栏(见图8-2)。

③ 在"快速填充"工具栏中单击"剖面线"按钮,然后在图8-5(a)的A区内任意位置处单击鼠标,使A区内填满剖面线,如图8-5(b)所示。

④ 单击操作面板窗口"绘图1"选项卡上的"矩形"按钮,并设置线颜色为黑色,内部填充样式为"实心",填充颜色为白色,然后绘制出小矩形C,如图8-5(c)所示。小矩形C是带实心白色内部填充的,所以它能挡住其底下的剖面线,使之不可见。

⑤ 在"快速填充"工具栏上单击"土层"按钮,然后将"大小"文本框内的滑块拖到最左侧,即使土粒大小为最小值0.5mm,密度值保留原值26不变,如图8-6所示。

⑥ 在大矩形B和小矩形C的边界上各单击一次鼠标,使之填上土层,就得到图8-5(d)

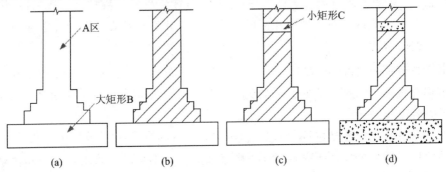

(a)   (b)   (c)   (d)

图8-5　地基详图的绘制步骤

所示的结果。

⑦ 单击"快速填充"工具栏右上角的"×",关闭此工具栏,结束填充操作。

8.2.4 多次填充

可以对同一区域多次进行填充操作,填充结果将叠加,从而形成较复杂的填充图案。前面图 8 - 4(c)的绘制已经使用过这一规则,本节举一个例子说明这一功能的用法。

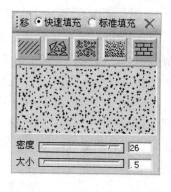

图 8 - 6 填充土层的参数设置

图 8 - 7(d)是混凝土构件剖面图,试绘制。

操作步骤为:

① 画出混凝土构件边界,如图 8 - 7(a)所示。

② 调出"快速填充"工具栏,选择其第二个填充按钮(填充石子),然后在混凝土构件的边界上单击鼠标,得到图 8 - 7(b)所示的结果。

③ 选择"快速填充"工具栏的第三个填充按钮(填充砂子),再次在混凝土构件的边界上单击鼠标,得到图 8 - 7(c)所示的结果。

④ 选择"快速填充"工具栏的第一个填充按钮(填充剖面线),第三次在混凝土构件的边界上单击鼠标,就得到图 8 - 7(d)所示的结果。

⑤ 关闭"快速填充"工具栏,结束操作。

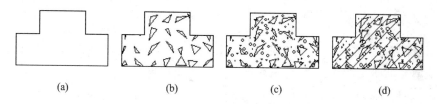

　　(a)　　　　　　　(b)　　　　　　　(c)　　　　　　　(d)

图 8 - 7 混凝土构件剖面图及其绘制

8.3 标准填充

8.3.1 概 述

1. 标准填充概述

相对于快速填充,标准填充操作要复杂一点,但其功能非常强大,远非快速填充可以比拟。使用标准填充可以对任意复杂的区域填充任意自定义的花纹图案,在绘制装修施工类图纸时,几乎离不开标准填充。

进行一次标准填充包括两部分内容:指定填充区域的边界,以及绘制填充图案。

超级绘图王中允许以两种方式完成这两步工作:① 先指定填充区域边界,后绘制填充图案,采用这种方式的操作过程在本节内介绍。② 先绘制填充图案,后指定填充区域边界,采用这种方式的操作过程在下节内介绍。

2. 填充区边界

在填充操作中,填充区边界(即填充区域的边界)起着至关重要的作用。填充区边界也称为剪裁边界,它相当于一把"剪刀",会自动对绘制在它上面的填充图案进行剪裁,将填充区边界之外的部分全部剪掉,而只保留填充区边界之内的部分。

以图8-8为例,图8-8(a)中的圆为填充区边界,而一排直线为填充图案。当填充图案被填充区边界剪裁后,就得到了图8-8(b)所示的结果。可见,有了填充区边界的剪裁功能,用户在绘制填充图案时将变得非常简单:只需要将图案画出,而不必考虑所绘图形会跑出边界的问题。

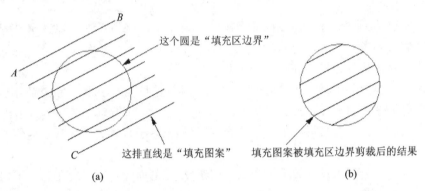

图8-8 填充区边界的剪裁作用

8.3.2 基本操作步骤

本节通过图8-8(b)所示的图案的制作来说明标准填充的基本操作步骤。(说明:这一图案是在圆上填充剖面线,若使用快速填充仅单击一次鼠标就可以完成。本处为了演示标准填充的操作步骤而改用标准填充实现)。

第(1)步:画出图8-8(a)中的那个圆。

第(2)步:调出"标准填充"工具栏,步骤为:

① 单击主窗口工具栏上的"填充"按钮,屏幕上出现"快速填充"工具栏。

② 在"快速填充"工具栏上选择"标准填充"单选按钮,"快速填充"工具栏就切换为"标准填充"工具栏,如图8-9所示。

图8-9 "标准填充"工具栏

◎说明 如果觉得先调出"快速填充"工具栏再将其切换为"标准填充"工具栏太麻烦,也可以配置为单击"填充"按钮后直接调出"标准填充"工具栏,方法为:单击"填充"按钮右侧的下三角,会显示"填充"按钮的按钮菜单,如图8-10所示。单击"标准填充"菜单,使之后面带上勾号(同时"快速填充"后的勾号将自动去掉),以后再单击"填充"按钮就直接启动"标准填充"工具栏了。

第(3)步:一旦调出了"标准填充"工具栏,就进入了填充区边界指定状态,这时提示标签上的提示为"请在单个封闭图形边上、直线圆弧构成的封闭边界线上或者任意复杂封闭区域内部单击鼠标",依照提示,将鼠标移到第(1)步画出的圆上,待圆变为红色显示时,单击鼠标。

单击鼠标后,圆的边界即被指定为填充区边界(这时改用蓝色显示)。

图8-10 "填充"按钮的按钮菜单

◎说明 标准填充边界与快速填充边界的指定规则完全一样,参见8.2.2节内的说明。

第(4)步:一旦指定完填充区边界,就进入了填充图案的绘制状态,按如下步骤画出图8-8(a)中作为填充图案的那一排直线。

在操作面板窗口中单击"直线"按钮,并勾选"自动重复绘制"复选框,然后在图8-8(a)中的 A 点与 B 点处分别单击鼠标,以绘制出第一条直线,再在 C 点处单击鼠标,以绘制出那一排直线。

◎说明

① 填充图案的绘制就是普通图形的绘制,二者完全一样,并且图形绘制完后也可以进行选取、修改、编辑、撤销等操作。但在进入填充图案绘制状态之前屏幕上已有的图形是不能选取或修改的,因为它们不属于填充图案。

② 可以绘制任意数量的图形,以构成复杂的填充图案。在未进行第(5)步之前,所有绘制的图形都属于填充图案。

③ 在填充图案绘制结束之前,填充区边界并不对填充图案进行剪裁。

第(5)步:单击"标准填充"工具栏上的"结束并退出"按钮来结束本次操作。这时,填充区边界对填充图案进行剪裁,得到图8-8(b)所示的图案。同时,"标准填充"工具栏关闭。

◎说明 标准填充操作具有单次性,即调出一次"标准填充"工具栏,只能完成一个边界的填充。如果要想对下一个图形进行填充,则需要再重复以上全部步骤。

8.3.3 图形连续填充

当填充图案为某种花纹时,可以先画出一个基本的花纹图案,然后利用"已有图形连续填充"功能,由软件有规律地重复这个图案使之填满整个填充区域,便可得到所需花纹。下面通过几个例子介绍这一功能。

1. 基本用法

例8.1:画出图8-11(c)所示的木地板效果图,并给出详细步骤。

操作步骤为:

第(1)步:画出外面的矩形,如图8-11(a)所示。

第(2)步:调出"标准填充"工具栏,这一步详见8.3.2节例子中的介绍。

第(3)步:指定填充区边界。移到鼠标到矩形上,待矩形变成红色显示时,单击鼠标。

第(4)步:绘制基本图案。基本图案由图8-11(a)所示的 AB 与 AC 两条直线构成,画出这两条直线(注意,先画出直线 AB,再利用垂直镜像功能得到直线 AC)。

第(5)步:单击"标准填充"工具栏上的"图形连续填充"按钮(见图8-9),得到一个能覆盖整个填充区域的图形,如图8-11(b)所示。

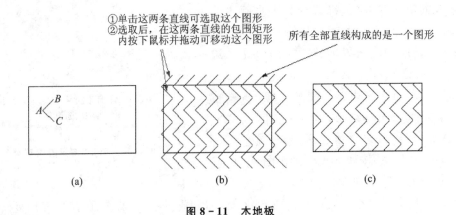

图 8 - 11　木地板

⊚ **说明**

① 单击"图形连续填充"按钮时,软件自动将全部已有图形(也就是直线 AB 和 AC)自动进行若干次重复,生成覆盖整个填充区域的"大图形"。这个"大图形"实质上是一个图形,原始直线 AB 和 AC 自动位于整个图形的左上角,其他图形都是 AB 和 AC 的复制品。选中直线 AB 或 AC 就会选中整个"大图形",并且选取后在整个"大图形"范围内按下鼠标左键并拖动就可以移动整个图形。同时,选取后"大图形"的右下角会显示调整控制块,用鼠标拖动这个调整控制块可以调整整个"大图形"面积的大小。

② 使用"图形连续填充"功能后,还可以绘制其他图形,也可以针对后面绘制的图形再次使用"图形连续填充"功能,即后面还可以进行任意的图案绘制操作。

③ 如果"图形连续填充"生成的结果不理想,则可立即使用"撤销"菜单撤销,或者选取它,然后像删除图形那样删除。

第(6)步:单击"标准填充"工具栏上的"结束并退出"按钮,结束本次填充操作,同时得到图 8 - 11(c)所示的图形。

2. 花纹结构与图形间隙

为了更清楚地显示上面例子中花纹是怎样生成的,将图 8 - 11(b)内的花纹适当放大并将前六个基本图案都加了矩形框(表示其边界),如图 8 - 12 所示。从图中可以看出,每个基本图案都有自己的边界,图案与图案之间的边界是紧密相连的。

"标准填充"工具栏上有"X 间隙"和"Y 间隙"两个文本框(见图 8 - 9),分别用于指定在水平方向上两个相邻基本图案之间的间隙,以及垂直方向上两个(实际为上下两行)相邻基本图案之间的间隙。图形间隙值以 mm 为单位(单位 mm 不用输入),可以为正数,也可以为负数。

图形间隙若不输入,则默认为 0。图 8 - 12 就是图形间隙全部为默认值 0 时的例子。

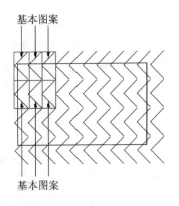

图 8 - 12　花纹生成原理

3. 负图形间隙的应用

图形间隙可以为负值。若为负值,则表示两个相邻基本图案在水平或垂直方向上要有重叠。利用这一特性,可以使花纹变密,或者产生特殊的重叠效果。

例 8.2:图 8-13(a)是密集花纹的木地板,试绘制。

🔧**分析**　图 8-13(b)指出了对应的花纹结构。可以看出,构成花纹的基本图案完全同图 8-11 中的基本图案,只是在水平方向上,两个相邻基本图案之间的边界有重叠。垂直方向上没有重叠,也没有间隙。

基于以上分析,在使用"图形连续填充"功能生成花纹时,只需将基本图案间的"X 间隙"设置为负值,使基本图案在水平方向上有一定重叠,就可以得到较密集的花纹。

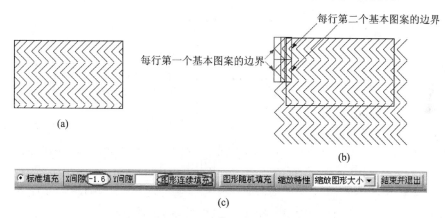

图 8-13　密集花纹的木地板

绘制步骤为:

绘制过程基本上同上面例 1 的绘制过程,只有第(5)步不同,新的第(5)步如下:

第(5)步:在"标准填充"工具栏的"X 间隙"文本框内输入"-1.6",如图 8-13(c)所示。然后单击上面的"图形连续填充"按钮,得到一个能覆盖整个填充区域的图形,如图 8-13(b)所示。

4. 正图形间隙的应用

例 8.3:图 8-14(a)是带年轮的木板,试绘制。

🔧**分析**　每一组"年轮"图案就是一个构成花纹的基本图案,由于每组"年轮"图案与周围的图案保持一定的间隙,所以必须设置正的图形间隙来实现。

绘制步骤为:

① 画一个倾斜矩形,如图 8-14(b)所示。

② 单击主窗口工具栏上的"填充"按钮,屏幕上出现"快速填充"工具栏。在"快速填充"工具栏上单击"标准填充"单选按钮,将"快速填充"工具栏切换为"标准填充"工具栏。

③ 移动鼠标到图 8-14(b)所示的倾斜矩形上,待其变为红色显示时,单击鼠标。倾斜矩形的边界变为蓝色显示,软件进入填充图案绘制状态。

④ 绘制四个同心椭圆,如图 8-14(c)所示。

◎**说明**　使用"定距偏移"功能(在 11.1.2 节内介绍)是绘制这四个同心圆最方便的方法。

⑤ 在"标准填充"工具栏上的"X 间距"与"Y 间距"文本框内均输入"1.6",然后单击"图形连续填充"按钮,得到如图 8-14(d)所示的结果。

⑥ 单击"标准填充"工具栏上的"结束并退出"按钮，得到如图 8 – 14(a)所示的木板图形。

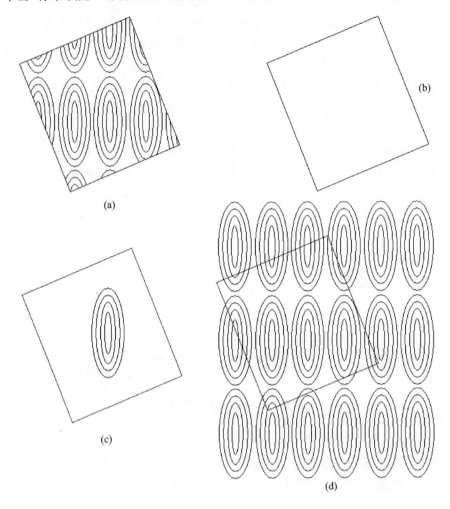

图 8 – 14 带年轮的木板及其绘制

5. 综合示例

图 8 – 15(a)所示为一个矩形，如果指定它为填充区边界，然后用图 8 – 15(b)所示的圆作为基本填充图案，对这个圆应用"图形连续填充"功能，对生成结果再剪裁，则视"图形间隙"的设置不同，可以得到不同的结果。例如：

① 如果将"X 间距"与"Y 间距"全部设置为 0，将得到图 8 – 15(c)所示的结果。

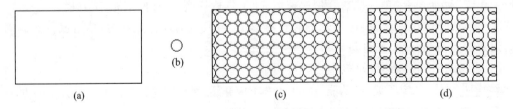

图 8 – 15 不同图形间距的填充效果对比

② 如果将"X 间距"设置为 1.5,而将"Y 间距"设置为－0.8,将得到图 8－15(d)所示的结果。

8.3.4　图形随机填充

有时候,填充图案中的图形是随机排列的,而不是规则排列。例如,绘制混凝土部件的剖面图时,里面的点(代表砂子)和小三角形(代表石子)就需要随机绘制。"图形随机填充"功能可以实现这类绘图要求。

限于篇幅,本处不对图形随机填充功能作详细介绍,请读者参考软件的电子版说明书《超级绘图王用户手册》9.3.4 节。

8.4　剪裁周围图形

8.4.1　操作步骤

剪裁周围图形是一个右键菜单项,利用它可以实现标准填充的绝大部分功能,但操作更为简单快捷。并且,作为一种先画填充图案后画剪裁边界的操作方式(这一点与标准填充正好相反),很多情况下会显得更为自然和易学。因而,剪裁周围图形比标准填充应用更为频繁。

本节仍然通过图 8－8(b)所示图案的制作,来说明剪裁周围图形功能的基本操作步骤。

第(1)步:画出图 8－8(a)中作为填充图案的那一排直线,具体过程为:在操作面板窗口中单击"直线"按钮,并勾选"自动重复绘制"复选框,然后在图 8－8(a)中的 A、B、C 点处分别单击鼠标。

第(2)步:画出图 8－8(a)中作为填充区边界的那个圆。

第(3)步:选中第(2)步画出的圆,单击鼠标右键,从弹出的右键菜单中选择"剪裁周围图形",即得到图 8－8(b)所示的结果。

◎说明

① 在选取了作为边界的那个图形后,除了可以使用右键菜单来调用"剪裁周围图形"外,还可以单击工具栏上"填充"按钮右侧的下三角,从列出的按钮菜单中选择"剪裁周围图形"(见图 8－10),效果一样。

② "剪裁周围图形"的意思是,将选中的那个图形的边界作为剪裁边界(也就是填充区边界),然后检查全部已画在屏幕上的图形。如果某个图形与剪裁边界是相交的,则这个图形就要被剪裁;如果一个图形与剪裁边界不相交,则它不会被剪裁。以图 8－16 为例,以选中的三角形作为剪裁边界时,图中的矩形与直线会被剪裁,但圆不会。

③ 一个图形要被剪裁,除与剪裁边界相交外,还有一个条件:这个图形必须与作为剪裁边界的图形位于同一个图层上(图层在 11.2 节介绍)。这一规则的意义是:允许用户控制某些图形不被剪裁,只需要将它们放到与剪裁边界图形不同的图层上即可。

④不是选取任何图形后,右键菜单中都有"剪裁周围图形"这一项,要出现这一项必须符合以下两个条件:

a. 当前选取的图形符合填充区边界(也就是剪裁边界)的构成条件,即选中图形是单个封闭图形(圆、矩形、椭圆、多边形、扇形、弦);或者虽然是多个图形,但这些图形全部是首尾相连

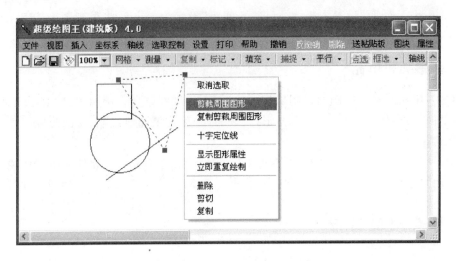

图 8 - 16　剪裁周围图形

的直线和圆弧(详见 8.2.2 节的介绍)。

b. 未被选取的图形中,至少有一个图形与被选中的图形(即作为剪裁边界的图形)位于同一个图层上。因为只有这样,才有可能有图形被剪裁。

最后,总结剪裁周围图形的使用步骤:

① 不论是作为填充图案的图形,还是作为剪裁边界的图形,都作为普通图形画出来。

② 选取作为剪裁边界的图形,将其移到作为填充图案的图形上面合适的位置处(以便控制剪裁后保留填充图案的哪一部分,位于剪裁边界内的那部分填充图案将被保留)。

③ 使用右键菜单中的"剪裁周围图形"。

8.4.2　应用示例

剪裁周围图形是一种绘制填充图案的得力工具。本节举一个例子,以帮助读者进一步了解它。

1. 操作实例

要求:绘制如图 8 - 17(e)所示的地面砖铺设图案。

操作步骤为:

① 画一个圆,如图 8 - 17(a)所示。注意,这个圆用来辅助绘制正六边形的地面砖。

② 在操作面板窗口中选中多边形按钮,内部填充样式设置为"实心",内部填充颜色设置为"黄色",边数设置为"6 条边",勾选"正多边形",勾选"自动重复绘制",重复方向设置为"水平",间隔距离中的"指定值"下拉列表框选择"0",如图 8 - 18 所示。

③ 参考图 8 - 17(b),在第①步画的那个圆的圆心处(即图 8 - 17(b)中的 A 点)处单击鼠标,然后在圆正上方的那个象限点(即图 8 - 17(b)中的 B 点)处单击鼠标,这样可画出第一个正六边形。随后向右移动鼠标,当连续显示大约八份正六边形后再单击鼠标(这时大约在图 8 - 17(b)中的 C 点处),从而绘制出图 8 - 17(b)所示的一排正六边形。画完后,选取第①步画的那个辅助圆并删除。

④ 选中第③步画出的这一排正六边形,连续多次进行复制,每份复制品放在上一份的正

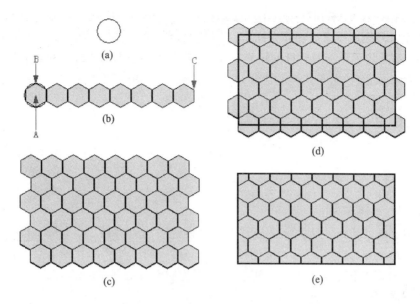

图 8 - 17　地面砖铺设图案及其绘制过程

下方并且在水平方向上错开半个基本图形宽度,即达到图 8 - 17(c)所示的结果。

🌀说明　完成本步工作最"原始"的办法就是多次在选中图形上使用"按下 Ctrl 键"+"拖动鼠标"的方法来复制。而更快、更精确的办法是使用 11.1.3 节介绍的"基点→鼠标点"复制。

⑤ 在上一步绘制的正六边形区域上方画一个矩形,如图 8 - 17(d)所示。注意,将矩形一次性画得大小与位置都非常合适是很难的,绘制后可以再对矩形进行选取、移动、调整等操作。

⑥ 选取上一步画出的矩形,单击鼠标右键,从弹出的右键菜单中选择"剪裁周围图形",即得到图 8 - 17(e)所示的结果。

2. 相关说明

① 对剪裁生成的图形,比如上面的图 8 - 17(e),仍然可以作为一个普通图形,再次被其他图形所剪裁。

② 对于一些特殊的填充图案,比如下一小节介绍的图片,特别适合于用"剪裁周围图形"的方式对其进行剪裁。如果使用"标准填充"方式剪裁,由于要先定边界后画填充图

图 8 - 18　多边形绘制选项

案,像图片这类"密不透光"的填充图案画出后,会完全遮挡底下的剪裁边界,用户就无法看到剪裁边界与填充图案的相对位置关系,从而无法控制剪裁时填充图案的哪一部分会被保留。

③ "剪裁周围图形"还有一种方式,就是先复制被剪裁的图形,然后对复制品进行剪裁,而原始图形不变。使用这种方式时只需要在选取后的右键菜单中选择"复制剪裁周围图形"(见

图8-16),或者从"填充"按钮的按钮菜单中选择"复制剪裁周围图形"(见图8-10)即可。利用这一功能可以方便地生成局部放大视图,在11.3.1节中有具体的应用示例。

④ 关于"剪裁周围图形"与"标准填充"二者在功能与用法上的详细分析,请读者参考软件的电子版说明书《超级绘图王用户手册》9.4.3节。限于篇幅,本处不作详细介绍。

8.5 使用图片作为填充图案

8.5.1 概　述

1. 图片插入及图片操作

超级绘图王允许插入外部图片到绘图区内。图片可以是位图(* .bmp)、GIF、JPG、元文件(* .emf, * .wmf)、光标(* .cur)或图标(* .ico)格式的。外部图片插入后,可以支持很多种操作,在13.1.2节中有具体介绍。同时,外部图片插入后也可以像普通图形一样被剪裁,本节将重点介绍这方面的知识。

将外部图片插入到超级绘图王内的方法有两种:

① 选择主窗口的"插入"|"插入外部图片"菜单,弹出如图8-19所示的"图片选择"对话框,在这一对话框中选择一幅图片,然后单击"确定"按钮即可。

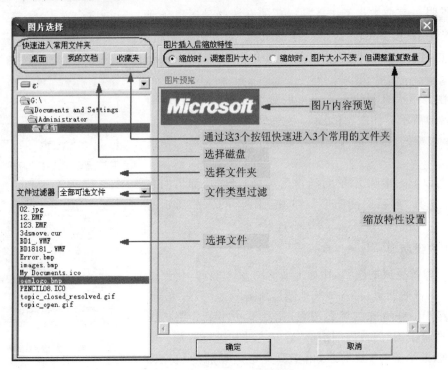

图8-19 "图片选择"对话框

② 在Windows内打开图片所在的文件夹窗口,然后在图片文件名上按下鼠标左键并将其拖到超级绘图王的绘图区内后松开鼠标。

图片插入后,就成了超级绘图王的一个图形,可以像普通图形一样进行选取、移动、复制、缩放等操作。例如,插入后的图片默认位于绘图区的左上角,可以在图片上单击鼠标来选中图片,然后在图片上按下鼠标左键并拖动,就可以移动图片。如果要调整图片的大小,则可以在选取图片后,拖动图片右下角的调整控制块来进行。

2. 补充说明

① 图片采用外部链接形式,超级绘图王文件(＊.WF 文件)本身不保存图片,而只是记录了图片文件的磁盘路径。将插入过外部图片的＊.WF 文件复制到其他计算机上时,需要将被引用的图片也一同复制到其他计算机上,且放在与源计算机上相同的路径下,或者是放在与＊.WF 文件相同的路径下。

② 软件在打开含有外部图片的文件时,首先到＊.WF 文件内记录的图片原始路径下去找图片文件,若找不到,则在＊.WF 文件路径下找,再找不到则提示图片丢失。

③ 如果忘记了当前文件内引用过哪些图片,选择"插入"|"查询图片引用"菜单,则会弹出一个小窗口,里面列出全部引用过的图片及其路径、引用次数等信息。

④ 过量的图片会降低系统的反应速度,建议少用图片。

8.5.2　剪裁图片

本节通过一个实例来介绍剪裁图片的具体方法及步骤。

要求:绘制图 8 - 20(c)所示的椭圆形桌面(图中桌面图案由一幅外部图片提供)。

操作步骤为:

① 选择"插入"|"插入外部图片"菜单,插入名为"木板面.jpg"的图片文件,如图 8 - 20(a)所示(注意,软件安装后在"C:\Program Files\超级绘图王 V4.0\说明书\绘制示例"文件夹下附带了这个图片文件)。

② 在图片上面画一个椭圆图形,如图 8 - 20(b)所示。

③ 选中椭圆图形,单击鼠标右键,从右键菜单中选择"剪裁周围图形",即得到图 8 - 20(c)所示的图形。

◎说明　剪裁边界也可以由多个首尾相连的直线与圆弧构成。关于这方面的例子,请读者参考软件的电子版说明书《超级绘图王用户手册》9.5.2 节。限于篇幅,本处不作过多介绍。

8.5.3　用图片填充

在插入图片时,可以指定图片插入后的缩放属性。缩放属性决定了插入后的图片在超级绘图王内放大或缩小时该如何处理。有两种缩放属性,如下:

① 缩放时,调整图片大小:如果图片的外框被放大或缩小,则里面的图形作同样比例的放大或缩小。

② 缩放时,图片大小不变,但调整重复数量:如果图片的外框被放大或缩小,则里面的图形大小不会改变,但会不断重复,直到填满新的图片外框为止。这种情况下缩放的是图形在图片框内的重复数量,而不是其大小。

在插入图片时,默认使用第①种图片缩放属性。但如果要用一幅小的图片填满一块区域,比如用一块地面砖的图案填充一个房间,就需要用到第②种图片缩放属性。下面通过一个例

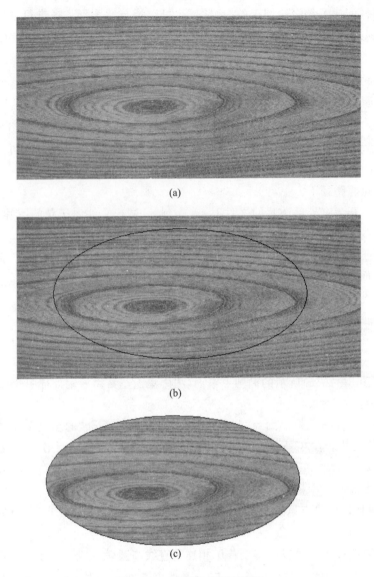

(a)

(b)

(c)

图 8 - 20　椭圆型桌面的绘制

子说明这种图片缩放属性的使用方法。

例 8.4：用图 8 - 21(a)所示的一块地面砖图案，填充一个椭圆形大厅，达到图 8 - 21(e)所示的效果。

操作步骤为：

① 选择"插入"｜"插入外部图片"菜单，调出图 8 - 19 所示的"图片选择"对话框，在"图片插入后缩放特性"选项组内选择"缩放时，图片大小不变，但调整重复数量"。然后在文件浏览区内找到名为"地面砖. bmp"的图片文件，再单击"确定"按钮，图片即插入到绘图区中，如图 8 - 21(a)所示。

※**注意**　软件安装后，在"C:\Program Files\超级绘图王 V4.0\说明书\绘制示例"文件夹下附带了这个图片文件。

② 选中图片,其右下角会出现调整控制块,如图 8-21(b)所示。

③ 用鼠标向右下方拖动图片的调整控制块,会看到随着图片外框的不断扩大,里面的图案也不断重复,当达到如图 8-21(c)所示的状态时,松开鼠标,结束调整。

④ 在放大后的图片上面画一个椭圆,如图 8-21(d)所示。

⑤ 选中椭圆,单击鼠标右键,从右键菜单中选择"剪裁周围图形",即得到图 8-21(e)所示的图形。

◎说明　借助于图块功能,还可以实现各地面砖之间保留指定的空隙,在 13.1.3 节内有这方面的例子。

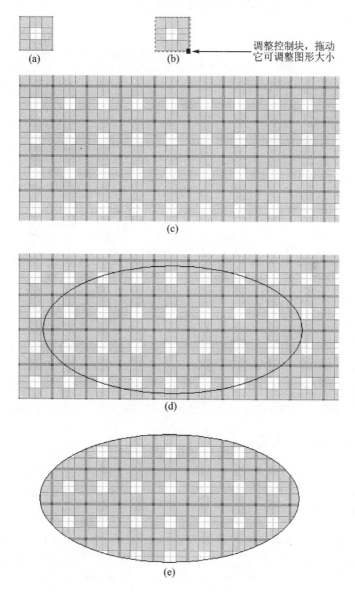

图 8-21　椭圆形大厅的图案填充

8.6 剪裁图案的编辑

8.6.1 剪裁图案及其选取

1. 剪裁图案的概念

不论快速填充、标准填充还是剪裁周围图形,填充操作(或称为剪裁操作)的结果都是一样的:得到一个图形。现以图 8-22(a)所示的图形为例来说明,这个图形可用以下三种方式得到。

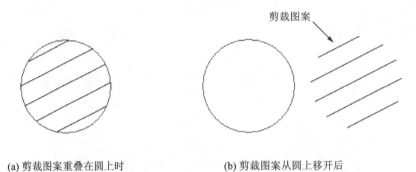

(a) 剪裁图案重叠在圆上时　　　　　　　　(b) 剪裁图案从圆上移开后

图 8-22　剪裁图案与其底部图形的关系

① 使用快速填充功能,对一个圆填充剖面线。

② 使用标准填充功能,将圆指定为填充区边界,然后在圆上绘制一排斜线,最后单击"结束并退出"按钮来剪裁这一排斜线。

③ 画一排斜线及一个圆,然后选中圆并使用"剪裁周围图形"功能。

不论使用哪种方法,"圆"这个图形都没有任何改变。圆的唯一作用是其边界被借用来作为填充区边界(也就是剪裁边界)。填充区边界(或剪裁边界)的作用是对位于其面域之上的图形(图 8-22 中就是那排斜线)进行剪裁,剪掉其位于填充区边界之外的部分,而仅保留填充区边界之内的部分,保留下来的这一部分称为"剪裁图案",它实际上是一个独立的图形。注意,不论有多少个原始图形被剪裁,剪裁后都只形成一个图形,每个原始图形都变为了新的"剪裁图案"图形的一部分。

正常情况下,剪裁图案与其底部提供边界的图形是重叠在一起的,这样看起来好像是一个图形。但剪裁图案是一个独立图形,它可以单独移动,图 8-22(b)是将剪裁图案从圆上移开后的结果。如果要禁止剪裁图案从其底部图形上移开,需要将二者组合成为一个组合图形。

2. 剪裁图案的选取

剪裁图案可以被选取,选取规则与普通图形完全一样。

由于剪裁图案与其底部图形往往是重叠的,所以会造成一个问题:如果使用选取框选取,在选取这两个图形中的一个时很容易误选中另一个。"选取控制"|"禁止选中剪裁图案"菜单(见图 3-6)用于解决这个问题,单击这个菜单一次,其前面会打上勾号,则所有的剪裁图案都不能被选取,这时可以方便地选取剪裁图案底下的图形。再单击此菜单一次,勾号去掉,剪裁图案又可以选取了。另外,"选取控制"工具栏上也有相同的选项(见图 3-7)。

8.6.2　剪裁图案的调整与缩放

1. 剪裁图案的编辑规则

选取后的剪裁图案可以进行编辑修改,规则与普通图形完全一样。对于剪裁图案最常见的编辑操作是移动位置(用鼠标拖动即可)、调整大小(用鼠标拖动调整控制点)以及复制(按 Ctrl 键再加鼠标拖动)。

2. 剪裁图案的调整

剪裁图案可以像普通图形一样被调整,并且不论什么形状的剪裁图案,都与其对应形状的图形调整方法完全一致。

限于篇幅,本处不对调整方法作详细介绍,请读者参考软件的电子版说明书《超级绘图王用户手册》9.6.2 节。

3. 剪裁图案的缩放

剪裁图案支持缩放,并且在缩放时既可以缩放图形大小,也可以缩放图形数量,从而构造出非常复杂的填充效果。图 8-23 是两种缩放方式的效果对比。

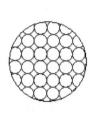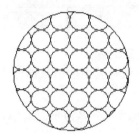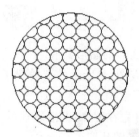

(a) 原始图形　　　(b) 缩放时缩放基本图案大小　　　(c) 缩放时缩放基本图案数量

图 8-23　缩放图形大小与缩放图形数量的缩放效果对比

限于篇幅,本处不对剪裁图案的缩放问题作详细介绍,请读者参考软件的电子版说明书《超级绘图王用户手册》9.6.3 节。

8.7　习　题

1. 什么是快速填充? 什么是标准填充?
2. 快速填充可以填充什么图案? 如何进行快速填充?
3. 可以对同一区域多次填充吗?
4. 画出下列图形。

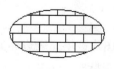

5. 如何进入标准填充状态？

6. 什么是填充区边界的剪裁功能？

7. 简述一次标准填充操作的操作过程。

8. 分别使用标准填充与剪裁周围图形两种方法，画出下面的图形。

9. 使用标准填充功能画出下面的图案。

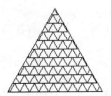

10. 下面是"标准填充"工具栏的局部，其中的"X 间隙"与"Y 间隙"有何作用？

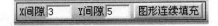

11. 什么样的图形具有"剪裁周围图形"功能？

12. 已有图（a）所示的卡通房子，要求将其中的屋顶部分从图中"抠"出来，得到如图（b）所示的图形。

提示：首先在图（a）上沿屋顶的边界画一个多边形，如图（c）所示，然后用这个多边形剪裁其底部的房子图片即可。

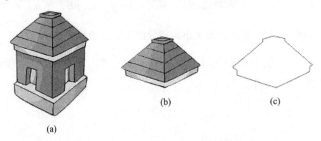

（b）   （c）

（a）

13. 已有图（a）所示的图片，如何画出图（b）所示的图形？

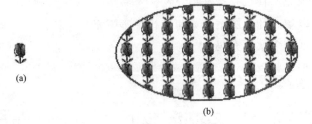

（a）

（b）

14. 图形或图片被填充区边界剪裁后，得到一个什么类型的图形？剪裁结束后这个图形还与剪裁边界有关联吗？

15. 如何禁止选中剪裁图案？

第9章 表 格

9.1 概 述

表格是经常用到的功能,标题栏、配筋表、资料目录、设计说明等都需要用表格来实现。超级绘图王具有非常有特色的表格功能,其突出特点是表格线及表内文字方向等方面的控制特别灵活,以及允许将表格分解为直线等。另外,软件还允许图形与表格随意叠加。因而,在生成特异型表格以及图、表、文混排等方面,超级绘图王都比 Word 方便灵活。

绝大部分表格操作(除 9.5 节介绍的少量操作除外)都必须在"表格操作状态"下进行。

单击操作面板窗口上的"表"按钮,使其选中[即背景呈淡红色,如图 9-1(a)所示],这时便进入了表格操作状态。再单击一次"表"按钮,又会取消其选中(这时背景恢复为淡绿色),就退出了表格操作状态。

进入表格操作状态时,屏幕上会同时出现"表格"工具栏,如图 9-1(b)所示。退出表格操作状态时,"表格"工具栏会自动消失。另外,单击"表格"工具栏右上角的"×",会关闭"表格"工具栏同时退出表格操作状态。

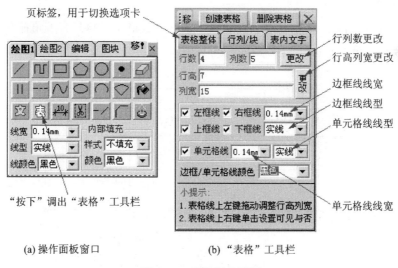

(a) 操作面板窗口　　　　(b) "表格"工具栏

图 9-1　表格操作界面

9.2 创建与编辑

9.2.1 创建表格

创建一个表格的步骤为:

① 指定表格的行数、列数,以及行高与列宽。表格的行数与列数在图 9-1(b)中的"行数"

文本框与"列数"文本框内输入。行高与列宽的值在"行高"文本框与"列宽"文本框内输入,各个行高或列宽值之间用英文逗号隔开,单位均为 mm 且不需要输入。

例如,假设表格为 4 行 5 列,各行的行高为 15 mm、20 mm、25 mm、30 mm,各列的列宽为 20 mm、25 mm、30 mm、35 mm、40 mm。在"行数"文本框内输入"4",在"列数"文本框内输入"5","行高"文本框内输入"15,20,25,30",在"列宽"文本框内输入"20,25,30,35,40"。

注意 若输入的列宽或行高少于指定的列数或行数,多余的列或行的宽度或高度取最后一个列宽或行高值,利用这一特性可创建具有多个相同列宽或行高的表格。

② 指定是否需要表格线,以及表格线的线型、线宽、颜色等参数。具体规则为:

a. 表格的四条边框线与内部的表格线共用一种颜色,用"边框/单元格线颜色"下拉列表框指定。除此以外,其他的参数都可以分别控制。

b. 表格的边框线可以单条设置"有"或"无"。图 9-1(b)中"左框线"、"右框线"、"上框线"、"下框线"四个复选框分别控制四条边框线的有无。若不想要某条边框线,去掉前面的勾号即可。若有边框线,其线型和线宽分别由"边框线线型"和"边框线线宽"下拉列表框的值指定。

c. 所有的内部表格线可以整体设置为"有"或"无",用"单元格线"复选框控制。它们的线型和线宽分别由"单元格线线型"和"单元格线线宽"下拉列表框的值指定。

③ 单击"创建表格"按钮,表格即出现在绘图区中。

9.2.2 选取与删除表格

1. 选取表格

表格创建后,自动处于选中状态。处于选中状态的表格左上角和右下角都有控制块,而处于未选中状态的表格没有,如图 9-2 所示。

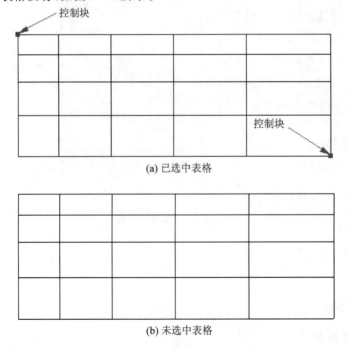

(a) 已选中表格

(b) 未选中表格

图 9-2 表格的选中与未选中

在表格操作状态下,最多只有一个表格处于选中状态。表格的删除、修改、文字录入等都是针对选中状态的表格进行的。

用鼠标在一个未选中的表格上单击,这个表格就会处于选中状态,同时原先处于选中状态的表格将被取消选中。特别注意,这里所说的用鼠标在表格上单击来选中表格,是在表格操作状态(即"表"按钮处于按下状态)下进行的。若在非表格操作状态下,用鼠标单击一个表格也可以将其选取,但那属于9.5节中讨论的情况。

2. 删除表格

删除表格方法为:首先将欲删除的表格选中,然后单击图9-1(b)界面中的"删除表格"按钮。

◎说明　在非表格操作状态下,也可以删除表格,参考9.5节内的说明。

9.2.3　修改表格

对当前选中的表格,可以进行下列修改操作。

1. 移动位置

在表格左上角的控制块[见图9-2(a)]上按下鼠标左键并拖动鼠标,可以移动表格。

2. 缩放表格

在表格右下角的控制块[见图9-2(a)]上按下鼠标左键并拖动鼠标,可以缩放表格。

3. 调整行高或列宽

将鼠标移到表格的行线或列线上,鼠标指针就会变成上下箭头或左右箭头(见图9-3),此时按下鼠标左键并拖动鼠标,可以调整行高或列宽。

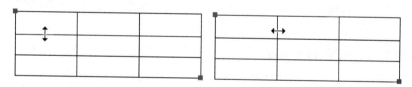

图9-3　位于行线或列线上时的鼠标指针

4. 删除一段表格线

将鼠标移到行线或列线上,鼠标指针就会变成上下箭头或左右箭头(见图9-3),此时单击鼠标右键,鼠标指针底下的这段行线或列线将被删除。

两个单元格之间的表格线删除后,两个单元格仍然是独立的,单元格的内容并不会合并到一块。如果想合并单元格的内容,则需要使用9.3.3小节介绍的"组合单元格"功能。

◎说明

① 在上面操作中,若鼠标指针底下没有表格线(即已被删除过),则单击鼠标右键会将被删除的表格线还原。

② 只有表格内部的表格线可以单段删除,四周的边框线不能用这种方法删除。

5. 改变行数与列数

选中一个表格,在图9-1(b)中的"行数"或"列数"文本框内输入新的行列数,并单击其右侧的"更改"按钮(行列数更改按钮)即可。

6. 更改行高或列宽

选中一个表格,在图9-1(b)中的"行高"或"列宽"文本框内输入新的行高或列宽值,并单击其右侧的"更改"按钮(行高列宽更改按钮)即可。行高、列宽的格式见9.2.1节中的描述。

◎说明 若行高不输入(即清空"行高"文本框的内容),则只将列宽修改为指定的值;若列宽不输入(即清空"列宽"文本框的内容),则只将行高修改为指定的值。

7. 改变表格线的可视性

选中一个表格,在图9-1(b)中勾选或者取消勾选"左框线"、"右框线"、"上框线"或"下框线"四个复选框,可以分别设置表格的左、右、上、下四条边框线的有无。

勾选或者取消勾选"单元格线"复选框,可以整体设置内部表格线的有无。

如果一个表格没有表格线,则称其为"无线表"。用无线表可以非常方便地管理需要按行列对齐的文字,如图9-4所示(表中的虚线是不存在的,此处画上只是说明文字是位于表格行列之中的)。

材料名称	数量	单价	金额	经办人
电脑	2	3000	6000	张三
微机桌	10	200	2000	李四
打印机	5	1000	5000	马六

图9-4 无线表格

◎说明 先在有表格线的状态下将文字录入完并调整好行高、列宽,然后关闭表格线即可。

8. 改变表格线的线型、线宽与线颜色

选中一个表格,在图9-1(b)中的"边框线线型"或"边框线线宽"下拉列表框中选择一个新值,将改变表格四条边框线的线型或线宽;在"单元格线线型"或"单元格线线宽"下拉列表框中选择一个新值,将改变内部表格线的线型或线宽;在"边框/单元格线颜色"下拉列表框中指定一个新值,将改变所有表格线的线颜色。

9.3 块及其相关操作

9.3.1 块及其定义

块是一个矩形区域内单元格的集合。表格的很多操作前必须先定义块,然后针对这个块进行操作。

1. 定义块

定义块的方法为:在选中状态的表格上,在块矩形的对角单元格上分别单击鼠标右键。块定义后,会在块边界上显示一个红色矩形框。

以图 9 - 5 为例,在定义图 9 - 5(a)所示的块时,需要分别在①、④单元格或者②、③单元格上单击鼠标右键。在定义图 9 - 5(b)和图 9 - 5(c)所示的块时,需要分别在其①、②单元格上单击鼠标右键。

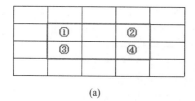 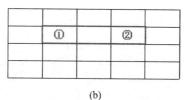 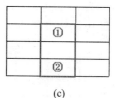

(a)　　　　　　　　　　(b)　　　　　　　　(c)

图 9 - 5　块及其定义方法

◎说明　最小的块可以只包含一个单元格,这种块在定义时只需要在这个单元格上单击鼠标右键一次。

2. 取消块

取消已定义块的方法为:在选中表格之外的绘图区空白区域上单击鼠标左键,将导致选中表格上已定义的块被取消。另外,如果在已定义了块的情况下再次在某单元格上单击鼠标右键,则会自动取消当前已有的块,并重新开始一次新块的定义操作。

9.3.2　行列管理

要管理表格的行列,首先要在表格内定义块,然后在图 9 - 1(b)中单击"行列/块"标签,将"表格"工具栏切换到第二选项卡,如图 9 - 6 所示。

单击"左增列"、"右增列"按钮可以在块的左边或右边增加一列。

单击"上增行"、"下增行"按钮可以在块的上边或下边增加一行。

单击"删除列"、"删除行"按钮可以将包含在块内的所有列或所有行全部删除。

单击"等列宽"、"等行高"按钮可以使块内所有列的列宽或者所有行的行高相等。

图 9 - 6　"表格"工具栏的"行列/块"选项卡

9.3.3　组合单元格

多个相邻的单元格可以组合成一个单元格,组合后的单元格称为组合单元格。组合单元格在逻辑上是一个单元格,在其内部,参与组合的原单元格之间的边界消失,文字以组合后的边界为准进行对齐或对中。组合单元格为某些不规则表格的构造提供了极大的方便。

与组合单元格相关的操作都集中在图 9 - 6 所示的"行列/块"选项卡内。

1. 构造组合单元格

首先要定义块,定义了块后,以下三个按钮都可以构造组合单元格。

"块组合":将整个块内的所有单元格组合成一个组合单元格。

"行组合"：将块内所有在同一行上的单元格组合成一个组合单元格。块内包含几个行，最后就得到几个组合单元格。

"列组合"：将块内所有在同一列上的单元格组合成一个组合单元格。块内包含几个列，最后就得到几个组合单元格。

使用这几个按钮组合后效果如图9-7所示。

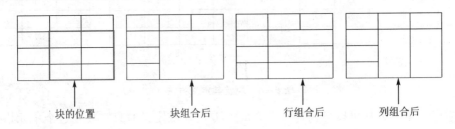

图9-7　块组合、行组合与列组合

2. 解除组合

对于组合单元格，可以对其进行解除组合操作，解除组合后参与组合的单元格重新变为独立单元格。

解除组合前首先要定义块，块内可以包含一个或多个组合单元格，然后单击"解除组合"按钮，块内的所有组合单元格均被解除组合。

9.4　文字及其相关操作

9.4.1　文字录入

在需要录入文字的单元格内单击鼠标，然后就可在此单元格内录入文字。单元格内文字可以是多行的，用回车键进行换行。

文字录入完后，在表格之外的绘图区区域内单击鼠标，可以结束文字录入。若在另一个单元格内单击鼠标，则结束上一个单元格的文字录入并在新单元格内开始录入文字。

9.4.2　单元格格式

单元格格式决定了文字在单元格内的显示方式，格式设置都集中在"表格"工具栏的"表内文字"选项卡内，如图9-8所示。

格式设置的规则为：

在对单元格进行格式设置前首先要定义块，新设置的格式对块内的所有单元格有效。即使一个单元格内没有文字，如果属于块，它也会"记住"自己的格式，当以后录入文字时，自动用已记下的格式显示。

如果对一个单元格内录入文字时，这个单元格从没有设置过格式，它会取各格式项目的当前值（即图9-8中显示的值）作为自己的单元格格式。但如果已设置过格式，如上面所述，则使用事先记住的格式。

下面详细介绍可以应用到单元格上的各种格式。

1. 对齐方式

对齐方式决定文字在单元格内如何对齐,单击以下九个按钮之一进行设置。

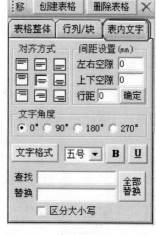

左顶对齐▤:水平方向左对齐,垂直方向顶对齐。

左中对齐▤:水平方向左对齐,垂直方向居中对齐。

左底对齐▤:水平方向左对齐,垂直方向底对齐。

中顶对齐▤:水平方向居中对齐,垂直方向顶对齐。

中中对齐▤:水平方向居中对齐,垂直方向居中对齐。

中底对齐▤:水平方向居中对齐,垂直方向底对齐。

右顶对齐▤:水平方向右对齐,垂直方向顶对齐。

右中对齐▤:水平方向右对齐,垂直方向居中对齐。

右底对齐▤:水平方向右对齐,垂直方向底对齐。

图 9-8 "表格"工具栏的"表内文字"选项卡

2. 间距设置

间距包括左右空隙、上下空隙和行距,设置时需要在相应框内输入数值(单位固定为 mm,不用输入),并且单击"间距设置"选项组内的"确定"按钮(若不单击这一按钮,输入的间距值不会生效)。

各项设置的含义为:

① 左右空隙:如果文字在水平方向左对齐,则这个参数指定文字与单元格左边线之间的距离(见图 9-9 所示的左空隙);如果是右对齐,则这个参数指定文字与单元格右边线之间的距离(见图 9-9 所示的右空隙)。

② 上下空隙:如果文字在垂直方向顶对齐,则这个参数指定文字与单元格上边线之间的距离(见图 9-9 所示的上空隙);如果是底对齐,则这个参数指定文字与单元格下边线之间的距离(见图 9-9 所示的下空隙)。

③ 行距:如果一个单元格内文字是多行的,则这个参数指定行与行之间的间距(见图 9-9 所示的行间距)。

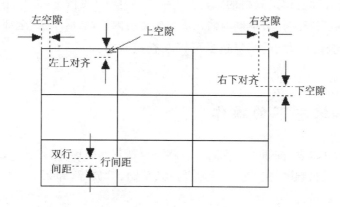

图 9-9 间距的含义

3. 文字角度

单元格内的文字只支持四种角度,分别是 0°、90°、180°、270°,在"文字角度"选项组内选择相应的值即可。

4. 文字格式

单击"文字格式"按钮,在弹出的对话框内可以详细设置字体、字号、颜色、粗体、斜体、下划线、删除线等文字格式。如果只需要设置字号,则使用"文字格式"按钮右侧的"字号"下拉列表框会更方便。

按钮 **B** 用于快速设置文字为粗体,而按钮 **U** 用于快速设置文字带下划线。这两个按钮都是开关按钮,单击一次呈按下状态,对应的功能生效;再单击一次恢复原状,取消对应的功能。

9.4.3 文字的其他操作

1. 文字的块操作

在定义了块后,对于块内的文字,可以进行如下几种操作(相应的操作按钮在"表格"工具栏"行列/块"选项卡上,见图 9-6)。

"块复制":将块内各单元格的文字复制到粘贴板。

"块剪切":将块内各单元格的文字复制到粘贴板,然后删除这些文字。

"块粘贴":将粘贴板内的文字粘贴到当前块内的单元格中。此操作前必须使用过"块复制"或"块剪切"功能。

"块清空":删除块内所有单元格内的文字。

"块统计":弹出一个对话框,显示对块内单元格的统计信息,当块内的单元格都是数值型内容时,这组统计信息特别有价值。

2. 文字的查找替换

对表格内的文字可以进行查找替换操作,若操作前定义了块,则操作会针对块内的单元格进行;若操作前未定义块,则操作会针对表格内的全部单元格进行。

查找替换功能在"表格"工具栏的"表内文字"选项卡上(见图 9-8)。在"查找"文本框内输入要查找的内容,在"替换"文本框内输入要替换为的内容,然后单击"全部替换"按钮即可。

◎说明 勾选"区分大小写"复选框可以在查找时将大写字母与小写字母视为不同的字符。

9.5 非表格状态下的操作

非表格状态下(即"表"按钮未按下时),表格可以像普通图形那样被选取,也可以像普通图形那样进行移动、复制、删除(按 Delete 键)、剪切、粘贴、缩放等,即第 3 章中关于图形编辑的操作都可以应用到表格上。

※注意 非表格状态下,表格是作为一个整体(即整个表格作为一个图形)来被处理的。如果要对表格内部进行操作(比如修改单元格文字、调整行高和列宽等),必须先单击"表"按钮进入表格操作状态才能进行。

另外，表格支持分解操作(分解操作见 3.4 节)，分解后，表格线变为一条条独立的直线，单元格内文字也成为独立的文字，这样就可以随意调整表格的任何一部分了。

9.6 表格实例

9.6.1 签字栏的制作

图 9-10 所示是一个简单的签字栏，整个表格内所有行和列都是对齐的，对这种表格，只需要几次单元格组合即可完成其绘制。

<table>
<tr><td colspan="3" rowspan="2">XX建筑设计院</td><td>工程名称</td><td colspan="2">XX小区</td></tr>
<tr><td>项目</td><td colspan="2">1#住宅楼</td></tr>
<tr><td>审定</td><td></td><td></td><td rowspan="4">一层平面图</td><td>设计号</td><td></td></tr>
<tr><td>审核</td><td></td><td></td><td>图别</td><td>建施</td></tr>
<tr><td>设计</td><td></td><td></td><td>图号</td><td></td></tr>
<tr><td>制图</td><td></td><td></td><td>日期</td><td></td></tr>
</table>

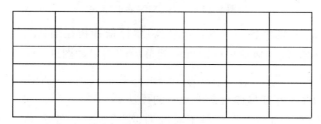

图 9-10　简单签字栏

绘制步骤为：

① 单击“表”按钮，进入表格操作状态。

② 在“表格”工具栏上，在“行数”文本框内输入 6，在“列数”文本框内输入 7，单击“创建表格”按钮，得到一个 6 行 7 列的表格。用鼠标拖动表格右下角的缩放控制块，调整表格的大小到适当宽度和高度。最后得到如图 9-11 所示的结果。

图 9-11　6 行 7 列的表格

③ 组合部分单元格。如图 9-12 所示，首先在 A 区的左上角单元格内单击鼠标右键，然

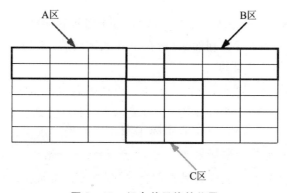

图 9-12　组合单元格的位置

后在 A 区的右下角单元格内单击鼠标右键,将 A 区范围内的单元格定义为块。单击图 9-6 中的"块组合"按钮,将 A 区内的单元格组合成为一个单元格。同样的步骤,将 B 区定义为块,然后单击"行组合"按钮,B 区内每一行上的单元格组合为一个组合单元格。再将 C 区定义为块,然后单击"块组合"按钮,将 C 区内的单元格组合为一个单元格。组合后的结果如图 9-13 所示。

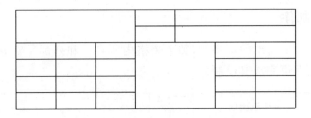

图 9-13　组合单元格后的结果

④ 录入文字。在单元格内单击鼠标,就可以录入文字。全部文字录入后的结果如图 9-14 所示。

XX建筑设计院		工程名称	XX小区	
		项目	1#住宅楼	
审定		一层平面图	设计号	
审核			图别	建施
设计			图号	
制图			日期	

图 9-14　录入文字后的结果

⑤ 根据文字的长度,调整各列列宽,调整时将鼠标指针指在某条列线上,待鼠标指针变为左右箭头后,按下鼠标左键并拖动鼠标即可。调整后的结果如图 9-10 所示。

◎说明

① 通过这个例子,读者应掌握组合单元格的用法。

② 如果签字栏的左右部分某些行是不对准的,则成为复杂签字栏(这类签字栏是异型表格)。复杂签字栏的制作也很容易。限于篇幅,本处不作详细介绍,请读者参考软件的电子版说明书《超级绘图王用户手册》10.7.2 节。

③ 签字栏有时是竖排的。例如,图 9-15 就是一个竖排签字栏,其制作过程为:先创建一个 3 行 4 列的表格,在录入文字时将"文字角度"(见图 9-8)设置为 270°即可。

9.6.2　课程表的制作

图 9-16 所示是一个课程表,这个表格除了左上角的那一个单元格外,其余部分都非常简单。制作步骤为:

图 9-15　竖排签字栏

① 在表格操作状态下创建一个 4 行 6 列的表格,并录入文字,但左上角的那个单元格内不输入任何内容,保持空白。

星期 节次	星期一	星期二	星期三	星期四	星期五
1—2节	语文	数学	物理	化学	英语
3—4节	微机	体育	自习	生物	地理
5—6节	自习	政治	语文	数学	自习

图 9-16 课程表

② 进入绘图状态,在表格的左上角单元格上画一条对角直线。为了保证直线端点能较准确地定位在单元格的对角顶点上,可以在 200% 或更大显示比例下绘制。

③ 进入文字标注状态,标出图中的"星期"与"节次"二段文字。

④ 选取以上全部内容(表格、直线、文字),组合为一个组合图形。

⊙**说明** 通过这个例子让读者掌握表格与图形、文字的混合排版功能。可以在表格上方叠加绘制任何图形或文字,然后组合在一起就成为一个图形。用这种方式可以非常轻易地制作出多重斜线表头的表格,以及需要在单元格内绘制图形的表格。

9.7 习 题

1. 超级绘图王的表格功能有何特点?

2. 哪些操作需要在表格操作状态下进行? 如何进入和退出这一状态?

3. "表格"工具栏何时出现? 何时关闭? 如何移动它的位置?

4. 在创建表格前,可以设置表格的哪些参数?

5. 创建一个 3 行 4 列的表格,3 行的行高分别为:15,20,20;4 列的列宽分别为:25,35,30,30(单位均为 mm)。

6. 画出下列表格。

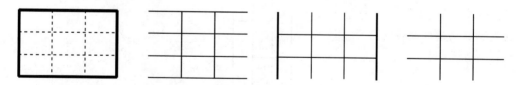

7. 在表格操作状态下,处于选中状态的表格有何特征? 如何切换处于选中状态的表格?

8. 如何改变处于选中状态表格的位置? 如何整体缩放它?

9. 如何改变处于选中状态表格的行数、列数、各行行高、各列列宽、四周边框线的有无以及内部表格线的有无?

10. 删除表格有哪两种方法?

11. 针对处于选中状态的表格,如何用鼠标调整其行高与列宽? 如何删除一段内部表格线?

12. 画出下面的表格,其中没有表格线的单元格仍然是独立单元格(未合并单元格)。

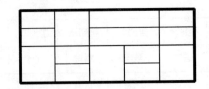

13. 什么是块？如何定义与取消块？什么操作时需要用到块？

14. 如何在一个指定列的后面插入一列？如何在一个指定行的前面插入一行？

15. 如何删除表格中的行或列？

16. 什么情况下需要将单元格组合？如何定义组合单元格？如何解除单元格的组合？

17. 画出下面的表格，其中没有表格线的单元格都是合并了的单元格。

18. 如何在表格内录入文字？表格内的文字可以是多行的吗？

19. 表格内文字的对齐方式有哪几种？如何设置？

20. 如何设置表格内文字的字体、字号与角度？如何设置文字与单元格边框之间的距离？

21. 画出下面的表格。

物资		人员	
商品名	数量	姓名	部门
电脑	30	张三	IT部
汽车	5	李四	销售部

22. 画出下面的表格。

23. 画出下面的表格。

名称	图形
直线	———
矩形	▭
椭圆	⬭

第 10 章 精确绘图

10.1 输入参数绘图

10.1.1 概 述

设计图纸一般要求按比例精确绘制,这就要求一个图形应能精确绘制为某个指定的尺寸,比如一条直线应能准确地画成 100 mm 长,或者一个圆的半径需要准确地是 50 mm。超级绘图王提供了键盘输入参数绘图来满足这一要求。

直线、折线、点划线、矩形、圆、椭圆、圆弧、扇形、弦、点、三角形和正多边形(多边形中只有三角形和正多边形支持直接输入参数绘制)等图形支持输入尺寸精确绘制,当这些图形的绘制按钮被选中后,绘图区内将显示与输入参数绘图相关的三个窗口(参数输入窗、参数提示窗和坐标系),如图 10-1 所示。

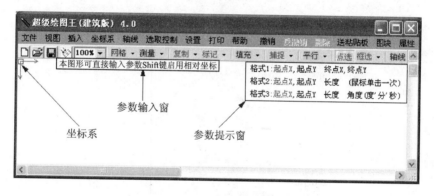

图 10-1 与输入参数绘图相关的窗口

1. 参数提示窗

参数提示窗的作用是显示当前图形可以接收的参数形式,并指示下一步应输入哪个参数。

图 10-1 是画直线时参数提示窗的显示内容。从图中可以看出,直线支持用三种格式输入参数,分别是"格式 1:起点 X,起点 Y   终点 X,终点 Y"、"格式 2:起点 X,起点 Y   长度(鼠标单击一次)"、"格式 3:起点 X,起点 Y   长度   角度(度,分,秒)"。这三种格式中,"起点 X"都用红色显示,表示当前应输入这个参数。当输入完"起点 X"后,"起点 Y"将变为红色显示,提示下一步应输入"起点 Y"的值。刚开始输入第一个(甚至前面几个)参数时,软件无法确定用户使用的是三种格式中的哪一种,参数提示窗内同时显示三种格式,随着数据不断地输入,某些格式会被排除,它们将不再显示在参数提示窗内。

参数提示窗不接收任何输入,只是一个信息显示窗口。在参数提示窗内按下鼠标左键并拖动,可以移动其位置。参数提示窗可以在主窗口内任意定位。

参数提示窗可以设置为不显示(不显示时并不影响键盘参数功能的使用),单击"坐标系"|"不显示参数提示"菜单一次,其前面会带上勾号,就设置了不显示参数提示窗。如果以后想恢复显示,再单击这个菜单一次,去掉其前面的勾号即可。

2. 参数输入窗

参数输入窗用于显示用户通过键盘输入的参数。这个窗口可以在主窗口内任意定位,方法是在参数输入窗内按下鼠标左键并拖动,就可以移动其位置。

3. 禁用键盘参数功能

如果某时刻只想通过鼠标绘图,用不到键盘参数,则可以暂时禁用键盘参数功能,以简化界面。单击"坐标系"|"禁用键盘参数"菜单,使此菜单前面带上勾号,就处于禁用键盘参数状态。在禁用键盘参数状态下,不显示坐标系、参数输入窗口和参数提示窗口,也不能用键盘输入参数绘图。再单击这个菜单一次,又会去掉其前面的勾号,同时退出禁用键盘参数状态。

10.1.2 坐标系

需要用键盘输入的图形参数中绝大部分是点的坐标,坐标只有在坐标系内才有意义。超级绘图王有绝对坐标系和用户坐标系两种坐标系,这两种坐标系的概念如图10-2所示。

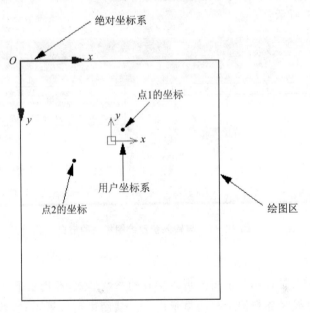

图 10-2 两种坐标系

1. 绝对坐标系

绝对坐标系的坐标原点位于绘图区的左上角,x 轴向右为正,y 轴向下为正,刻度单位为mm,此坐标系是固定的,坐标原点、坐标轴方向、刻度单位都不可调整。

绝对坐标系是软件主要使用的坐标系,除了绘图时用键盘输入参数使用用户坐标系外,其他所有情况均使用绝对坐标系,包括用鼠标绘图时在提示标签内显示的鼠标坐标、"测量"功能下测出来的点的坐标,以及属性窗口内显示的图形坐标。

2. 用户坐标系的引入

绝对坐标系概念简单,但有时使用并不方便。分析图 10 - 3,假设矩形里面的那条直线需要通过输入参数来精确绘制,由于不知道矩形在绘图区内的坐标位置,所以直线的两个端点的绝对坐标很难计算。如果能将坐标原点移到矩形的左上角处,则直线的两个端点坐标就非常好计算了。为此,软件引入了允许用户自定义原点的用户坐标系。

用户坐标系仅在通过键盘输入绘图参数时使用,并且通过键盘输入的图形参数中的坐标总是理解为用户坐标系中的坐标。

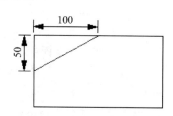

默认情况下,用户坐标系和绝对坐标系是重合的,即坐标原点位于绘图区的左上角,x 轴向右为正,y 轴向下为正,刻度单位为 mm。但用户坐标系中的坐标原点、y 轴方向、刻度单位都允许用户自定义,只有 x 轴的方向是不

图 10 - 3　用户坐标系的应用

可改变的。图 10 - 2 所示的用户坐标系就是改变了原点和 y 轴方向后的用户坐标系。

3. 用户坐标系的显示控制

默认情况下,软件会将用户坐标系的当前状态显示在屏幕上(图 10 - 1 中显示的坐标系就是用户坐标系,注意绝对坐标系从来不会被显示,因为其位置总是固定的)。也可以设置不显示用户坐标系,方法为:

单击"坐标系"|"不显示坐标系"菜单一次,使其前面带上勾号,用户坐标系将不再显示;若再单击此菜单一次,则其前面的勾号又会去掉,用户坐标系将重新显示。

用户坐标系即使不显示,也是起作用的,需要输入的点的坐标仍然要参照它来确定。

4. 用户坐标系坐标原点的调整

要调整用户坐标系的坐标原点位置,有两种方法。

方法一:在包围着用户坐标系原点的小正方形框内,按下鼠标左键并拖动,整个用户坐标系会随之移动,到达合适位置后松开鼠标即可。注意,借助于鼠标捕捉功能,很容易将坐标原点拖到图形的关键点上(如直线的端点、矩形的顶点等)。

◎说明　拖动坐标系有三个条件:① 坐标系已显示;② 鼠标单击在坐标原点的小矩形内;③ 单击时未按下 Shift、Ctrl、Alt 等键。设置最后一个条件的原因是:因为在坐标原点的小矩形内单击鼠标将被解释为拖动坐标系,这导致绘图时无法用鼠标单击的方式将图形的端点设置到坐标原点附近,解决办法为按下 Shift、Ctrl、Alt 等键再单击鼠标,就会将鼠标单击解释为绘图操作而不是拖动坐标系。

方法二:单击"坐标系"|"设置坐标原点"菜单,调出"指定坐标原点"对话框,如图 10 - 4 所示。用这个对话框可以设置用户坐标系坐标原点的精确位置。注意,这个位置是在绝对坐标系内的位置。

5. 用户坐标系 y 轴方向的调整

用户坐标系的 y 轴可以设置为向上为正或向下为正,选择"坐标系"|"反转 Y 轴方向"菜单来完成(每使用一次,y 轴方向反转一次)。

坐标原点与 y 轴方向共同决定着坐标点的符号,在图 10 - 2 所示的用户坐标系下,这个图

图 10 - 4 "指定坐标原点"对话框

内点 1 的 x 坐标与 y 坐标都是正的,而点 2 的 x 坐标与 y 坐标都是负的。若将用户坐标系的坐标原点移到绘图区左上角,但 y 轴仍保持向上为正,则点 1 与点 2 的 x 坐标都是正的,但 y 坐标都是负的。若再将 y 轴设置为向下为正,则点 1 与点 2 的 y 坐标也都变为正的。

6. 用户坐标系刻度单位的调整

默认情况下,用户坐标系中的刻度单位是 mm。坐标(10,20)表示这个点在 x 轴正向 10 mm、y 轴正向 20 mm 处。由于国标中规定建筑图纸应以 mm 为单位标注,一般情况下在用户坐标系中使用 mm 为刻度单位是非常方便的。但特殊情况下有可能需要使用其他刻度单位,软件中不能直接改变用户坐标系的刻度单位,但可以通过"输入系数"来间接改变。

"输入系数"是一个数,用户输入的坐标要乘以这个数,然后作为在用户坐标系内的坐标使用。例如,假设"输入系数"为 10,用户输入的点坐标为(15,20),则这个点会画在 x 轴正向 15×10 mm、y 轴正向 20×10 mm 处,这就相当于用户坐标系的刻度单位改为以 cm 为单位(以 cm 为单位意味着坐标(15,20)代表在 x 轴正向 15 cm 和 y 轴正向 20 cm 处)。

输入系数的默认值是 1,单击"坐标系"|"设置输入系数"菜单,弹出设置输入系数对话框,可以设置新的输入系数值(注意,输入系数可以带小数,如 0.1、1.5 等;也可以是一个比例表达式,例如"1∶1 000",软件将自动计算出输入系数 0.001)。

◎说明 除点坐标外,用户输入的直线长度、圆半径、矩形宽高等长度类数据都会被乘以"输入系数",但角度类数据(直线的倾角、圆弧的起止角等)不会被乘以输入系数。

使用输入系数可以有效地简化按比例绘图时的计算量。例如,某房间的长度是 3 000 mm,需要按 1‰ 的比例绘制,若将输入系数设置为"1∶100",则绘图时可以直接输入原始尺寸 3 000,软件自动将图形画成 30 mm 长。如果需要按 1/50 的比例绘制,将输入系数改为"1∶50",则绘图时仍然可以直接输入原始尺寸 3 000,软件自动将图形画成 60 mm 长。

10.1.3 坐标与角度的表示

用户在输入数据时可以使用普通坐标或相对坐标来描述点的位置,使用普通角度或相对角度来描述角度。

1. 普通坐标

普通坐标是相对于用户坐标系坐标原点的坐标。例如,假设"输入系数"为 1,输入一个坐标(10,20)就表示从用户坐标系的坐标原点开始,沿用户坐标系的 x 轴正向偏移 10 mm 以及沿 y 轴正向偏移 20 mm 处的位置,如图 10 - 5 所示。

2. 相对坐标

相对坐标是相对于上一个点的坐标。这种坐标在输入时前面必须加上特殊符号@来表示。例如,假设"输入系数"为1,用户输入的上一个坐标是普通坐标(10,20),现输入一个相对坐标(@15,@25),就表示从点(10,20)开始,沿用户坐标系的 x 轴正向偏移 15 mm 以及沿 y 轴正向偏移 25 mm 处的位置,如图 10-5 所示。

◎**说明**　在输入一个相对坐标前,需要事先按一下 Shift 键,软件会自动在参数输入窗内显示一个相对坐标符号@,再输入的坐标值就是相对坐标。若误按 Shift 键而显示了@,再按一次 Shift 键可取消@。注意,不要试图输入键盘上数字 2 键上面的那个"@"符号,也不能通过使用 BackSpace 键来删除已存在的@符号。

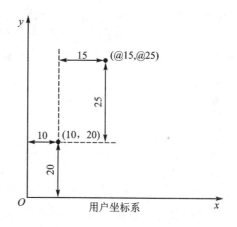

图 10-5　普通坐标与相对坐标

可以在一个坐标内混合使用普通坐标与相对坐标,例如(10,@−20)、(@15,33)等都是允许的。

使用相对坐标可以极大地简化递推型坐标(即每一个点是相对于上一个点来标注尺寸的)在输入时的计算量,以图 10-6 所示图形为例,只要将用户坐标系的坐标原点定位在第一条直线的起点 A 处,则 A、B、C、D 各点的坐标依次为:(0,0)、(10,20)、(@20,@6)、(@10,@16)。

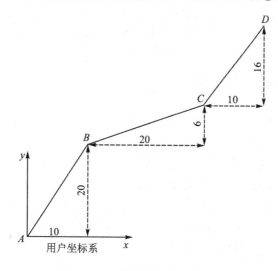

图 10-6　递推型直线端点坐标

3. 相对角度

角度也可以是相对的,输入角度前按一下 Shift 键,这个角度前将自动加上@,表示这是一个相对角度。相对角度表示相对于上一个角度的角度,而不带@的角度是普通角度,普通角度表示相对于水平线的角度。

不论普通角度,还是相对角度,正角度都表示逆时针方向旋转,而负角度都表示顺时针方向旋转。

以图 10-7 为例,直线 OA 的角度为 45°(但输入时只需输入"45",符号"°"不用输入,下同);直线 OB 的角度为 −45°;直线 OC 的角度为 30°,或者在上一次输入过 OA 角度的情况下,也可以表示为@-15;直线 OD 的角度为 $60°$,或者在上一次输入过 OA 角度的情况下,也可以表示为@15,但若上一次输入的是 OC 的角度,则 OD 的相对角度是@30。

◎说明　角度与坐标系无关,它不受用户坐标系设置的影响。

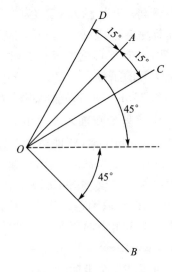

图 10-7　角度的表示

4. 参数间的分隔符

当需要在一行上连续输入多个参数时,参数之间必须有分隔符,构成同一个点坐标的 X 值与 Y 值之间用英文逗号分隔,其余情况下任意两个参数之间要用空格分隔。最后一个参数输入完后,也要按一下空格键(或 Enter 键,最后的空格也可以用 Enter 键代替,这表示最后一个数输入结束)。

例如:10,20␣50,80␣(␣表示空格,下同。表示两个点的坐标(10,20)和(50,80))。

5. 取消输入

一个图形往往需要输入多个参数,若输入了部分参数后又想放弃已输入的数据,则按 Esc 键即可。

✳注意　Esc 键也有取消绘图按钮选中状态的功能,若在未输入数据的情况下按 Esc 键,则会取消当前按钮的选中状态,也就是退出绘图操作。

10.1.4　直线类图形的精确绘制

直线类图形包括直线、折线、点划线,它们的参数格式都一样,以直线为例介绍,直线可按以下三种格式之一来输入参数。

1. 直线参数格式一

格式一通过输入两个端点的坐标来确定直线,形式为:

起点 X,起点 Y␣终点 X,终点 Y

例如,在(10,20)-(50,60)间画一条直线的方法为:

① 在操作面板窗口中单击"直线"按钮。

② 从键盘输入"10,20␣50,60␣"。

◎说明　在输入完最后一个数"60"后,需要按一次空格键(也可以用 Enter 键代替),这样软件才知道最后一个数已输入结束,其他图形在输入完最后一个参数后也需要同样的操作,后面不再赘述。

又如,从键盘输入"10,20␣@50,@60␣"表示在(10,20)-(60,80)间画一条直线。

2. 直线参数格式二

格式二通过输入直线的起点与长度来描述直线,形式为:

起点 X,起点 Y␣长度␣(鼠标单击一次)

◎说明　仅指定起点及长度不能唯一确定一条直线,需要最后增加一次鼠标单击来确定直线方向。

例如,从(10,20)开始画一条 30 mm 长的直线,直线的方向用鼠标确定。方法为:

① 在操作面板窗口中单击"直线"按钮。

② 从键盘输入"10,20 ⌣ 30 ⌣"。

③ 在绘图区内移动鼠标以调整直线方向,至合适方向后单击鼠标。

3. 直线参数格式三

格式三通过输入直线的起点、长度与角度来描述直线,形式为:

起点 X,起点 Y ⌣ 长度 ⌣ 角度

例如,从(10,20)开始画一条 30 mm 长,与水平线夹角为 45°的直线。方法为:

① 在操作面板窗口中单击"直线"按钮。

② 从键盘输入"10,20 ⌣ 30 ⌣ 45 ⌣"。

又如,从(10,20)开始画一条 30mm 长,与水平线夹角为 45°30′50″的直线。方法为:

① 在操作面板窗口中单击"直线"按钮。

② 从键盘输入"10,20 ⌣ 30 ⌣ 45′30′45 ⌣"。

◎说明　角度可以带小数,或者用度分秒表示,详见 2.1.3 节。

4. 折线的处理

折线是一条条的直线,但除第一条直线外,其余每条直线都自动取上一条直线的终点作为起点。这样,从第二条直线开始,系统会自动将上一条直线的终点坐标填到下一条直线的起点坐标处,用户只需要继续输入后面的部分(例如第二点坐标或直线的长度/角度)即可。另外,由于折线需要输入的参数个数是不固定的,输入完最后一个参数后,需要按 Enter 键来结束绘制而不是按空格键。按空格键只表示上一个数据输入结束,软件会继续等待接收下一个数据。

以绘制图 10-6 所示的图形为例,绘制步骤为:

① 在操作面板窗口中单击"折线"按钮。

② 在绘图区内,用鼠标拖动用户坐标系原点周围的小正方形,将用户坐标系拖到绘图区中心。

③ 单击"坐标系"|"反转 Y 轴方向"菜单,使 y 轴向上为正。

④ 从键盘输入"0,0 ⌣ 10,20 ⌣",绘制第一条直线。

⑤ 按一下 Shift 键,参数输入窗内自动显示相对坐标符号@,输入"20,6 ⌣",绘制出第二条直线。

※注意　在一个点的坐标中,若对 x 坐标使用了相对坐标,则默认 y 坐标也使用相对坐标,输入 y 坐标前软件会自动显示相对坐标符号@,本例中直接输入"6"即可。若 y 坐标不使用相对坐标,则需要按一次 Shift 键以取消@。

⑥ 按一下 Shift 键,参数输入窗内自动显示相对坐标符号@,输入"10,16<回车>",绘制出第三条直线并结束整个折线绘制。

※注意　对于折线,按 Esc 键放弃当前已输入的内容,但不是结束整个折线的绘制,按两次 Esc 键才结束折线绘制。

10.1.5　矩形的精确绘制

矩形支持两种格式的参数。

1. 矩形参数格式一

格式一通过输入矩形一对对角顶点的坐标来确定矩形,形式为:

起点 X,起点 Y↵终点 X,终点 Y

例如,在(10,20)－(50,60)间画一矩形的方法为:

① 在操作面板窗口中单击"矩形"按钮。

② 从键盘输入"10,20↵50,60↵"。

如果使用相对坐标,则很容易按宽与高来绘制矩形。例如,输入"10,20↵@50,@60↵"表示将矩形绘制在(10,20)－(10＋50,20＋60)处,即矩形的宽为 50 mm,高为 60 mm。

2. 矩形参数格式二

格式二通过输入矩形一个顶点坐标以及矩形的宽与高来描述矩形,形式为:

起点 X,起点 Y↵宽↵高↵(鼠标单击一次)

◎说明 输入矩形的一个顶点坐标以及宽与高后,可以确定矩形的形状,但不能唯一确定矩形的位置,需要最后增加一次鼠标单击来确定矩形的位置。

例如,以(50,60)为顶点画一个矩形,矩形宽 40mm,高 30mm,矩形在屏幕上的位置由鼠标确定。方法为:

① 在操作面板窗口中单击"矩形"按钮。

② 从键盘输入"50,60↵40↵30↵"。

③ 如图 10－8 所示,矩形可以定位在以(50,60)为中心的Ⅰ、Ⅱ、Ⅲ、Ⅳ四个区间之一内,用鼠标在某个区间内单击,矩形将定位在这个区间中并结束绘制。

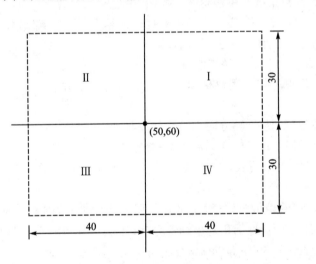

图 10－8　矩形可能定位的位置

10.1.6　圆的精确绘制

圆有三种参数格式,但这三种参数格式不会同时显示在参数提示窗内,而是根据当前绘制方法的设置(圆的绘制方法见 2.4.1 节)一次显示其中的一种,并且用户一次也只能使用这一种。

1. 圆参数格式一

格式一通过输入圆心坐标与半径来指定圆,当圆的绘制方法为"指定圆心及圆周上一点"时,允许使用这种格式。具体形式为:

圆心 X,圆心 Y⌴半径

例如,以(50,60)为圆心,画一个半径为 30 的圆,方法为:

① 在操作面板窗口中单击"圆"按钮,并设置绘制方法为"指定圆心及圆周上一点"。

② 从键盘输入"50,60⌴30⌴"。

2. 圆参数格式二

格式二通过输入圆的任意一条直径的两个端点坐标来指定圆,当圆的绘制方法为"指定一条直径的二个端点"时,允许使用这种格式。具体形式为:

直径 X1,直径 Y1⌴直径 X2,直径 Y2

例如,画一个以(10,20)和(50,60)为直径的圆,方法为:

① 在操作面板窗口中单击"圆"按钮,并设置绘制方法为"指定一条直径的二个端点"。

② 从键盘输入"10,20⌴50,60⌴"。

3. 圆参数格式三

格式三通过输入圆上任意三个点的坐标来指定圆,当圆的绘制方法为"指定圆周上任意三个点"时,允许使用这种格式。具体形式为:

点 X1,点 Y1⌴点 X2,点 Y2⌴点 X3,点 Y3

例如,画一个经过点(68,18)、(35,30)和(98,45)的圆,方法为:

① 在操作面板窗口中单击"圆"按钮,并设置绘制方法为"指定圆周上任意三个点"。

② 从键盘输入"68,18⌴35,30⌴98,45⌴"。

10.1.7　其他图形的精确绘制

1. 点的精确绘制

点只支持一种参数格式,如下:

X 坐标,Y 坐标

例如,在(50,20)处画一个点,方法为:

① 在操作面板窗口中单击"点"按钮。

② 从键盘输入"50,20⌴"。

2. 椭圆、圆弧、扇形、弦、三角形以及正多边形的精确绘制

椭圆、圆弧、扇形、弦、三角形以及正多边形都支持精确绘制。限于篇幅,本处不对这些图形的精确绘制方法作详细介绍,请读者参考软件的电子版说明书《超级绘图王用户手册》11.1.7 节~11.1.10 节。

3. 双线绘制时的键盘参数

直线、折线、点划线、矩形支持双线绘制,双线绘制也可以使用键盘参数,使用方法同绘制单个图形时完全一样。

4. 自动重复绘制时的键盘参数

对于支持自动重复绘制的图形,在启用了自动重复绘制功能后,也允许使用键盘参数,与绘制单个图形相比,唯一的区别是输入完单个图形的参数后,再增加输入一个点的坐标(这时参数提示窗内会有提示,如图 10-9 所示),这个坐标用于指定自动重复绘制终点。

例如,从(10,20)画一条 30 mm 长的垂直竖线,并将此竖线以 5 mm 的间隔重复排列到(100,20)处,方法为:

> 本图形带自动复制,请指定:复制终点X,复制终点Y

图 10-9　自动重复绘制终点输入提示

① 单击"直线"按钮,勾选"自动重复绘制"复选框,并在"图形重复间距"组合框内选择 5 mm。由于"图形重复间距"组合框是允许用键盘输入数据的,为了避免下一步中输入的数据误输入到这一组合框内,所以用鼠标在主窗口的标题栏上单击一下(注意不能在主窗口的绘图区内,在绘图区内单击将被视为指定直线的端点),这样将使"图形重复间距"组合框失去键盘焦点从而不再接收键盘数据。

② 从键盘输入"10,20 ┘ 10,50 ┘ 100,20 ┘"　(格式一,第二点坐标由长度算出)。

或者"10,20 ┘ 30 ┘ 270 ┘ 100,20 ┘"　(格式三,直线角度为 270°)。

※**注意**　关于自动重复绘制终点键盘参数问题的更多信息,请读者参考软件的电子版说明书《超级绘图王用户手册》11.1.12 节。限于篇幅,本处不作过多介绍。

10.1.8　鼠标与键盘交互绘图

一个图形不但可以用鼠标控制绘制,或者用键盘输入参数绘制,还可以用鼠标与键盘混合绘制,即图形的一部分用鼠标绘制,另一部分用键盘绘制。

以直线为例,直线有两个点,可以有很多种键盘与鼠标的绘制组合,现举几例:

① 用鼠标在绘制区内单击确定第一点,然后从键盘输入第二点坐标。

② 用键盘输入第一点坐标及长度,然后用鼠标旋转直线,并单击鼠标来确定直线角度。

③ 在自动重复绘制时,母图部分参数用键盘输入,自动重复绘制终点通过单击鼠标确定。

以上只是几种情况,实际上可以使用的组合非常多,用户只需要记住:对于一个需要多个参数的图形,任何一个参数都可以通过键盘或鼠标输入,而且与其他参数的输入方式无关!

10.2　标　　记

10.2.1　概　　述

标记就是在图形的指定位置处做上的记号,这些记号在精确绘图中能起到很大的辅助作用。例如,要想将一个圆等分为五份,用目测来实现是非常困难的。可以利用标记功能让软件在圆的五个等分点处做上记号,根据这些记号再来绘图就非常容易了。又如,要在一个房间墙的左侧 2 m 处开窗,窗户宽度为 1.5 m,利用标记功能可以在这面墙(用直线表示)的左侧 2 m 和 3.5 m 处分别做上记号。根据记号指出的位置再进行开窗操作就非常准确了。

要进行标记操作必须先进入标记状态,这一状态的进入与退出由工具栏上"标记"按钮控制。单击"标记"按钮一次,其便呈凹陷状态,这时就进入了标记状态;再单击此按钮一次,它会由凹陷状态恢复为正常状态,这时就退出了标记状态。

标记不是图形,它只会显示在屏幕上,而不会被打印出来。

10.2.2　标记操作步骤

下面以对图 10 - 10 所示的图形进行标记为例,说明标记操作步骤。这次标记操作要求在圆的五个等分点处做上记号,并对直线从左侧端点开始的 10 mm 和 25 mm 处分别做上记号。

图 10 - 10　被标记的图形

操作步骤为:

① 单击工具栏上的"标记"按钮,使其呈凹陷状态(见图 10 - 11),这时就进入了标记状态,在标记状态下,鼠标指针变为 标。

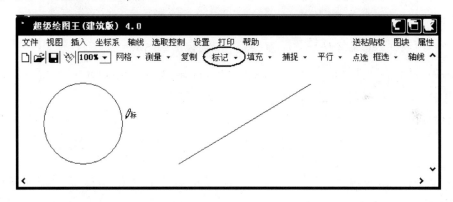

图 10 - 11　标记状态

② 移动鼠标到圆上,圆会变成红色显示,这表示已找到了标记目标图形。只有找到了标记目标图形,才可以进行后续操作,并且后续操作是针对标记目标图形进行的。

③ 单击鼠标,弹出如图 10 - 12 所示的对话框。在"分段标记方式"选项组中选择"定份",在"请输入分段数"文本框内输入 5,单击"确定"按钮,窗口关闭同时圆上出现等分标记点。

④ 移动鼠标到直线上(在直线左侧部分上,即从直线中点到左端点之间的那一段上),待直线变为红色显示时,单击鼠标,弹出图 10 - 13 所示的对话框。这时在"分段标记方式"选项组中选择"定距",在"请输入每段长度"文本框内输入"10,15",单击"确定"按钮,窗口关闭同时直线上出现标记点。

⑤ 再单击工具栏上的"标记"按钮一次,使其从凹陷状态恢复原状,这时就退出了标记状态。最后得到的标记点如图 10 - 14 所示。

🌀说明　不是任何图形都可以在其上面做上标记,只能对最常用的一部分图形进行标记操作,这些图形称为标记目标图形,它们是直线、折线、点划线、矩形(含倾斜矩形)、圆、圆弧、扇

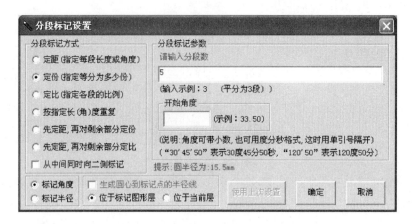

图 10-12 "分段标记设置"对话框(1)

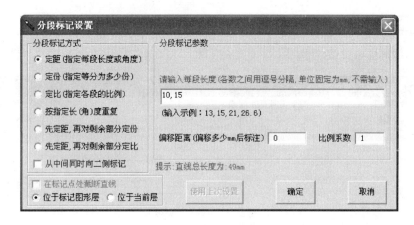

图 10-13 "分段标记设置"对话框(2)

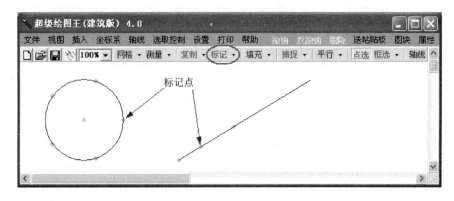

图 10-14 生成的标记点

形、弦和轴线(轴线在第 15 章介绍)。若在标记操作中将鼠标指在这几种图形以外的图形上,则单击鼠标是不能进行标记的。

10.2.3　标记点的使用与管理

1. 标记点的使用

在屏幕上显示标记点后,可以以两种方式使用它:用其进行鼠标捕捉或仅作为绘图时的参照点。

默认情况下标记点是捕捉鼠标的,鼠标移到标记点附近时,会被"吸"到标注点上,这使得从标记点处绘制图形特别方便。例如在图 10-14 中,很容易在圆心和圆周上的五个标注点之间画出直线,这样就将圆分成了五个相等的扇区。

标记点对鼠标的捕捉不受工具栏上"捕捉"按钮状态的限制,即使"捕捉"按钮未按下,标记点也可以捕捉鼠标。若想禁止标记点捕捉鼠标,则在图 2-44(位于 2.8.2 节)所示的"鼠标捕捉方式"对话框中,去掉"1. 捕捉到标记点"前面的勾号。如果仅想临时禁止标记点捕捉鼠标,则在鼠标移动到标记点附近时按下 Ctrl 键即可。

禁止标记点捕捉鼠标后,标记点将仅作为绘图时的参照点使用。

2. 标记点的管理

标记点不是图形,不能像图形那样进行选取、移动、复制等操作。标记点显示后,唯一能对其进行的操作就是删除。

单击工具栏上"标记"按钮右侧的下三角,会显示"标记"按钮的按钮菜单,如图 10-15 所示。

单击第一个菜单"删除所有标记"可以将所有标记点全部删除。

单击第二个菜单"按组删除标记"可以弹出如图 10-16 所示的对话框。在对话框中,单击第一个按钮可以按标记点的生成顺序从前向后逐组删除标记点;单击第二个按钮将从后向前逐组删除标记点;单击第三个按钮将标记点全部删除。

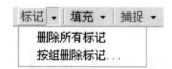

图 10-15　标记按钮的按钮菜单

图 10-16　"按组删除标记点"对话框

◎说明

① 一组标记点是指一次标记操作生成的所有标记点。对于图 10-14 而言,位于圆上的所有标记点属于一组(由一次标记操作生成),位于直线上的所有标记点属于另一组(另一次标记操作生成)。

② 图 10-16 所示的对话框还有一种快速调出方式,就是在工具栏的"标记"按钮上单击鼠标右键。

10.2.4　定距标记

在标记过程中,由"分段标记方式"决定在标记目标图形上显示的标记点个数及其位置。分段标记方式在图 10-13 所示的"分段标记设置"对话框中设置,共有六种方式。其中,定距方式最基本也最重要,本节专门讨论。

1. 直线类图形的定距标记

对于直线类图形,定距标记从直线的某一端点开始,依次在指定长度处显示标记点。例如,要对图 10-17 所示的直线 AB 进行标记,要求从 A 点开始,在 10 mm、15 mm、20 mm 处各显示一个标记点,操作要点如下:

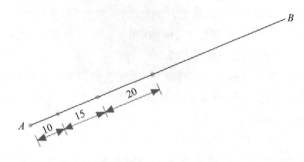

图 10-17 直线的定距标记

在标记状态下将鼠标移到直线 AB 上(在较靠近 A 点的这一侧),单击鼠标,在弹出的图 10-18 所示的对话框中选择"定距",并在"分段标记参数"选项组中输入"10,15,20",再单击"确定"按钮。

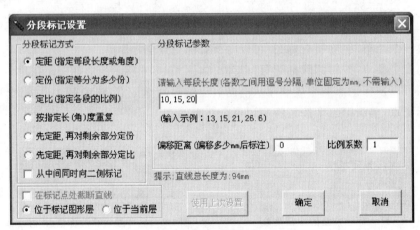

图 10-18 直线定距标记输入界面

◎说明

①"分段标记参数"选项组用于输入各个标记点之间的距离,各距离间以逗号(英文逗号)分隔,距离的单位都是 mm,且不用输入。

②如果单击鼠标弹出图 10-18 所示对话框时,鼠标位于从直线中点算起比较靠近端点 A 的这一段上,上述距离从端点 A 算起(即从 A 点开始标记);否则从端点 B 算起(从 B 点开始标记)。若勾选"从中间同时向二侧标记"复选框,则不考虑鼠标的位置,从直线的中点向两侧同时进行指定距离的标记,将得到如图 10-19 所示的标记点。

③图 10-18 中已有提示"直线总长度为:94 mm",若各段标记距离之和超过这个总长度,则多余的距离将被忽略。

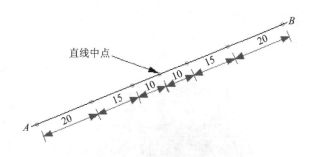

图 10 - 19　从中间向两侧标记的效果

④ 直线、折线、点划线、矩形在标记时统称为直线类图形,它们的处理方式完全一样。其中,矩形一次只能标记一条边(位于鼠标指针底下的那条边),所以其完全等同于直线的处理。

⑤ 图 10 - 18 中"比例系数"文本框的作用:"每段长度"文本框内输入的每一个长度,以及"偏移距离"文本框内的偏移距离,都要乘以"比例系数"文本框内输入的比例系数,然后才能得到实际使用的标记距离与偏移距离。一般情况下,比例系数使用默认值 1 即可。若需要按实物尺寸的某个比例对直线进行标记,则可以将比例系数设置为图纸比例,例如 0.01(代表1%),然后在"每段长度"文本框内输入实物尺寸即可。

⑥ 图 10 - 18 中的"偏移距离"文本框用于控制从直线的端点开始偏移多少再标记。限于篇幅,本处不对这一选项作详细介绍,请读者参考软件的电子版说明书《超级绘图王用户手册》11.2.4 节。

2. 圆弧、扇形与弦的定距标记

对圆弧、扇形与弦进行定距标记时,"分段标记设置"对话框与直线类图形略有不同,如图 10 - 20 所示。首先,圆弧、扇形与弦的分段标记参数应输入各个角度值,角度可以带小数或用度分秒表示(见 2.1.3 节)。其次,圆弧、扇形与弦并不根据鼠标的单击点判断应从哪个端点开始标记,而是需要指出分段方向(即标记方向)为"逆时针"还是"顺时针",但如果指定了"从中间同时向二侧标记",则不需要分段方向。

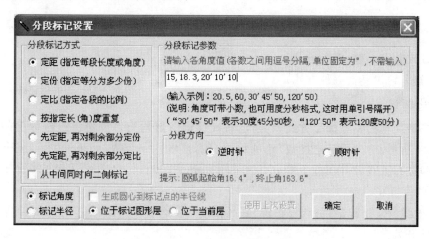

图 10 - 20　圆弧、扇形与弦的定距标记输入界面

如果按照图 10-20 中的设置进行标记,将得到图 10-21 所示的标记结果。其中,A 点与 B 点之间的圆弧为 15°,B 点与 C 点之间的圆弧为 18.3°,C 点与 D 点之间的圆弧为 20°10′10″。

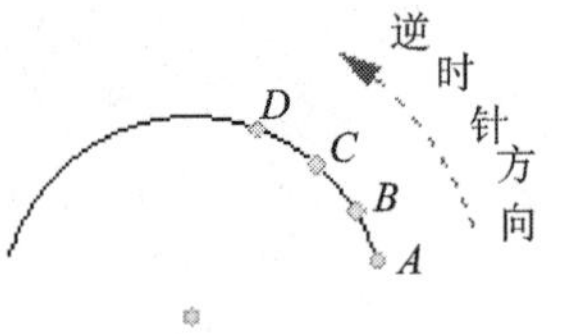

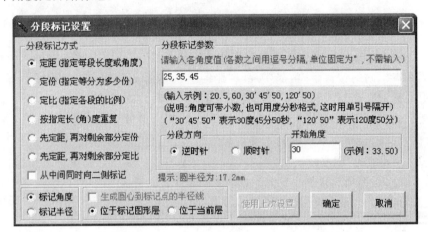

图 10-21 圆弧的标记结果

3. 圆的定距标记

对圆进行定距标记时,"分段标记设置"对话框如图 10-22 所示。这个界面与圆弧、扇形与弦的分段标记界面相比,就是多了一个"开始角度",因为圆弧、扇形与弦总是从一个端点处开始标记,而圆并没有这样天然的分界点,所以必须指出从哪一个角度处开始标记。

图 10-22 圆的定距标记输入界面

如果按照图 10-22 中的设置进行标记,将得到图 10-23 所示的标记结果。其中,第一个标记点与水平线的夹角为 30°,这就是"开始角度"的意义(开始角度总是相对于水平线的角度)。

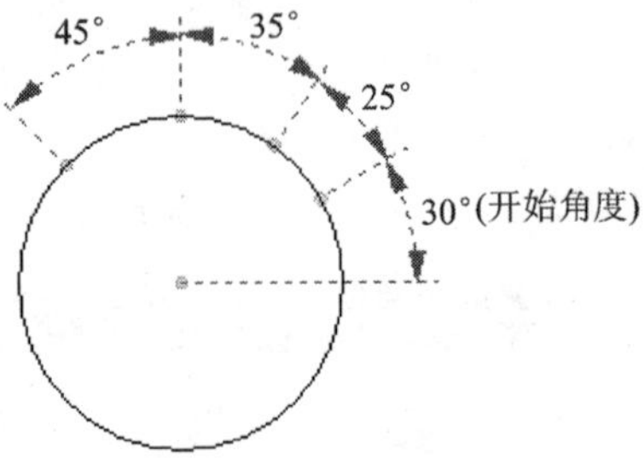

图 10-23 圆的标记结果

10.2.5 其他标记方式

标记方式共有六种,在上一节讨论了定距标记的基础上,本节讨论其他五种方式。

1. 定份标记

定份是最简单的一种标记方式,它指定将被标记图形均为多少份。定份标记的输入界面如图 10-24 所示。"分段标记参数"选项组内只需要输入一个数,如果输入 5,就表示将直线(或圆弧等)进行五等分并在每个等分点处显示标记点。

◎ 说明

① 对于圆的定份标记,仍然要指定"开始角度",其含义同定距标记,表示第一个标记点从哪个角度处开始。

② 如果勾选"从中间同时向二侧标记"复选框,则会将图形的每一半等分为指定的分段数。例如,分段数输入 3,则实际图形等分为六份(从中间开始将每一侧分为三份)。

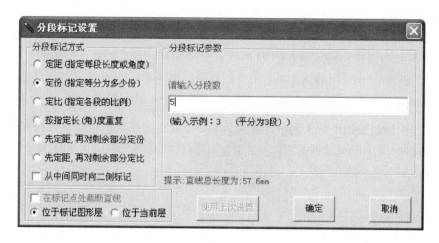

图 10 - 24　定份标记输入界面

2. 按指定长(角)度重复

在这种方式下,对直线类图形,要求输入一个长度值,将从某一个端点开始用这个长度值对直线进行连续分段,直到直线的剩余部分小于这个长度值为止。图 10 - 25(a)是指定长度为 15 时的标记结果。对于圆类图形(圆、圆弧、扇形、弦),要求输入一个角度值,将按照某个方向用这个角度值对圆周进行连续分段,直到剩余圆周不足这个角度值为止。图 10 - 25(b)是指定角度为 30°时的标记结果。

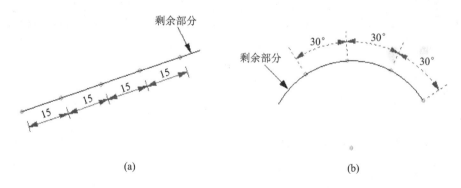

(a)　　　　　　　　　　　　　(b)

图 10 - 25　按指定长(角)度重复标记的结果

◎说明　按指定长(角)度重复标记也有对图形从哪一端开始标记或者按什么方向标记的问题,这个问题的处理规则完全同定距标记。

3. 其他标记方式

"定比"方式能将图形按指定的比例进行分段,并在每个分段点处显示标记点。

"先定距,再对剩余部分定份"方式先按"定距"方式对图形分段,然后对剩余部分再按"定份"方式进行分段,并在每个分段点处显示标记点。

"先定距,再对剩余部分定比"方式先按"定距"方式对图形分段,然后对剩余部分再按"定比"方式进行分段,并在每个分段点处显示标记点。

限于篇幅,本处不对这三种方式作详细介绍,请读者参考软件的电子版说明书《超级绘图王用户手册》11.2.5 节。

10.2.6 选项功能

使用"分段标记设置"对话框中一些选项可以实现额外的辅助功能。限于篇幅,本处对这些选项只作简要介绍,详细情况请读者参考软件的电子版说明书《超级绘图王用户手册》11.2.6 节。

1. 从中间同时向两侧标记

此选项将被标记的图形从中间分为两部分,然后从中点开始分别对两部分按指定的标记参数进行标记,如图 10 - 26 所示。

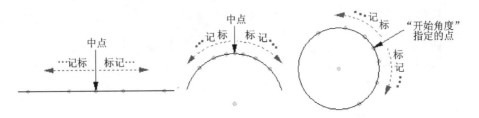

图 10 - 26 各类图形从中间向两侧标记的结果

2. 在标记点处截断直线

此选项将直线在每个标记点处被截断,标记后原直线变为多条短直线,每两个标记之间那一段都是一条独立直线。

3. 生成到对边的平行线

对矩形(包括倾斜矩形)进行标记时,使用本选项可以在每个标记点处附加生成一条从标记点到对边(矩形上与被标记边平行那一条边)的直线,如图 10 - 27 所示。

(a) 原始矩形　　(b) "生成到对边的平行线"　(c) "生成到对边的平行线"标记
　　　　　　　　标记的结果1(对上侧边使用)　的结果2(对上、左侧边使用)

图 10 - 27 "生成到对边平行线"的标记结果

4. 圆类图形的角度标记与半径标记

圆类图形(包括圆、圆弧、扇形、弦)在标记时可以选择标记角度或标记半径。如果选择标记角度,则将对圆弧部分按指定的角度进行分段标记;如果选择标记半径,则将对一条半径线按指定的长度进行标记。

在标记角度时,使用"生成圆心到标记点的半径线"选项可以在圆心与每个标记点之间生成一条直线,如图 10 - 28(a)所示。在标记半径时,使用"在标记点处生成同心圆"选项可以在每个标记点处生成一个与被标记图形同圆心的图形,如图 10 - 28(b)所示。

5. 设置新生成图形所在的层

不论是截断直线,还是生成到对边的平行线,或者生成半径线及同心圆,都要产生一些新生成的图形,这些新生成的图形位于哪个图层上是可以选择的(图层在 11.2 节介绍)。参见图

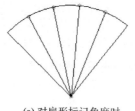

(a) 对扇形标记角度时　　　　　　　(b) 对扇形标记半径时

图 10 - 28　圆类图形的标记方式及辅助选项

10-24,窗口底部有两个选项:位于标记图形层和位于当前层。若选中前者,新生成的图形位于被标记图形所在的那个图层上;若选中后者,新生成的图形位于当前层上。

6."使用上次设置"按钮

如果连续两次标记之间,只是被标记的图形不一样,分段标记方式和标记参数完全一样,则第二次在"分段标记设置"对话框内不需要输入数据,直接单击"使用上次设置"按钮即可。软件将按照上次的标记设置对当前图形进行标记。

10.3　习　题

1. 与输入参数绘图相关的窗口有哪些? 各有何作用?
2. 如何移动参数提示窗与参数输入窗的位置?
3. 如何禁用键盘参数以简化软件界面?
4. 有哪两种坐标系,各有何特点? 各在什么时候使用?
5. 对用户坐标系完成以下设置:

坐标原点为(50,50),y 轴向上,间接实现坐标系刻度以米为单位。

6. 用鼠标拖动法如何调整用户坐标系的坐标原点?
7. 什么是相对坐标? 如何输入相对坐标?
8. 什么是相对角度? 如何输入相对角度?
9. 一个图形需要输入多个参数时,参数之间如何分隔?
10. 画直线时从键盘输入"20,30 ⮠@100,@90",表示什么意思?
11. 画矩形时从键盘输入"10,20 ⮠@80,@50",这个矩形的宽与高各为多少?
12. 画出如下直线。

① 两个端点分别在(10,30)与(50,70)。

② 从(20,30)开始,长度为 30 mm,直线的方向用鼠标确定。

③ 从(50,70)开始,长度为 20 mm,与水平线夹角为 30°。

13. 折线输入参数时,最后一个参数之后如何表示输入结束?
14. 画出如下矩形。

① 一对对角顶点分别在(20,20)与(80,90)处。

② 以(35,55)为一个顶点,宽 55 mm,高 45 mm。

15. 画出如下圆。

① 以(90,95)为圆心,半径为 50。

② 以(10,15)和(76,103)为直径。

③ 经过点(68,28)、(35,40)和(98,55)。

16. 在(70,20)处画一个点。

17. 画一条直线时,可以从键盘输入一个端点的坐标,然后用鼠标确定另一个端点的坐标吗?

18. 标记有何作用? 如何对图形做标记?

19. 如何删除标记点? 如何禁止标记点捕捉鼠标?

20. 可以按哪些方式对图形做标记?

21. 使用标记功能,如何将一条直线等分为三段(提示:使用"在标记点处截断直线"选项)?

22. 使用标记功能找出圆弧的四等分点。

23. 如何指出一条直线 10 mm 与 20 mm 处的位置?

24. 画出下面的图形(提示:先对直线 ab 按"1000:1500:1500:2000"进行定比标记)。

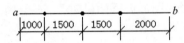

25. 画出图(a)所示的五角星(提示:先画一个辅助圆并对其五等分标记,如图(b)所示)。

  (a)   (b)

26. 利用标记功能画出下面的同心圆。

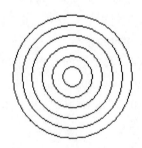

第11章 高级功能

11.1 复 制

11.1.1 概 述

复制就是根据已有的图形生成新图形。超级绘图王具有灵活而多样的复制功能,在5.3节中已介绍过其中的一部分,包括:按Ctrl键拖动复制、粘贴(也相当于复制)、平移复制(在平移图形时生成新的图形)、缩放复制(在缩放时生成新的图形)、旋转复制(在旋转时生成新的图形)等。这些都是比较简单的复制功能,虽然可以应对大多数绘图需求,但对某些特殊的复制需求用以上办法处理起来效率太低。超级绘图王另有一种"复制状态",进入这种状态后,可以进行快速、大量地连续复制操作。

复制状态的进入与退出由工具栏上的"复制"按钮控制,单击"复制"按钮一次,它会呈凹陷状态(见图11-1),这时就进入了复制状态。在复制操作结束之后,再单击"复制"按钮一次,它会由凹陷状态恢复为正常状态,就退出了复制状态。

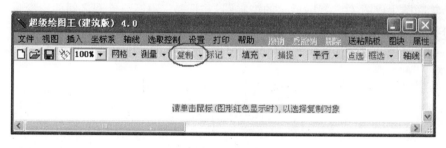

图11-1 工具栏上的"复制"按钮

进入复制状态后,具体进行哪种复制操作,由"复制"按钮的按钮菜单决定。单击"复制"按钮右侧的下三角按钮,会显示"复制"按钮的按钮菜单,如图11-2所示。"复制"按钮的按钮菜单共有六项,这六项是互斥的,某个时刻只能选中一项。用鼠标单击一个菜单后,可使其处于选中状态(选中状态的菜单项后面带有勾号),而同时取消其他项的选中状态。

图11-2 "复制"按钮的按钮菜单

11.1.2 定距偏移

1. 概 述

定距偏移就是在原图形的指定偏移距离处生成一个新图形。对于直线,新生成的图形与原直线等长且平行(两平行线间的距离为指定的偏移距离);对于矩形、圆、椭圆、圆弧、扇形、三角形等,新生成的图形比原图形大或者小,并且与原图形间的间隔为指定的偏移距离;对于点,新生成的图形与原图形同大小并且与原图形之间的距离为指定的偏移距离。图 11 - 3 所示为常用图形定距偏移后的结果(为了便于区分,定距偏移生成的图形用虚线表示)。

只能对直线、折线、点划线、矩形(包含倾斜矩形)、圆、椭圆、圆弧、扇形、点和三角形这 11 种图形进行定距偏移操作。注意多边形中,仅三角形支持定距偏移操作。

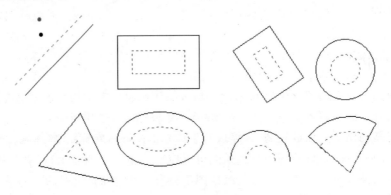

图 11 - 3 常用图形定距偏移后的结果

2. 操作步骤

图 11 - 4(a)是一个浴缸的的轮廓图,它由两条直线 K_1、K_2 和两段圆弧 C_1、C_2 构成。现想根据这个轮廓图生成图 11 - 4(b)所示的浴缸图,并且要求内圈与外圈之间的距离是 5 mm。

分析 因为内圈图形与外圈图形是相同的,并且二者要求具有指定距离,这正好可以使用定距偏移功能。下面以这一图形的绘制过程为例,介绍定距偏移的操作步骤。

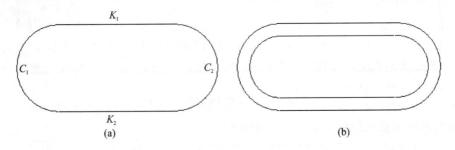

图 11 - 4 用定距偏移绘制的浴缸

操作步骤为:

① 用鼠标单击工具栏上的"复制"按钮,使其呈凹陷状,从而进入复制状态。

② 单击"复制"按钮右侧的下三角,在显示的按钮菜单(见图 11 - 2)中选择"定距偏移"。这时会弹出"偏移距离输入"对话框,如图 11 - 5 所示。在"偏移距离"文本框内输入"5",并单击"确定"按钮。

图 11 - 5 "偏移距离输入"对话框

注意 画面中还有一个"缩放系数"文本框,"偏移距离"文本框内输入的值要乘以"缩放系数"后才是真正使用的偏移距离。正常情况下缩放系数采用默认值 100％即可,这时"偏移距离"文本框内的值就是实际使用的值。当需要按比例绘图时,例如按实物 1％的比例绘图,可以在"缩放系数"文本框内输入"1"(表示 1％),然后在"偏移距离"文本框内输入实物尺寸,软件将这二者相乘可以算出图纸上的偏移距离,避免了人工由实物尺寸计算图纸尺寸的麻烦。

③ 移动鼠标到直线 K_1 上,K_1 会变为红色显示,单击鼠标(这次单击表示确认要对 K_1 进行定距偏移操作),这时鼠标指针底下会出现一条与 K_1 完全一样的新直线(红色虚线显示)。如果将鼠标移到 K_1 上方,则会发现新直线定位在 K_1 上方 5 mm 处;如果将鼠标移到 K_1 下方,则会发现新直线定位在 K_1 下方 5 mm 处。这是因为新直线位于 K_1 上方或下方时都满足与 K_1 平行且距离为 5 mm,即新直线的位置不是唯一的,需要用鼠标进行选择。将鼠标移到 K_1 的下方并单击,新直线定位在 K_1 下方。

④ 移动鼠标到直线 K_2 上,等 K_2 红色显示时,单击鼠标,鼠标指针底下出现一条与 K_2 完全一样的新直线。将鼠标移到 K_2 的上方并单击,新直线定位在 K_2 上方 5 mm 处。

⑤ 移动鼠标到圆弧 C_1 上,等 C_1 红色显示时,单击鼠标,鼠标指针底下出现一段新圆弧。将鼠标移到 C_1 的右侧并单击,新圆弧定位在 C_1 右侧 5 mm 处。

⑥ 移动鼠标到圆弧 C_2 上,等 C_2 红色显示时,单击鼠标,鼠标指针底下出现一段新圆弧。将鼠标移到 C_2 的左侧并单击,新圆弧定位在 C_2 左侧 5 mm 处。完成本步骤后,就得到了图 11 - 4(b)所示的图形。

⑦ 用鼠标单击工具栏上的"复制"按钮,使其由凹陷状态恢复为正常状态,从而退出复制状态。

✺**注意**　如果绘制一个圆角半径为矩形短边 50％的圆角矩形,那么一个圆角矩形就是图 11 - 4(a)所示的一个图形,也可以使用定距偏移功能生成图 11 - 4(b)所示的"浴缸"。

3. 同心圆的绘制

超级绘图王中有多种方法可以绘制同心圆。例如,① 用键盘输入参数画圆时对多个圆输入相同的圆心坐标以及不同的半径;② 在对圆标记半径时选中"在标记点处生成同心圆";③ 用下面要介绍的定距偏移法。这些方法各有千秋,其中定距偏移法的特点是圆的生成过程比较直观,也很容易控制同心圆的个数。

以图 11 - 6 为例,现想根据图 11 - 6(a)所示的基准圆生成图 11 - 6(b)所示的同心圆,并且要求各同心圆之间的间距为 4mm。操作步骤为:

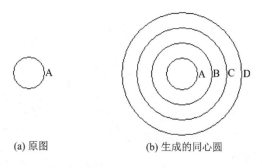

(a) 原图　　　　　　(b) 生成的同心圆

图 11 - 6　同心圆

① 用鼠标单击工具栏上的"复制"按钮,进入复制状态。

② 单击"复制"按钮右侧的下三角,在其按钮菜单中选择"定距偏移"。随后弹出"偏移距离输入"对话框,输入"4",并单击"确定"按钮。

③ 移动鼠标到基准圆 A 上,这时圆 A 会变为红色显示,单击鼠标,鼠标指针底下会出现一个新圆 B(红色虚线显示)。将鼠标移到圆 A 的外侧并单击,新圆 B 定位在圆 A 的外面。

④ 移动鼠标到刚才生成的新圆 B 上,等圆 B 红色显示时,单击鼠标,鼠标指针底下出现一个新圆 C。移动鼠标到圆 B 的外侧并单击,新圆 C 定位在圆 B 的外面。

⑤ 仿照第④步,对圆 C 生成其定距偏移图形圆 D。完成本步骤后,就得到了图 11－6(b)所示的图形。

⑥ 用鼠标单击工具栏上的"复制"按钮,使其"抬起",从而退出复制状态。

◎说明　除同心圆外,用定距偏移可以非常方便地实现等间距的系列平行线、等间距嵌套的矩形、椭圆、三角形等。

11.1.3 "基点→鼠标点"复制

1. 基点的概念

复制状态下的复制操作,除定距偏移外,其余操作都必须事先指定基点。基点是图形中的一个点,在复制时,这个点将对准到目标位置处。在图 11－7(a)中,矩形是要被复制的图形,K 是复制目标位置。假设以矩形的左上角顶点为基点,复制后,新矩形的左上角将位于 K 点处[见图 11－7(b),虚线矩形表示复制得到的矩形];若将基点改为矩形的中心,复制后,新矩形的中心将位于 K 点处[见图 11－7(c)]。

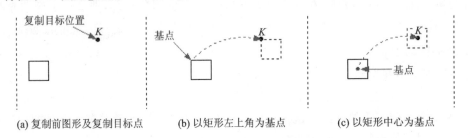

(a) 复制前图形及复制目标点　　　(b) 以矩形左上角为基点　　　(c) 以矩形中心为基点

图 11－7　基点在复制中的作用

◎说明　一般情况下,基点应位于图形之内,但允许将图形边界之外的点指定为基点。

2. "基点→鼠标点"复制操作步骤

在这种方式下,每单击一次鼠标进行一次复制,鼠标单击点就是复制目标点,复制生成图形的基点将对准在鼠标单击点处。下面通过一个实例来介绍"基点→鼠标点"复制的操作步骤。

图 11－8(a)中已绘制了一个倾斜矩形和一个圆,现想将圆复制到倾斜矩形的四个顶点以及倾斜矩形的中心处,得到如图 11－8(b)所示的图形,并且要求圆心准确对准到矩形四顶点及中心上。

操作步骤为:

① 用鼠标单击工具栏上的"复制"按钮,使其呈凹陷状,从而进入复制状态。

② 单击"复制"按钮右侧的下三角,在显示的按钮菜单中选择"基点→鼠标点"(见图 11－2)。

③ 指定被复制的图形。移动鼠标到圆上,待圆变为红色显示时,单击鼠标。这样,圆成为

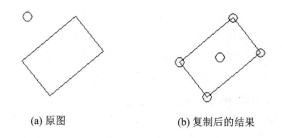

(a) 原图　　　　　　　　　　　　(b) 复制后的结果

图 11－8　"基点→鼠标点"复制示例一

被复制图形。

④ 指定基点。移动鼠标到圆心附近，当圆心处显示捕捉指示点时，单击鼠标，这样圆心被指定为基点。

⑤ 分别在倾斜矩形的四个顶点及中心处单击鼠标（利用鼠标捕捉，很容易地准确单击在这五个位置上），每单击一次，相应位置处出现一个圆，最后得到图 11－8(b)所示的图形。

⑥ 用鼠标单击工具栏上的"复制"按钮，使其由凹陷状态恢复正常，从而退出复制状态。

◎说明　　从第③步开始，在提示标签内都有下一步该怎么做的提示，请注意观察。

3. 针对多个图形进行复制

上面操作中，在进入复制状态前没有指定被复制图形，而是在第③步中用一次鼠标单击操作指定的。在这种方式下，由于只有一次单击鼠标的机会，所以被复制的图形只能是一个图形。"基点→鼠标点"复制也允许在进入复制状态前事先指定被复制的图形，方法是事先选取一定数量的图形（可以是多个），这些图形将作为被复制图形。下面给出这种方式的一个示例。

图 11－9(a)中已绘制了一个倾斜矩形和一个十字图形（两条短直线构成），现想将十字图形复制到倾斜矩形的四个顶点以及倾斜矩形中心处，得到如图 11－9(b)所示的图形，并且要求十字图形的中心准确对准到矩形四顶点及中心上。

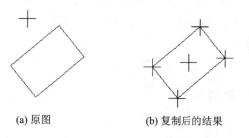

(a) 原图　　　　　　　　　　　　(b) 复制后的结果

图 11－9　"基点→鼠标点"复制示例二

操作步骤为：

① 选取构成十字图形的两条短直线。

② 用鼠标单击工具栏上的"复制"按钮，使其呈凹陷状，从而进入复制状态。

③ 单击"复制"按钮右侧的下三角，在显示的按钮菜单中选择"基点→鼠标点"。

④ 指定基点。移动鼠标到十字图形的中心附近，当显示捕捉指示点时，单击鼠标，这样十字图形的中心即被指定为基点。

⑤ 同上面示例中的第⑤步。

⑥ 同上面示例中的第⑥步。

4. 应用举例

下面再讨论一个建筑中的实例,以帮助读者进一步熟悉"基点→鼠标点"方式的应用。

图11－10(a)是某建筑物的结构图,现想将其改为图11－10(b)所示的形式。这个题目实际上要求在图11－10(a)的基础上补画很多黑色小方块,如果单独绘制每一个黑色小方块,既慢又难以保证所有黑色小方块大小一致,为此需要使用"基点→鼠标点"复制功能。

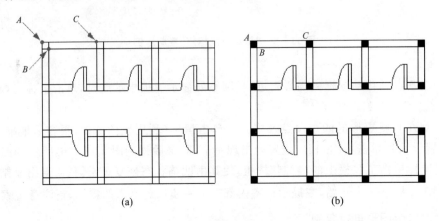

(a)　　　　　　　　　　　　(b)

图 11－10　某建筑物结构图

操作步骤为:

① 在 A、B 之间画出第一个黑色小方块(矩形)。绘制前需要设置线型为实线,线颜色为黑色,内部填充样式为实心,内部填充颜色为黑色。

② 单击工具栏上的"复制"按钮,并在按钮菜单中选择"基点→鼠标点"。移动鼠标到上面绘制的矩形上,待其变为红色显示时单击鼠标,将其选择为被复制图形。

③ 指定基点。移动鼠标到矩形的左上角(即 A 点)处,待显示捕捉指示点后,单击鼠标。

④ 移动鼠标到 C 点处,待 C 点上显示捕捉指示点后,单击鼠标,一个新的黑色小方块就绘制在了从 C 点开始的位置上。重复这一步,分别在每个需要填充小方块区域的左上角单击鼠标,就可以完成所有小方块的绘制。

⑤ 单击工具栏上的"复制"按钮,退出复制状态。

11.1.4　鼠标控制的批量复制

1. 概　述

图纸上的很多图形往往具有如下特性:多个相同的图形按一定规律排列为一组,这些组在不同的位置上重复出现,构成了整张图纸。比如,在楼房的图纸中,同一单元处从楼底到楼顶各层房间内几乎所有的物品(门、窗、配电设施、供水设施等)都在相同的位置上,区别只是相差一层楼的高度。这样,从楼底到楼顶同一房间内某个设施的全部图形可以视为一组,这个图形组在不同的单元之间重复,便构成了整幢楼的这个设施的图形。

带预置参数的"基点→鼠标点"复制方式专门用于处理上述情况,它是一种批量复制方式,每单击一次鼠标,就可以复制生成上述的一组图形,用户只需要针对顶层楼上的每个房间单击一次鼠标(用于定位设施在房间内的位置),整幢楼的设施就可以绘制完成。

在操作方式上,带预置参数的"基点→鼠标点"复制的操作过程完全同"基点→鼠标点"复制,只是前者在每次单击鼠标时,不是只生成一份原始图形(即被复制的图形)的副本,而是根据事先设置的参数生成多份有规则排列的原始图形的副本。因此,它可以非常方便地生成按阵列形式排列的大量图形。

2. 操作实例

图 11－11(a)是某住宅楼的有线电视系统的局部图,试绘制。

操作步骤为:

① 绘制代表 6 层楼的 6 条水平直线,用直线的自动重复绘制功能实现,绘制时的设置画面如图 11－12(a)所示。注意,假设楼层高度为 3 m,按 1%的比例绘制,各层楼的高度在图纸上对应为 30 mm,这就是画面中将"间隔距离"设置为 30 mm 的原因。

② 在各水平直线的左侧标注其所代表的层楼文字,然后画一条垂直且较粗的直线作为有线电视的主电缆。本步骤完成后,结果如图 11－11(b)所示。

③ 绘制出一户的电视配接系统,如图 11－11(c)所示。然后,选取这个单户电视配接系统的全部图形,用鼠标将其拖到绘图区的空白处。

④ 单击主窗口工具栏上"复制"按钮右侧的下三角按钮,在显示的按钮菜单中选择"基点→鼠标点(预置参数)..."(见图 11－2),软件会弹出"复制参数"对话框[见图 11－12(b)],将这一对话框中的各项参数设置为图 11－12(b)所示的状态,然后单击"确定"按钮关闭对话框。

◎说明1

a. 在图形要复制多份的情况下,需要通过"X 间距"指出相邻两份图形在宽度方向上的距离,通过"Y 间距"指出相邻两份图形在高度方向上的距离。

b. "X 间距"由两部分构成:特殊距离＋指定距离。

"特殊距离"在左侧的下拉列表框内选择,可以选择"图形宽度"或"无"。若选择"图形宽度",则 X 间距为"图形宽度＋指定距离"之和,这时"指定距离"指定的是两份图形之间的间隙大小。若选择"无",则 X 间距仅由"指定距离"决定,"指定距离"指出的是两个图形之间的绝对距离。

"指定距离"在右侧的文本框内输入,这个值以 mm 为单位(mm 不用输入),它要乘以"输入项缩放系数"后才是真正使用的距离。一般情况下,"指定距离"文本框内输入实物尺寸,而"输入项缩放系数"文本框内输入图纸比例(仅输入百分号之前的部分)。若想在"指定距离"文本框内直接输入图纸上的图形尺寸,则将"输入项缩放系数"设置为 100%即可。

c. "Y 间距"的构成情况同"X 间距",只是特殊间距部分的"图形宽度"改为"图形高度",其余完全相同。

◎说明2

a. 因为从一楼到五楼需要 5 份图形,所以将"单击鼠标时图形复制份数"设置为 5。

b. 这 5 份图形是左对齐的,故 X 间距要设置为 0(特殊距离为"无",指定距离为"0")。

c. 这 5 份图形在 Y 方向上相隔一层楼的高度,楼高为 3m,按 1%的比例绘制,故 Y 间距的特殊距离设置为"无",指定距离设置为"3000"mm,"输入项缩放系数"设置为 1%。

⑤ 用鼠标单击工具栏上的"复制"按钮,使其呈凹陷状,从而进入复制状态。

◎说明   本步与上一步的这两个动作也可以交换顺序,即先单击工具栏上的"复制"按钮,再选择"基点→鼠标点(预置参数)..."菜单并设置复制参数。

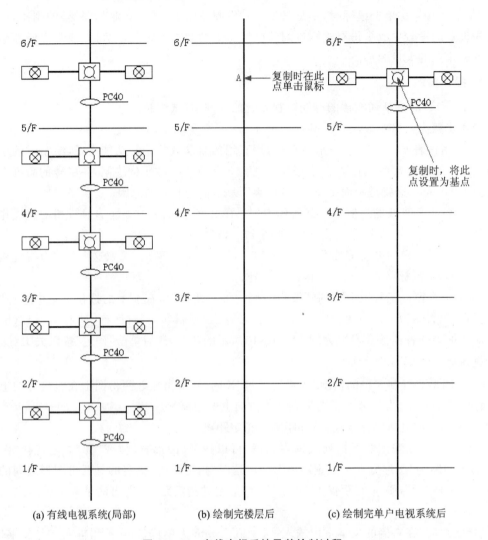

(a) 有线电视系统(局部)　　　　(b) 绘制完楼层后　　　　(c) 绘制完单户电视系统后

图 11-11　有线电视系统及其绘制过程

⑥ 指定基点,参考图 11-11(c),将鼠标移到中间那个配接箱图形的圆心处,待显示捕捉指示点后,单击鼠标,将圆心指定为基点。

⑦ 移动鼠标,一个垂直排列的 5 户电视系统图形就会跟随鼠标而移动,在图 11-11(b)所示的 A 点处单击鼠标,即得到图 11-11(a)所示图形。

⑧ 单击工具栏上的"复制"按钮,使其由凹陷状恢复正常,从而退出复制状态。

◎说明

a. 也可以不事先选取图形而直接进入复制状态,进入复制状态后,软件会首先提示指定被复制的图形,将鼠标移到需要复制的图形上,待其变为红色时,单击鼠标即可(只能指定一个图形作为被复制图形)。后续操作与上面的例子完全一样。

b. 带预置参数的"基点→鼠标点"复制功能可以实现图形的批量复制,图块的"重复绘制"选项也可以实现图形的批量绘制,这两者在使用时各有特点,其使用时机请读者参考软件的电子版说明书《超级绘图王用户手册》19.1.4 节,限于篇幅,本处不作详细介绍。

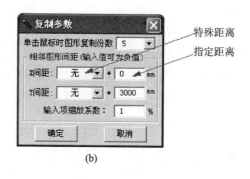

(b)

(a)

图 11 - 12　有线电视系统绘制过程中的操作设置

11.1.5　自动复制到标记点

在超级绘图王中,用户可以将图形自动复制到每一个标记点处,并且复制后图形的基点将对准在标记点上。工具栏上"复制"按钮的按钮菜单中有两个选项可以完成这一操作:"基点→标记点组(旋转)"和"基点→标记点组(不旋转)",这两者的操作方法是完全一样的,区别只是前者在复制图形的同时旋转图形,而后者不旋转。其效果对比如图 11 - 13 所示。

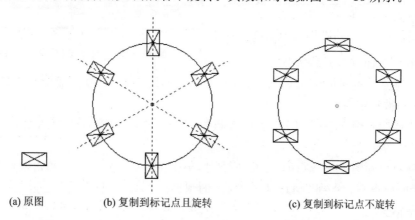

(a) 原图　　　　　(b) 复制到标记点且旋转　　　　　(c) 复制到标记点不旋转

图 11 - 13　旋转复制与不旋转复制的效果对比

限于篇幅,本处不对自动复制到标记点功能作详细介绍,请读者参考软件的电子版说明书《超级绘图王用户手册》19.1.5节。

11.1.6 沿指定路径等间距复制

有时候,需要将一批指定个数的图形均匀地、等间距地复制到一条直线路径上,这种操作可以用"基点→二鼠标点之间定份"复制功能实现。

1. 操作步骤

一次"基点→二鼠标点之间定份"复制的操作过程分为三步,即指定被复制图形→指定基点→指定复制路径(需要两次鼠标单击)。下面以实例来介绍其操作方法。

例11.1:图11-14(a)是一个圆(欲复制图形),现需要将它在图11-14(b)所示的路径(即直线AB)上均匀复制4份,达到图11-14(c)所示的结果。

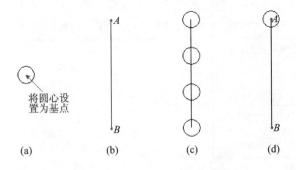

图 11-14 "基点→二鼠标点之间定份"复制操作示例

操作步骤为:

① 选取图11-14(a)所示的圆。

② 单击"复制"按钮右侧的下三角,在显示的按钮菜单中选择"基点→二鼠标点之间定份",软件弹出"复制份数"设置对话框,如图11-15所示。在"二鼠标点之间图形复制份数"下拉列表框内选择"4",然后单击"确定"按钮关闭对话框。

③ 用鼠标单击工具栏上的"复制"按钮,使其呈凹陷状,从而进入复制状态。

图 11-15 "复制份数"设置对话框

④ 指定基点。将鼠标移到图11-14(a)所示圆的圆心处,待显示捕捉指示点后,单击鼠标。这样圆心被指定为基点。

⑤ 移动鼠标到图11-14(b)所示的A点处,单击鼠标。注意,这一次单击操作指定的是图形复制路径的起点。

⑥ 移动鼠标到图11-14(b)所示的B点处,单击鼠标(注意,这一次单击操作指定的是图形复制路径的终点),就得到图11-14(c)所示的图形。

2. 相关说明

① 图形的复制路径只能是一条直线,通过操作过程中最后两次鼠标单击来指定其端点

位置。

② "基点→二鼠标点之间定份"复制操作是单次性操作,即一次复制操作完成后,会自动退出复制状态,同时工具栏上的"复制"按钮也会自动由凹陷状态恢复正常。

③ 可以不事先选取图形而直接进入复制状态,这时需要在进入复制状态后再指定被复制图形,具体操作见 11.1.3 节内"基点→鼠标点"复制部分的介绍。

④ "复制份数"设置对话框中有一个"复制方向"选项组,内有三个选项,含义如下:

· 自由:复制路径完全由两个鼠标单击点之间的连线决定。

· 水平/垂直/45°:将复制路径强制调整为水平直线、垂直直线或 45°直线之一,具体取决于两个鼠标单击点之间的连线更接近于哪种类型的直线。

· 指定角度:将复制路径强制调整为指定角度的直线,选择这个选项时,需要在其右侧的文本框内输入路径直线的角度(角度的具体格式见 2.1.3 节的介绍)。

3. "不在第一鼠标点处生成图形"复选框

图 11 - 15 中有一个"不在第一鼠标点处生成图形"复选框,当它被选中时,复制路径的起点(即第一鼠标单击点)处将不生成图形。这一选项非常有用,下面分析其使用场合。

假设要生成图 11 - 14(c)所示的图形,但用户已将第一个圆画在了复制路径的起点处,即已有图 11 - 14(d)所示的图形。这时,用户只需要再复制出三份图形,就能变为图 11 - 14(c)所示的状态。为了保证新复制出的三份图形与已位于 A 点处的那份原始图形能沿直线 AB 均匀分布,用户要将复制路径指定为直线 AB,但 A 点处不能复制上图形,复制出来的图形只能位于 A、B 之间的两个三等分点和路径末点(即端点 B)处。勾选"不在第一鼠标点处生成图形"复选框就可以满足这一要求。

例 11.2:已有图 11 - 14(d)所示的图形,复制生成图 11 - 14(c)所示的结果。

操作步骤为:

① 单击工具栏上"复制"按钮右侧的下三角,在显示的按钮菜单中选择"基点→二鼠标点之间定份",软件弹出"复制份数"设置对话框(见图 11 - 15)。在"二鼠标点之间图形复制份数"下拉列表框内选择"3",勾选"不在第一鼠标点处生成图形"复选框,然后单击"确定"按钮关闭对话框。

② 用鼠标单击工具栏上的"复制"按钮,使其呈凹陷状,从而进入复制状态。

③ 软件提示指定被复制的图形。移动鼠标到图 11 - 14(d)中的圆上,待圆变为红色显示时,单击鼠标。这样,圆成为被复制图形。

④ 软件提示指定基点。将鼠标移到图 11 - 14(d)中的 A 点处(这个点就是圆心),待显示捕捉指示点后,单击鼠标。这样圆心被指定为基点。同时,基点自动也是复制路径的起点。

⑤ 软件提示指定复制路径的终点,移动鼠标到图 11 - 14(d)中的 B 点处,单击鼠标,就得到图 11 - 14(c)所示的图形。

💿说明

a. "基点"同时兼作复制路径的起点,不需要再单独指定复制路径的起点。

b. 本例也同时示例了事先不选择图形,在进入复制状态后再指定被复制图形时的操作过程。

11.2　图　层

11.2.1　概　述

图层(简称为层)是一个容器,用来存放图形。实际上,每个图形都必须属于某一个图层。不同图层上的图形垂直向下投影,投影叠加的结果就是用户所看到的图纸,如图 11-16 所示。图层的重叠顺序非常重要,因为投影叠加时上面图层内的图形将遮挡下面图层内的图形。图 11-16 是第 0 层在上,第 1 层在下时的投影结果。如果交换这两个图层的重叠顺序,将得到图 11-17 所示的投影结果(注意,三角形遮挡了椭圆)。

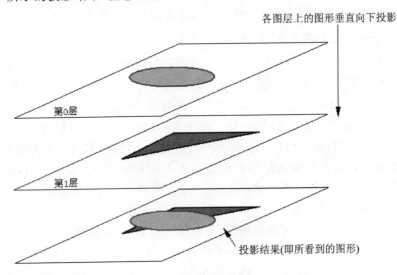

图 11-16　图层示意图

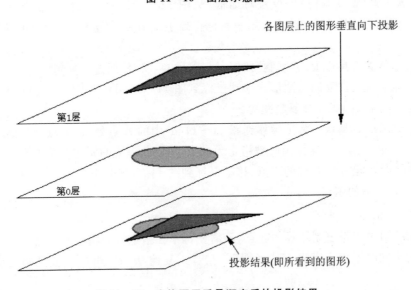

图 11-17　交换图层重叠顺序后的投影结果

图层的重叠顺序是可以任意改变的,这样就可以随意改变不同图层上图形的遮挡关系。一个图层还可以设置为不可见,这时这个图层上的所有图形都将被隐藏。一个图层上的图形还可以强制指定用某一种颜色显示,这样就可以突出显示某一部分图形。

在实际应用中,图层是组织和管理图形的有力工具,尤其是当图纸中的图形较多时。例如,一张图纸上既有房屋的平面图(墙、门、窗等),又有电气线路及设备(插座、灯等)、管道及设备(水管、洗手盆等)时,图纸将显得很乱,这时用户可以将这些图形分别绘制在三个图层上:平面图部分放到一个平面图图层上,电气部分放到一个电气图层上,管道部分放到一个管道图层上。这样,在分析平面图时,可以隐藏电气图层和管道图层;而分析电气部分时,则可以隐藏管道图层并用特殊颜色显示电气图层上的图形;分析管道部分时,则可以隐藏电气图层并用特殊颜色显示管道图层上的图形;三部分都分析时,则可以调整图层的重叠顺序以决定哪个图层显示在最上面。

11.2.2　设置图层

图层的管理由工具栏上的"图层"下拉列表框完成,如图 11 - 18 所示。一个新文档建立后,其自动拥有了 10 个图层,这 10 个图层的默认名字是"第 0 层"～"第 9 层",如图 11 - 18 所示。

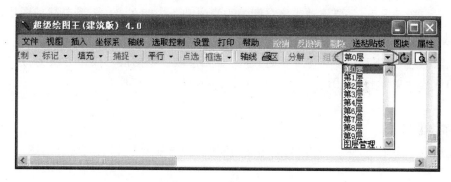

图 11 - 18　"图层"下拉列表框

图层列表框内当前选中的图层称为"当前层",图 11 - 18 中第 0 层就是当前层。任何新绘制的图形,都自动属于当前层。由于新文件创建后,默认第 0 层为当前层,所以若不切换当前层,所有绘制的图形都位于第 0 层上。

在图 11 - 18 所示的"图层"下拉列表框中,用鼠标单击一个新项(如"第 1 层"),这个新项就被设置为当前层,以后再绘制的图形都自动属于这个图层。

11.2.3　管理图层

单击图 11 - 18 中"图层"下拉列表框的最后一项"图层管理...",将调出"图层管理"对话框,如图 11 - 19 所示。图层的所有管理功能都由这个对话框完成。

1. 新建图层

如果默认的 10 个图层不够用,则可以再新建图层。单击"新建图层"按钮,将弹出对话框要求输入新图层的名字,输入名字(图层的名字可由用户任意确定,只要不与已有的图层重名即可)并单击"确定"按钮,新图层就会自动创建。

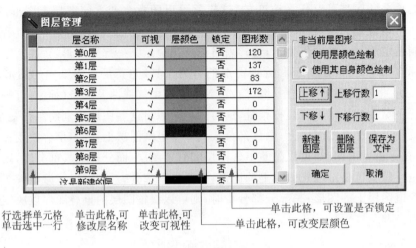

图 11－19　"图层管理"对话框

❋**注意**

① 最多可以有 255 个图层。

② 新创建的图层将显示在最后一个图层的后面,图 11－19 中"这是新建的层"就是新创建的图层。一般情况下,需要拖动表格右侧的垂直滚动条才能在表中看到新建的图层。

2. 选取图层

在删除图层、上下移动图层等操作时,都需要先选取一个图层。操作方法为:用鼠标在某个图层的行选择单元格(见图 11－19)内单击。被选取的图层所在的行背景颜色将变为深蓝色。

3. 删除图层

首先选取一个图层,然后单击"删除图层"按钮。图层删除后其上面所有的图形将一起被删除。

4. 改变图层的遮挡顺序

图 11－19 中表格内图层的排列顺序也就是图层的投影顺序,显示在表格前面的图层在投影时将位于底部,而后面的图层将位于顶部。即"第 0 层"是投影时最底下的图层,"第 1 层"位于"第 0 层"之上,"第 2 层"位于"第 1 层"之上,依次类推,将所有图层上的图形投影到绘图区上后,就是所看到的结果。

可以调整表格中图层的排列顺序,以改变图形的遮挡关系。首先选取一个图层,然后单击"上移"或"下移"按钮,就可以使其在表格中的位置上移或下移。默认情况下,每次上移或下移一行,但可以在"上移行数"或"下移行数"内输入其他的值,从而控制一次单击"上移"或"下移"按钮时移动多行。

5. 改变图层的名称

用鼠标单击"层名称"列内的一个单元格,这个单元格的内容就处于可编辑状态,直接在单元格内输入新的图层名称即可。

6. 改变图层的可视性

一个图层可以设置为可视或不可视。若设置为不可视,则这个图层上所有的图形均不可见。用鼠标单击"可视"列内的一个单元格,这个单元格的内容就会在"√"与"×"之间切换。设置为"√"表示这个图层可视,设置为"×"表示这个图层不可视。

不可视图层上的图形仍然是存在的,当这个图层由不可视改为可视后,这些图形又会显示出来。

7. 锁定图层

可以对一个图层进行"锁定"操作,锁定后这个图层上的图形能正常地显示和打印,但不能被选取和修改。当某个图层上的图形绘制完后,为了防止被误修改,用户经常将其锁定。

用鼠标单击"锁定"列内的一个单元格,这个单元格的内容就会在"是"与"否"之间切换。设置为"是"表示这个图层被锁定,设置为"否"表示这个图层不锁定。

8. 设置图层颜色

一般情况下,用户所绘的图形都要求是黑色的,当绘制了很多图形并将其分配在多个不同的图层上后,用户会发现,很难分清某一个图形是来自于哪个图层上的(因为所有图层上的图形都是黑色的),或者说搞不清楚哪些图层上有哪些图形。

图层颜色用来解决上述问题,对每一个图层,都可以指定一个图层颜色。对于当前图层,图层颜色无用,其上面的图形总是使用图形自身的颜色来绘制;对于非当前图层,可以设置其上面的图形使用图层颜色或者使用图形自身颜色来绘制。若设置使用图层颜色来绘制(这时图形自身的颜色暂时失效),并且设置不同图层的图层颜色不一样,则很容易分辨出某个图形位于哪个图层上。

非当前图层上的图形使用其图层颜色来绘制不是强制的,取决于图 11-19 中"非当前层图形"选项组内的设置。若选择"使用其自身颜色绘制"单选按钮,则图层颜色不起用,仍然使用图形本身的颜色绘制。

图层颜色的设置方法很简单,在图 11-19 中,用鼠标单击"层颜色"列内的一个单元格,这个单元格内就会显示下拉列表框,从下拉列表框内列出的颜色中选择一种颜色即可。

9. "图形数"列

在图 11-19 中,"图形数"列是一个提示信息列,它显示了某个图层上当前有多少个图形。这个列的内容不可修改。当要删除一个图层时,通过这个列可以知道有多少个图形将被跟随删除。

10. 将图层内容保存为文件

可以将一个图层的内容单独保存为一个文件,方法为先在图 11-19 中选取要保存的图层,然后单击"保存为文件"按钮。

◎说明　当文件结构很庞大时,将各层内容分别保存为单独的文件,将便于文件的修改。最后,可以使用文件合并功能(见 1.4.2 节的介绍)将分层的文件合并成一个大文件。

11.2.4　其他相关问题

1. 所属图层提示

当选取了一个图形后,工具栏最右侧会显示一个提示框,指出这个图形属于哪个图层,如图 11-20 所示。

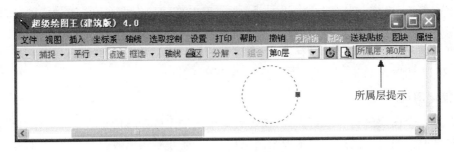

图 11 - 20　所属图层提示

2. 图层间移动图形

要将图形从一个图层移到另一个图层上,有两种方法实现:

① "剪切/粘贴"法。先选取需要改变图层的图形,对其进行"剪切"操作,然后将需要接收图形的图层设置为当前图层,再进行"粘贴"操作。

注意　图形被"粘贴"进来后,自动属于当前图层。

② 属性窗口法。先选取需要改变图层的图形,然后单击主窗口右上角的"属性"菜单,调出图形属性窗口,如图 11 - 21 所示。图 11 - 21 中的"图形所在层"下拉列表框内显示的是被选取图形目前所属的图层,只要在这一列表框内选择一个新的图层,所选图形的所属图层就被改变为新选择的图层。

注意　这一操作会清除全部的撤销与反撤销信息。

3. 仅从当前层选取

用鼠标单击"选取控制"|"仅从当前层选取"菜单,使其前面带上勾号,则以后选取图形时只能从当前图层上选取,

图 11 - 21　图形属性窗口

其他图层上的图形不会被选取,这可防止其他图层上的图形被误选取(相当于将除当前层以外的所有图层暂时锁定)。若再次单击这个菜单,则其前面的勾号会去掉,其他图层上的图形又可以被选取和编辑了。另外,图形选取工具栏上也有相同的选项。

4. 对撤销操作的影响

任何图层操作(切换图层、管理图层)都会导致"撤销"和"反撤销"信息丢失,即以前的操作将不能再通过"撤销"操作来退回。

在进行图层操作前的所有操作,软件都支持无限步撤销,但这会浪费一定的内存来记录相应的撤销信息。当以前的操作已经确认并不需要再撤销时,可以通过切换一次图层(然后切换回来)来清除掉无用的撤销信息。

5. 应　用

图层作为图形的组织工具,主要用于对图形进行分类管理,但也有一些其他用处,比如作为辅助图形的载体。在 AutoCAD 中,辅助定位主要依靠在一个辅助图层上画一些辅助图形来实现,但超级绘图王中有专门的辅助定位功能,仅在特殊情况下才使用在辅助图层上画辅助图形的方法来进行辅助定位。

限于篇幅,本处不对此作详细介绍,详细情况请读者参考软件的电子版说明书《超级绘图王用户手册》19.4.4 节。

11.3　局部放大、文字平行与测量

11.3.1　局部放大

1. 概　述

在绘制图形的细部时,需要对图纸放大显示。一般情况下,这个问题可通过选择一个较大的显示比例来解决。有时,改变显示比例法也有一些不方便之处:改变显示比例后,默认将图纸的左上角显示在窗口的可视区内,用户需要再反复拖动滚动条,才能将需要绘制细部的那部分图形移到窗口可视区内。另外,对于大图纸,也不支持太大的显示比例。

自超级绘图王 4.0 版开始,软件提供了"局部放大状态",可以更好地实现对图纸细部的放大显示。在这一状态下,可将用户指定的一块区间内的图形(一般是要绘制细部的那部分图形,以及其周围必要的参考图形)放大至正好填满整个绘图区的可视空间,如图 11-22 所示。

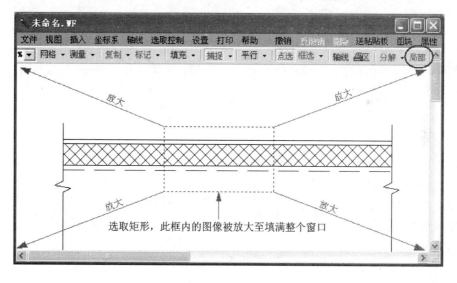

图 11-22　局部放大状态示意图

2. 操作步骤

使用局部放大功能的操作步骤为:

① 调整好超级绘图王主窗口的大小(尽可能让主窗口大一些,这样其内部的可视区就大一些,不用拖动滚动条就能显示比较大的图纸面积)。然后拖动主窗口上的滚动条,使图纸中需要绘制细部的那一部分图形显示在主窗口的可视区内。

② 单击工具栏上的"局部"按钮(见图 11-22),使其呈凹陷状态,这样就进入了局部放大状态。然后在需要放大显示的那部分图形的左上角处按下鼠标左键并拖动到这部分图形的右下角,再松开鼠标,拖动的起点到终点之间将形成一个选取矩形(见图 11-22),被选取矩形包围的那部分图形就会被放大,软件自动选择合适的显示比例,将这部分图形放大到正好能填满

整个绘图区的可视部分。

③ 绘制图形的细节部分。

※**注意**　局部放大状态与选择一个较大的显示比例本质上是一样的,只不过这时由软件自动确定了一个合适的显示比例并且使用户不用拖动滚动条就能正好看到自己想要看的那一部分图形。所以,在这个状态下用户可以进行任何操作。

④ 当图形不再需要放大显示时,再次单击工具栏上的"局部"按钮,使其由凹陷状态恢复为正常状态,这样就退出了局部放大状态,图纸的显示比例自动恢复为进入局部放大状态之前的显示比例。

3. 在详图绘制中的应用

在建筑或其他行业的图纸中,常常需要将在其他图纸中表达不清楚的细部构造,用较大的比例绘制出来,这就是详图。详图如果独立地画在一张图纸上,或者虽然与主图位于同一张图纸上,但它位于一块独立的区域内,这样的详图绘制方法和普通图形完全一样。如果详图是直接从主图上引出的(引出式详图),这样的详图绘制起来要麻烦一些。图 11-23 所示是 700 型彩钢板咬口细部节点图,图中两处细部详图是直接从主图上引出的,这种详图在绘制时要组合使用"局部放大状态"和"复制剪裁周围图形"两项功能。

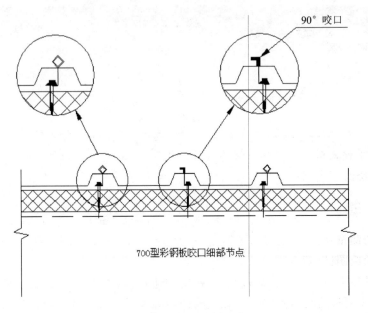

图 11-23　700 型彩钢板咬口细部节点图

限于篇幅,本处不对这张图的绘制过程作具体介绍,此图的详细绘制步骤请读者参考软件的电子版说明书《超级绘图王用户手册》19.5.2 节。

11.3.2　文字平行

文字平行是一项比较简单的功能,但非常实用。文字平行操作可以让已绘制的文字自动与其附近的某一条直线平行。以图 11-24 为例,图 11-24(a)中三条尺寸线上的文字都是水平放置的,通过文字平行功能,可以让其自动与尺寸线平行,达到图 11-24(b)所示的效果。

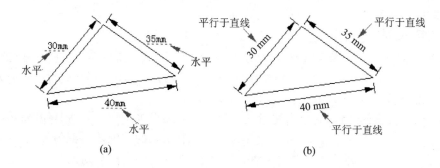

图 11 - 24　文字平行

　　文字平行功能除了能让文字与其附近的直线平行外,还能"顺便"让文字与其附近的直线在长度方向上进行对中,以及在高度方向上保持特定的距离(平行距离),这样就可以让一批文字的位置快速格式化。以图 11 - 25 为例,图 11 - 25(a)中相对标高上文字的位置比较混乱,通过文字平行功能,可以将其快速格式化为图 11 - 25(b)所示的状态。

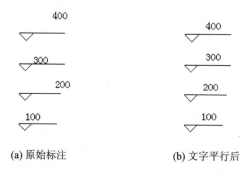

图 11 - 25　相对标高文字的快速规格化

　　限于篇幅,本处未对文字平行操作的操作方法作具体介绍,详细情况请读者参考软件的电子版说明书《超级绘图王用户手册》19.2 节。

11.3.3　测　量

　　使用软件的测量功能,可以实现多种信息的测量,如测量点的坐标、两点之间的距离、两条直线的夹角以及绘图区内某点的颜色。

　　主窗口工具栏上有一个"测量"按钮,单击它一次,使其呈凹陷状态,这时就进入了测量状态,在测量状态下可以进行测量操作。在测量操作结束后,再单击一次"测量"按钮,它会由凹陷状态恢复为正常状态,就退出了测量状态。

　　在测量状态下实际进行的测量项目,由"测量"按钮的按钮菜单(见图 11 - 26)决定,后面带勾号的菜单表示选中的测量项目。

　　限于篇幅,本处不对测量操作的操作方法作具体介绍,详细情况请读者参考软件的电子版说明书《超级绘图王用户手册》19.3 节。

图 11 - 26　"测量"按钮的按钮菜单

11.4 布局与定位

11.4.1 概 述

对于一个较复杂的图形,一般首先对几个标志性的图形进行定位并将其绘制出来,其他图形再参照这几个标志性图形的位置进行绘制,这样绘制出来的图纸才比例匀称、版面合理。例如,要绘制设备施工图,需要先将房间的墙绘制出来(即平面图),然后对水管、电线等设备参照墙的位置再进行绘制。

图形绘制结束后,标志性图形可能最终保留在图纸上,也可能需要删除。如果是后者,则标志性图形在绘图过程中只起参照物的作用,绘制结束后又有怎样快速将这些图形删除的问题。超级绘图王内提供了多种手段,既可以快速绘制,又可以快速删除标志性图形。

布局工作就是对标志性图形进行定位的过程,可用如下几种手段实现。

1. 轴线及辅助轴线

在建筑图纸中,轴线及辅助轴线是最主要的辅助定位手段,将在第 15 章中专门讨论。轴线用于建筑物房间一级的定位,它能精确地指出各房间的位置。辅助轴线用于房间内物品的定位,它可以精确地指出房间内门、窗等物品的位置。

2. 辅助线

辅助线是显示在绘图区内的一些直线,其位置可由用户指定,并且可以旋转。用户可以使用辅助线将绘图区划分为若干区间,从而便于安排图形的位置。还有一种辅助线是局部辅助线,用于将一个局部区间任意划分,从而为局部区域内的图形提供定位。

3. 网 格

网格功能可以将绘图区的局部区域划分为若干小方格。小方格的大小可以由用户定义,并且网格可以旋转。参照这些小方格,用户可以很容易地安排图形的大小与比例。

4. 标 记

标记是显示在屏幕特定位置处的记号,它是非常重要的局部辅助定位手段,已在 10.2 节专门介绍。

5. 标 尺

标尺是显示在屏幕上的尺子,通过标尺可以提供直观的图形位置及尺寸、角度信息。标尺有水平标尺、垂直标尺和圆形标尺三种。水平标尺和垂直标尺已在 2.9.4 节作了介绍,圆形标尺在本章内介绍。

6. 图 层

使用图层功能可以将图形分层,并且自由控制每一层上的图形显示或不显示。图层本身没有任何布局作用,但为组织和管理辅助定位图形提供了方便。通常将辅助定位图形单独放置在一个图层上,而将真正要绘制的图形放置在另一个图层上,打印时将辅助定位图形所在的那个图层删除或设置为不可见,从而起到快速删除或隐藏辅助图形的作用。图层已在 11.2 节介绍。

7. 底　图

底图就是底部图片,也称为背景图片。就是将一张有参考价值的图片插入到超级绘图王内,然后以类似于手工描图的方式,在图片上"描绘"用户要想的部分(或者参照图片的指示信息来协助定位欲画的图形),最后删除这张作为参考的图片。

例如,要直接绘制长江、黄河的形状,或者按较为准确的比例绘制各个省会城市的位置,都是非常困难的。但是,如果找到一张电子版的中国地图,将其插入到软件内再参照绘制,则是一件非常简单的工作了。

为了支持这种定位方式,软件中对插入的图片可以任意缩放并可以对其锁定(即禁止选中图片,以免在其上描图时误对图片进行操作)。具体操作参见 13.1.2 节介绍。

11.4.2　全局辅助线

辅助线是一种辅助定位工具,有全局辅助线与局部辅助线之分。本处简要介绍全局辅助线。

全局辅助线是一些直线,它们显示在绘图区的指定位置处,将整个绘图区划分为若干个区域,以提供全局性的图形布局与定位参考。

全局辅助线包括全局水平辅助线和全局垂直辅助线两类,它们可以分别建立和管理,互不影响。图 11-27 所示是显示水平全局辅助线后的显示结果。

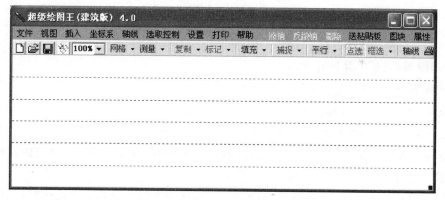

图 11-27　全局水平辅助线

全局辅助线显示后,可以进行移动、旋转、倾斜、删除与隐藏等操作。

轴线与全局辅助线都是重要的布局与定位工具,但其特点及使用场合不同:生成轴线时需要提供实物尺寸和图纸比例,而全局辅助线是直接对绘图区(相当于图纸)进行划分,与实物尺寸无关。这样,轴线更倾向于对实物按比例绘图,而全局辅助线更倾向于对图纸的版面进行划分和安排。

限于篇幅,本处不对全局辅助线的操作方法作具体介绍,详细情况请读者参考软件的电子版说明书《超级绘图王用户手册》13.2.1 节。

11.4.3　局部辅助线

1. 概　述

与全局辅助线对整个绘图区进行划分不同,局部辅助线用于对绘图区的某个局部区域进行划分,以便为这个区域内的图形绘制提供位置参考。局部辅助线不要求必须是直线,而允许是可以绘制的多种图形。能作为局部辅助线的图形有直线、折线、矩形、圆、圆弧、扇形、点、点划线。

2. 建立局部辅助线

局部辅助线不能直接建立,而只能由图形转换而成,使用步骤为:绘制图形→选取图形→转换为局部辅助线。最后一步"转换为局部辅助线"操作有如下两种方法实现。

① 单击固定工具栏上的"局部辅助线"按钮❀(见图11-28)。

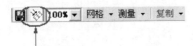

"局部辅助线"按钮,可将选中图形转换为局部辅助线

图11-28 "局部辅助线"按钮

② 先调出"局部辅助线"工具栏,然后单击"局部辅助线"工具栏上的"将选中图形转换为局部辅助线"按钮,如图11-29所示。

图11-29 "局部辅助线"工具栏

❀**注意** 一张图纸上,可以建立多组局部辅助线。

3."局部辅助线"工具栏的调出

"局部辅助线"工具栏的调出方法有四种:

① 选择"视图"|"局部辅助线"菜单。

② 在固定工具栏的"局部辅助线"按钮❀上单击鼠标右键。

③ 在固定工具栏右侧空白处(没有按钮的位置上),单击鼠标右键,从弹出的右键菜单中选择"局部辅助线工具栏"。

④ 在无操作状态下在绘图区内单击鼠标右键,从弹出的右键菜单中选择"局部辅助线工具栏"。

4. 局部辅助线的管理

局部辅助线建立后,只能进行删除或隐藏操作,这些操作都是通过"局部辅助线"工具栏来完成的。

"删除首组"、"删除末组"和"全部删除"按钮分别用于删除第一组、最后一组和全部局部辅助线。若在"隐藏局部辅助线"复选框内打上勾号,则会隐藏所有的局部辅助线,局部辅助线隐藏后不显示也不能捕捉鼠标。去掉"隐藏局部辅助线"复选框内的勾号又会取消对局部辅助线的隐藏。

5. 应用实例

要求:绘制如图11-30所示的弧形楼梯。

📐**分析** 弧形楼梯不是现成的图形,不能直接绘制出来,需要借助于一些辅助措施才能绘制出来。

操作步骤为：

① 画两个同心圆［见图 11 - 31(a)中的两个圆］。

② 单击工具栏上的"标记"按钮，进入标记状态，移动鼠标到外面
的同心圆上，待圆变为红色显示时，单击鼠标，弹出图 11 - 32 所示的
"分段标记设置"对话框。进行如下设置：分段标记方式选择"定份"，
分段标记参数输入"60"，开始角度输入"0"，选择"标记角度"，勾选"生
成圆心到标记点的半径线"，最后单击"确定"按钮。然后单击工具栏
上的"标记"按钮，退出标记状态。单击"标记"按钮右侧的下三角，从列出的按钮菜单中选择
"删除所有标记"，将标记点删除，得到如图 11 - 31(a)所示图形。

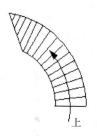

图 11 - 30　弧形楼梯

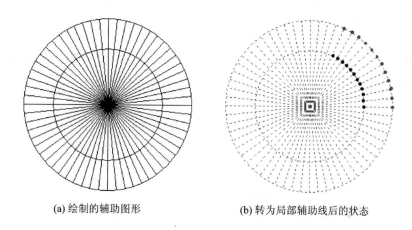

(a) 绘制的辅助图形　　　　　(b) 转为局部辅助线后的状态

图 11 - 31　弧形楼梯的绘制过程

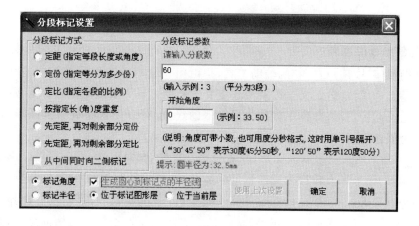

图 11 - 32　"分段标记设置"对话框

③ 选取图 11 - 31(a)中的所有图形，单击工具栏上的"局部辅助线"按钮，已选取的图形
就变为局部辅助线，如图 11 - 31(b)所示。注意，局部辅助线总是用暗红色虚线显示。

④ 参考图 11 - 31(b)，将位于同一半径线上的两个点之间画上短直线，就构成了楼梯的台
阶部分。再画上两侧的圆弧与中间的方向指示圆弧(带箭头圆弧)。

⑤ 整个弧形楼梯绘制完后,右键单击工具栏上的"局部辅助线"按钮 ✴,调出"局部辅助线"工具栏,单击里面的"全部删除"按钮将局部辅助线删除。

◎说明

① 本例重在说明局部辅助线的操作步骤,弧形楼梯其实还有更简单的办法绘制,那就是用"剪刀"直接针对图 11 - 31(a)中的半径线沿里面的同心圆进行剪断,然后删除位于里面同心圆内的部分。

② 局部辅助线有非常广泛的应用,特别是配合"标记"功能对辅助图形进行精确分割后,再转换为局部辅助线,可以构建多样化的参考坐标系,以便于处理那些"异型"的图形。例如,要绘制图 11 - 33(a)所示的无线电传播图,可以先画一个大圆并对其标记半径(同时选中"在标记点处生成同心圆")和标记角度(同时选中"生成圆心到标记点的半径线"),就得到图 11 - 33(b)所示的结果,再将其选取并转换为局部辅助线,就得到图 11 - 33(c)所示的结果。参照局部辅助线网可以很容易地画出一个方向上的同心圆弧系列,然后将这个圆弧系列选取并旋转两次(旋转时要勾选"旋转生成新图形"),就得到图 11 - 33(a)所示的图形。最后,删除所有的局部辅助线。

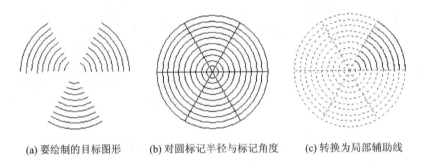

(a) 要绘制的目标图形　　(b) 对圆标记半径与标记角度　　(c) 转换为局部辅助线

图 11 - 33 "无线电"图形及其绘制步骤

6. 局部辅助线的意义

局部辅助线属于"用户自制"的辅助工具,是由用户绘制的图形转换而成的辅助工具。它的主要特点是允许用户"自定义",以解决预定义的辅助工具无法满足的特殊绘图需求。

用户自己绘制的图形,即使不转换为局部辅助线,也可以作为绘制后续图形时的参考,但这样存在三个问题:

① 直接在辅助图形上绘制新图形,二者会相互重叠,画面很乱,最后很难分清哪是辅助图形,哪是新绘制的图形。而转换为局部辅助线后,局部辅助线用特殊的颜色及线型显示,非常容易辩认。更重要的是,局部辅助线总是位于最底层,它永远不会遮挡图形,而只允许图形遮挡它。

② 直接在辅助图形上绘制新图形后,如果要修改新图形,则在选取时经常会误选中其周围的辅助图形;但若转换为局辅助线,则没有这个问题,因为局部辅助线不可选取。

③ 直接在辅助图形上绘制新图形后,辅助图形与新图形"搅"在一起,最后无法将辅助图形"挑"出来删除。若转换为局部辅助线,则可以方便地按组删除。

以上问题,也可以通过图层解决,但远不如使用局部辅助线解决方便。

11.4.4　直线分割辅助线

　　直线分割辅助线用于对直线进行分割。以图 11－34 为例,图中 AB 是一条直线,而 K_1、K_2、K_3、K_4 是直线 AB 的分割辅助线。在创建这组分割辅助线时,用户只需要输入三个尺寸"10,20,30",软件就能在直线 AB 上精确地按比例创建相应的分割辅助线。

　　直线分割辅助线有很多用处,尤其在钢结构图纸中应用最频繁,因为钢梁(特别是厂房屋架上的钢梁)经常是倾斜的,梁上的构件在定位时,使用直线分割辅助线非常方便。

　　限于篇幅,本处不对直线分割辅助线的操作方法作具体介绍,详细情况请读者参考软件的电子版说明书《超级绘图王用户手册》13.2.3 节。

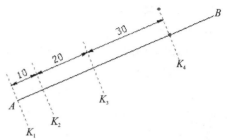

图 11－34　直线的分割辅助线

11.4.5　网　格

　　超级绘图王允许在绘图区的任意位置上显示一段自定义大小的网格(见图 11－35),以便辅助绘图。

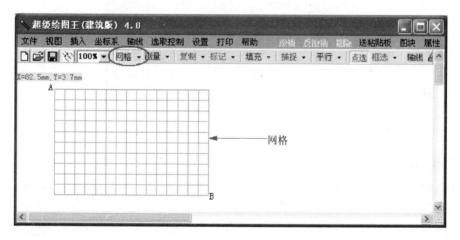

图 11－35　网　格

1. 定义网格

网格在定义后才能显示,定义网格的操作步骤为:

　　① 单击工具栏上的"网格"按钮,使其呈凹陷状态(也称为按下状态)。

　　② 单击"网格"按钮右侧的下三角,会显示"网格"按钮的按钮菜单,如图 11－36 所示。选择一种网格间距(用鼠标单击"1 mm"至"自定义"之间的一个选项,默认值为 4 mm)。本步与上一步也可以交换顺序。

　　③ 在绘图区内移动鼠标,有一小段网格将跟随鼠标而移动(这表示已处于网格定义状态),在需要显示网格的起点和终点处(如图 11－35 中的 A、B 两点处)分别单击鼠标,一段网格就定义完成。

2. 旋转网格

网格可以在屏幕上以任意角度旋转,方法是选择图 11 - 36 中的"旋转网格…"菜单,或者在工具栏上的"网格"按钮上单击鼠标右键,都会弹出图 11 - 37 所示的对话框。输入"旋转角度"并指定"旋转方向",单击"确定"按钮即可。若单击"应用"按钮,也会旋转网格,但对话框不关闭,这样便于反复测试哪种旋转角度最理想。

3. 移动网格

选择图 11 - 36 中的"移动网格"菜单,网格会跟随鼠标而移动,当移动到合适位置后,单击鼠标,网格会在新位置上定住。

4. 删除网格

网格只有在工具栏上"网格"按钮呈凹陷状态的情况下才会存在并显示。在"网格"按钮凹陷的情况下,再次单击,它会由凹陷状态恢复为正常状态(抬起状态),同时删除已有网格。

图 11 - 36 "网格"按钮的按钮菜单

图 11 - 37 "网格旋转"对话框

5. 网格的特点及应用场合

网格作为一种辅助绘图工具,最大的特点是简单方便,不论是创建、定位、旋转,还是删除操作,都非常快捷。

在绘制复杂图形的内部结构时,常用网格填满其内部区域,然后参照绘制,就非常方便了。对于一些不太严格要求按比例绘制的图形,也常使用网格进行辅助绘制。若严格要求按比例绘制,则应该使用标记功能实现,而不是网格。

下面介绍一个用网格辅助绘制表格的例子。

超级绘图王本身有表格功能,但若表格很简单,也可以不用表格功能,而是在网格的辅助下自己绘制一些直线来组成。假设要绘制图 11 - 38(a)所示的表格,只需要首先建立图 11 - 38(b)所示的辅助网格,然后沿网格线来绘制表格就非常容易了。绘制完后,再将这些直线组合成一个组合图形,以后在逻辑上就当做一个图形使用。

另外,如果上面的表格需要在屏幕上倾斜一个角度放置,也非常容易实现:先将图 11 - 38 (b)中的网格旋转一个角度,再沿网格线绘制表格即可。

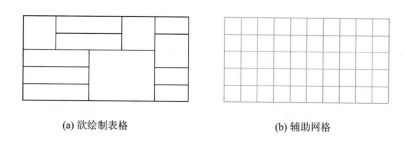

(a) 欲绘制表格　　　　　　　(b) 辅助网格

图 11 - 38　表格及其辅助绘制网格

11.4.6　圆形标尺

很多情况下,建筑物需要设计为朝向特定的方位角度。典型的例子是景区建筑,为追求美学效果而经常设计为朝向特定角度。

超级绘图王的圆形标尺专门为上述需求而设计,它提供了非常直观的方位与角度指示,使得这方面的绘图变得非常简单。圆形标尺有普通型,如图 11 - 39 所示。

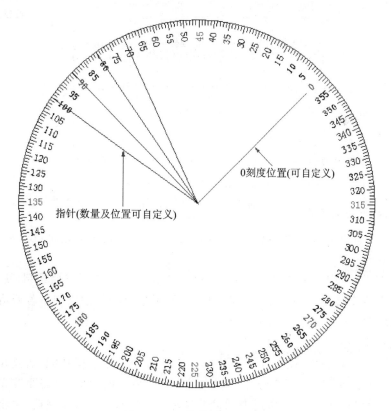

0刻度位置(可自定义)

指针(数量及位置可自定义)

图 11 - 39　普通型圆形标尺

限于篇幅,本处不对圆形标尺作具体介绍,详细情况请读者参考软件的电子版说明书《超级绘图王用户手册》13.4 节。

11.4.7　再论鼠标捕捉

鼠标捕捉已在2.8节中初步介绍过,但当时只介绍了一部分鼠标捕捉项目,本处将介绍当时未介绍的其余项目,即图11-40中粗线圈出的项目。

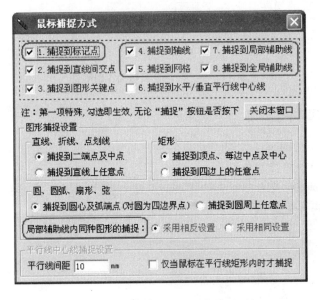

图 11-40　"鼠标捕捉方式"设置对话框

1. 捕捉目标选项

①　捕捉到标记点:选中这一项后,标记点会捕捉鼠标;否则标记点不捕捉鼠标。注意,这一项只要打上勾号即生效,而不管工具栏上的"捕捉"按钮是否按下。除这一项外,其余选项都需要打上勾号并且单击"捕捉"按钮后才能生效。

②　捕捉到轴线:选中这一项后,轴线及辅助轴线会捕捉鼠标;否则轴线及辅助轴线不捕捉鼠标。

③　捕捉到网格:选中这一项后,网格会捕捉鼠标;否则网格不捕捉鼠标。

④　捕捉到全局辅助线:选中这一项后,全局辅助线会捕捉鼠标;否则全局辅助线不捕捉鼠标。

⑤　捕捉到局部辅助线:选中这一项后,局部辅助线会捕捉鼠标;否则局部辅助线不捕捉鼠标。

2. 局部辅助线内同种图形的捕捉设置

"局部辅助线内同种图形的捕捉"指出了局部辅助线内的图形应如何捕捉鼠标,它只有勾选了"捕捉到局部辅助线"复选框后才有意义。

局部辅助线内的图形是由普通图形转换而来的,普通图形中的直线类图形、矩形、圆类图形都有两种捕捉鼠标的方式,如直线类有"捕捉到两端点及中点"和"捕捉到直线上任意点"两种方式需要选择。同理,局部辅助线中的直线类图形、矩形、圆类图形也有同样的问题需要选择。

若"局部辅助线内同种图形的捕捉"设置为"采用相反设置",就意味着局部辅助线内的图形与普通图形捕捉鼠标的方式相反。以直线类图形为例,若普通图形设置为"捕捉到两端点及中点",则局部辅助线内的直线类图形将采用"捕捉到直线上任意点"的方式捕捉鼠标。

若"局部辅助线内同种图形的捕捉"设置为"采用相同设置",就意味着局部辅助线内的图形与普通图形捕捉鼠标的方式相同。

11.5　习　题

1. 如何进入与退出复制状态? 在这一状态下能进行哪些复制操作?

2. 什么是定距偏移? 如何进行定距偏移操作?

3. 使用定距偏移功能画出下面的三角尺。

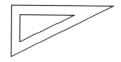

4. 如果要绘制两条间距为 5 mm 的平行线,有哪些方法实现(提示:自动重复绘制、双线绘制、精确偏移复制、定距偏移)?

5. 在"基点→鼠标点"复制中,基点有什么作用?

6. 简述在事先不选取图形时,"基点→鼠标点"复制的操作步骤。

7. 针对多个图形如何进行"基点→鼠标点"复制?

8. 已有下图(a)所示的图形,现需要将其复制到下图(b)所示的圆弧的两端点及中点处,达到下图(c)所示的效果,该如何操作?

(a)　　　　　　　　(b)　　　　　　　　(c)

9. 什么是"自动复制到标记点"? 如何进行这种操作?

10. 已有图(a)所示的"树",现需要沿图(b)所示的直线均匀种五棵"树",达到下图(c)所示的效果,该如何操作?

(a)　　　　　　　　(b)　　　　　　　　(c)

提示 1:使用"基点→二鼠标点之间定份"功能实现;或者先对图(b)所示的直线进行定份等分标记,然后使用"基点→鼠标点"功能复制。

提示 2:图(a)所示的"树"是一个可直接使用的图块,在图块目录列表的"装饰装修"一级目录下的"植物"二级目录下。

11. 图层有什么作用?

12. 如何改变当前图层?

13. 如何创建图层与删除图层？

14. 如何设置图层的可视性？如何锁定图层？

15. 图层颜色有什么用？

16. 在第 1 层上有两个图形，如何将其移到第 2 层上？

17. "选取控制"|"仅从当前层选取"菜单有什么作用？

18. 如何进入与退出局部放大状态，这一状态有什么作用？

19. 文字平行功能有什么作用？

20. 什么是布局与定位？超级绘图王有哪些布局与定位的方法？

21. 全局辅助线有什么作用？什么时候使用它？

22. 如何将图形转换为局部辅助线？

23. 局部辅助线支持哪些操作？

24. 使用局部辅助线功能辅助绘制下面的图形。

25. 如何在屏幕上显示网格？如何取消网格的显示？

26. 在屏幕上显示一段间距为 3 mm，倾斜角度为 30°的网格。

第 12 章 图 块

12.1 概 述

12.1.1 图块及其作用

有些图形或图形组合需要反复使用,如果每次使用时都绘制一遍显然是浪费时间,图块功能提供了重复使用以前绘制(或他人绘制)图形的手段。

图块是一组图形的集合,这一组图形是由用户绘制的,可以包含任意数量和任意种类的图形。只需要为这组图形起一个名字(图块名),便可以将它们定义为"图块",会被自动保存到硬盘上,以后就用图块名来代表这一组图形。

图块定义后,它就成了图形模板,可以用它来绘制其他图形。这样,图块就相当于"绘图1"或"绘图2"选项卡上的那些图形按钮。因此,图块是扩充系统功能的主要手段。

一般情况下,绘图软件只能内置提供那些最基本、最通用的图形(直线、圆、矩形等),而对那些用户可能经常用到,但非基本结构的图形(例如建筑图纸中经常用到的门、窗等)来说,软件不可能将其内置进去,这是因为这类图形的数量庞大、结构不固定,且不同用户所需要的图形也不一样。图块功能专门用来解决这类问题,一个图块就是上面所述的一个门、窗等,有了这些图块之后,画一个门、窗就像画一条直线一样简单,差别只是画直线时从"绘图1"选项卡中单击"直线"按钮,而画门、窗时是从图块区中选择"门"、"窗"的图块图标。

12.1.2 图块的简单使用

1. 操作面板窗口的"图块"选项卡

要使用图块,可以通过操作面板窗口的"图块"选项卡来完成,也可以通过图块窗口来完成。图块窗口后面专门介绍,本处先介绍操作面板窗口的"图块"选项卡的使用。

将操作面板窗口切换到"图块"选项卡,如图 12-1 所示。

2. 图块目录及图块列表

由于图块非常多,所以需要将其归入不同的目录分别管理,就像一本书需要有章节目录一样。图块目录只支持二级:一级目录和二级目录。参考图 12-1(a),"图块"选项卡的左上角是一个"图块目录"下拉列表框,展开这个下拉列表框后,里面就会显示已有的图块目录。其中,一级目录总是靠最左边显示,二级目录前面带有两条短横线,并且缩进显示。

在"图块目录"下拉列表框内选择一个二级目录后(注意,一级目录仅用于统辖二级目录,不可以选择),该二级目录内的图块就会显示在图块列表区内,如图 12-1(b)所示。

3. 图块的选取、删除以及取消选取

① 在图块列表区内用鼠标单击一个图块的名字,就可以将其选中。选中的图块会带有深

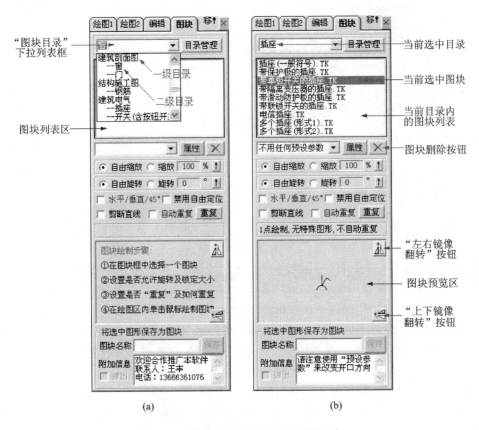

图 12-1　操作面板窗口的"图块"选项卡

蓝色背景。

② 图块选取后,单击"×"按钮(图块删除按钮),可以将选中的图块删除。

③ 图块选取后,按 Esc 键;或者将鼠标移到绘图区内并单击鼠标右键,可取消选取。

以上操作均参考图 12-1(b)所示。

4. 图块的绘制

使用图块进行绘图,简称为图块的绘制。其使用步骤为:选择图块→在绘图区内单击鼠标绘图。

下面用一个实例来介绍具体步骤:

① 在"图块目录"下拉列表框中选择"建筑电气"下面的"插座",选择后画面如图 12-1(b)所示。

② 用鼠标单击图块列表区中的"带单极开关的插座.TK"图块,将其选中。

③ 移动鼠标到绘图区内,在需要绘制图形的地方单击鼠标,就绘制出一份插座图形,如图 12-2(a)所示。如果需要,可以在不同的地方多次单击鼠标,以绘制多份插座图形。

✳**注意**　不是所有图块都是单击一次鼠标就能完成绘制,有些图块需要多次单击鼠标才能完成绘制,取决于"图块属性"的设置,后面具体介绍。

④ 单击鼠标右键,或者按键盘上的 Esc 键,结束图块绘制。

5. 图块的镜像

一个图块被选取后,其对应的图形会显示在"图块"选项卡底部的图块预览区内,如图 12-1(b)所示。

图块预览区的右上角和右下角分别是"左右镜像翻转"按钮和"上下镜像翻转"按钮,利用这两个按钮,可以对图块先进行镜像翻转,然后绘制。这样可以非常方便地调转图形的绘制方向。

仍然以上面插座图块的绘制为例,在选取图块后,如果先单击"左右镜像翻转"按钮,再绘制图块,将得到如图 12-2(b)所示的结果。如果先单击"上下镜像翻转"按钮,再绘制图块,将得到如图 12-2(c)所示的结果。如果既单击"左右镜像翻转"按钮,又单击"上下镜像翻转"按钮,再绘制图块,将得到如图 12-2(d)所示的结果。

(a)　　　　　(b)　　　　　(c)　　　　　(d)

图 12-2 "带单极开关的插座"图块的绘制结果

12.2　图块的存储及创建

12.2.1　图块存储的相关概念

1. 图块文件

一个图块在磁盘上存储为一个文件,称为图块文件,图块文件的扩展名为". TK"。TK 是"图块"的拼音首字母。在图 12-1(b)中,图块列表区内显示的内容实际上就是一个文件夹内的全部图块文件名的列表。

2. 图块文件夹

在实际工作中,用户需要的图块文件数量很多,为此必须建立多个文件夹分别存放,将同一类别的图块文件放在同一个文件夹下,这样才便于管理。这些专门用来存放图块文件的文件夹称为图块文件夹。

3. 图块目录

图块有二级目录,每一个二级图块目录都对应着一个图块文件夹,并且二级目录的名字就是图块文件夹的名字。但是,一级目录不与任何图块文件夹对应。

当一个二级图块目录被选中后,其代表的图块文件夹内的图块就会显示在图块列表区内。例如,图 12-1(b)中显示的就是"插座"这个图块文件夹内的全部图块文件。而"插座"这个图块文件夹在磁盘上的实际结构如图 12-3 所示。

12.2.2　图块目录文件

1. 图块目录文件的作用

"图块目录"下拉列表框内列出的图块目录[见图 12-4(a)]是怎么来的呢? 这个列表是

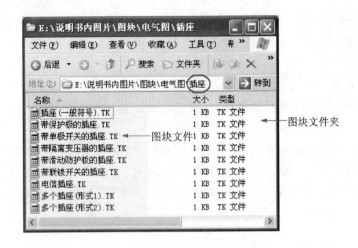

图 12 - 3　实际的图块文件夹

由一个名为"图块目录.txt"的文件提供的，这个文件位于超级绘图王软件的安装目录下。

"图块目录.txt"文件（简称为图块目录文件）唯一决定了"图块目录"下拉列表框的内容，即图块目录文件内记录着图块目录的列表。所以，图块目录文件是组织和管理图块的关键。

2．图块目录文件的编辑

要组织图块，就要修改图块目录文件。图块目录文件作为一个纯文本文件，可以使用 Windows 附带的"记事本"等软件进行修改。不过那样做比较麻烦，最方便的方法是使用超级绘图王自带的编辑器对其进行修改。

单击操作面板窗口"图块"选项卡上的"目录管理"按钮［见图 12 - 4(a)］，就会调出图块目录编辑器，如图 12 - 4(b)所示。在这一编辑器内会自动打开图块目录文件，并使其处于编辑修改状态。

3．图块目录文件的结构

图块目录文件内记录了图块目录的列表，其内容以行为单位。文件内的"行"共分为三种情况：

① 一级目录行。如果一个"行"以方括号"[ ]"开头，这个行就是一级目录行。方括号之后的文字就是一级目录的名字（这个名字可以任意设置），将显示在"图块目录"下拉列表框内作为一个一级目录项。

一级目录行的方括号内必须有一个数字，这个数字指出这个一级目录统辖多少个二级目录。以图 12 - 4(b)中的"[2]建筑剖面图"为例，表示"建筑剖面图"这个一级目录下有两个二级目录。

二级目录必须紧随其所属的一级目录来定义。因而，"[2]建筑剖面图"行后面的两行内容，即"E:\说明书内图片\图块\剖面图\窗"和"E:\说明书内图片\图块\剖面图\门"，就是"建筑剖面图"这个一级目录下的二级目录。

② 二级目录行。二级目录行是一个磁盘上图块文件夹的名字（包含完整路径的文件夹名字），图 12 - 4(b)中的"E:\说明书内图片\图块\剖面图\窗"和"E:\说明书内图片\图块\剖面图\门"都是二级目录行。二级目录行中的最末级文件夹名字部分自动作为二级目录名，被显

示在"图块目录"下拉列表框内,如图 12 - 4(a)所示。二级目录名在显示时,会在前面加上"--"并缩进。

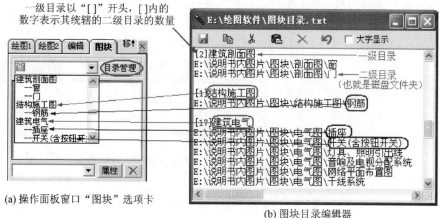

(a) 操作面板窗口"图块"选项卡

(b) 图块目录编辑器

图 12 - 4　图块目录文件的结构

二级目录可以不属于某个一级目录。如果一个二级目录不属于任何一个一级目录,则它就是一个特殊二级目录。以图 12 - 5 为例,分析如下:

图 12 - 5(b)的第一行"[1]建筑剖面图"定义了一个一级目录"建筑剖面图",方括号内的数字"1"表示这个一级目录只管辖一个二级目录,紧随其后的"E:\说明书内图片\图块\剖面图\窗"这一行所表示的二级目录"窗"就自动属于"建筑剖面图"这个一级目录。

图 12 - 5(b)中的第 3 行"E:\说明书内图片\图块\剖面图\门"是一个二级目录(目录名为"门"),但没有任何一个一级目录来"统辖"它,这样它自动成为特殊二级目录,在图块目录列表中的显示结果如图 12 - 5(a)所示。

特殊二级目录显示在一级目录的位置上,但它没有下级目录,这是它与真正的一级目录的区别。

不论是二级目录,还是特殊二级目录,一个目录都对应着一个磁盘上的图块文件夹(这个文件夹必须真实存在,否则这个二级目录将被忽略)。在"图块目录"下拉列表框中,它们都可以被选取。被选取后,其代表的图块文件夹内的图块文件将显示在图块列表区内,如图 12 - 1(b)所示。

一个图块文件夹若不登记在图块目录文件内,则这个图块文件夹内的图块就无法被使用。

◎**说明**　假设软件安装目录是"C:\Program Files\超级绘图王 V4.0"(这是默认的软件安装位置),则软件内置提供的图块都位于"C:\Program Files\超级绘图王 V4.0\图块"文件夹里面的图块文件夹内。并且这些图块文件夹登记在图块目录文件内时可以只写最末级图块文件夹的名字,而省去前面的"C:\Program Files\超级绘图王 V4.0\图块\"部分。用户自己创建的图块,最好不要放在这个文件夹内,因为这个文件夹在软件卸载时要被删除。

③ 无效行。图块目录文件中的"行",除了合法的一级目录行和二级目录行外,其余都是无效行。常见的无效行有:

a. 空行。

b. 不是一个文件夹的名字(文件夹的名字均被视为二级目录行),也不是以"[数字]"开头的行(若是将被视为一级目录行)。

c. 虚假文件路径行(虽然是一个文件夹的名字,但这个文件夹在磁盘上并不存在)。

无效行将被软件所忽略,其内容不会显示在"图块目录"下拉列表框内。

无效行并非没有任何用处,在合适的位置加一些空行,可以使图块目录文件在显示时更清晰[见图 12-5(b),里面就有一些空行]。另外,无效行也可以用于对其前后的有效行做注释。

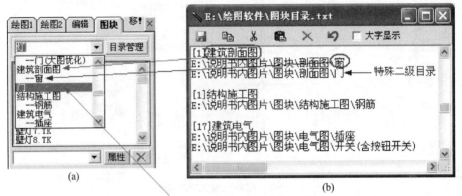

特殊二级目录,显示在一级目录的位置上,但没有下级目录

图 12-5   特殊二级目录

12.2.3   图块目录编辑器

1. 编辑器界面

前面已提到过,单击操作面板窗口"图块"选项卡上的"目录管理"按钮,可以调出图块目录编辑器。图块目录编辑器调出后画面如图 12-6 所示。可以看出,因为功能很少,这个编辑器只有一个工具栏,而没有菜单栏。

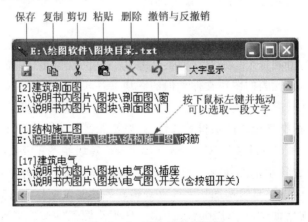

图 12-6   图块目录编辑器

2. 编辑操作

可以直接在图块目录编辑器窗口内输入或删除文字,也可以先用鼠标拖动选取一段文字,然后使用图块目录编辑器工具栏上的"复制""剪切""粘贴""删除"按钮进行相应的操作,这些操作都是 Windows 操作系统下的标准操作,不再赘述。

使用"撤销与反撤销"按钮可以对最后一次操作进行撤销与反撤销。只能对最后一次操作进行,单击一次是撤销,再单击一次是反撤销。

勾选"大字显示"复选框可以用较大的字号显示图块目录文件的内容。

3. 保 存

图块目录文件编辑完成后,单击编辑器窗口上的"保存"按钮进行保存,然后单击编辑器窗口右上角的"×"按钮关闭编辑器窗口即可。

图块目录文件保存后,回到操作面板窗口的"图块"选项卡,再次展开"图块目录"下拉列表框,就会看到修改后的图块目录列表。

4. 问与答

① 如何改变"图块目录"下拉列表框中各目录的显示顺序?

答:各目录的显示顺序取决于它们在图块目录文件中的排列顺序,在图块目录编辑器中改变某个目录行的位置(将目录行上移或下移),就可以相应地改变其在"图块目录"下拉列表框中的显示顺序。

在图块目录编辑器中改变一个目录行最方便的方法是:先选取这一行的内容,然后单击"剪切"按钮,再将插入光标移到目标行位置上,单击"粘贴"按钮。

② 在一个图块文件夹内有许多有价值的图块,但暂时用不到,可以将其从"图块目录"下拉列表框中删除吗?

答:可以。当图块文件夹很多时,用户可以选取一部分常用的图块文件夹登记在图块目录文件内,暂时用不到的则不登记。这样既能方便地查找到所需的图块,又使图块目录列表不至于太长。

当一个工程完工后,开始下一个工程时,所需的图块肯定会发生变化,这时重新按上述原则修改一下图块目录文件,将新工程常用的图块所在的图块文件夹登记进来即可。

12.2.4 图块创建前准备

1. 准备工作内容

创建图块前,需要进行一项很简单的准备工作,那就是:创建一个专门用于存放图块文件的图块文件夹,并将其登记在图块目录文件内。

不是每次创建图块都需要进行这项工作,针对一批相同类型的图块只需要进行一次。

2. 实现步骤

具体操作步骤为:

① 在磁盘上新建一个文件夹,作为图块文件夹。本例中,新建的文件夹为"E:\我的练习图块"。

② 在 Windows 内打开图块文件夹窗口,如图 12-7(a)所示。

③ 在图块文件夹窗口上的"地址"栏内单击鼠标,就可将地址栏内显示的图块文件夹的完整路径字符串选中。然后,按 Ctrl+C 键,或者单击鼠标右键,从弹出的右键菜单中选择"复制",都可以将图块文件夹的完整路径复制到 Windows 粘贴板内。

④ 关闭图块文件夹窗口。

⑤ 在操作面板窗口的"图块"选项卡上,单击"目录管理"按钮,调出图块目录编辑器,如

图 12-7(b)所示。

⑥ 在图块目录编辑器窗口内,将插入光标定位在某个一级目录之前的空行上,按 Enter 键,以创建一个新空行。

⑦ 将插入光标定位在新创建的空行上,按 Ctrl＋V 键,或者单击图块目录编辑器上的"粘贴"按钮,都会将已保存在 Windows 粘贴板内的图块文件夹的完整路径字符串粘贴到新创建的空行上,如图 12-7(b)所示。

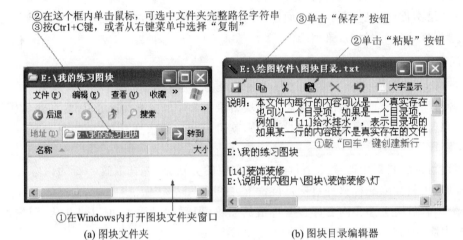

(a) 图块文件夹　　　　　　　(b) 图块目录编辑器

图 12-7　图块目录列表项的添加过程

⑧ 单击图块目录编辑器上的"保存"按钮。然后,关闭图块目录编辑器。

⑨ 在"图块目录"下拉列表框内,可以看到新添加了一个目录项"我的练习图块",如图 12-8 所示。

◎说明

① "我的练习图块"是一个特殊二级目录。如果要将其设置为普通二级目录,则需要在图块目录编辑器窗口内的"E:\我的练习图块"前面增加一行,这一行的内容为"[1] XXX",其中"XXX"为一级目录的名字,可任意定义。

图 12-8　"图块目录"下拉列表框

② 如果图块文件夹的路径很简单(像本例中就是这种情况),也可以不需要上面操作步骤中的第②～④步,而在第⑦步操作中改为直接输入图块文件夹的完整路径,本例中就是直接输入"E:\我的练习图块"。如果图块文件夹的路径很长,直接输入时极容易输错了,则使用本例中演示的对图块路径字符串先复制后粘贴的方法既快捷又准确。

③ 用户在进行创建图块操作的练习时,先选择"我的练习图块"目录,以便将新建的图块放在这个专门的练习文件夹内,这将便于以后的管理(如整体删除)。

12.2.5　图块的创建

1. 图块使用顺序

创建图块也称为定义图块,图块必须先定义后使用。

对于软件内置提供的图块,由于软件作者已定义好,所以用户可以直接使用。

2. 图块的创建步骤

定义图块的方法非常简单,下面以将图 12 - 9 所示的图形(国标中定位轴线的标准图形)定义成一个名为"定位轴线"的图块为例,说明定义图块的操作步骤。

图 12 - 9   欲定义为图块的图形

操作步骤(整个过程见图 12 - 10 所示)为:

① 画出图 12 - 9 所示的图形,然后将其全部选中。

注意   必须先选取图形,然后才能定义图块。被选取的图形都将定义成为图块的成员。

②将操作面板窗口切换到"图块"选项卡,在"图块目录"下拉列表框中选择"我的练习图块",在"图块名称"文本框内输入图块文件名"定位轴线"。如果有需要向未来图块的用户展示的广告或说明信息,则将其输入在"附加信息"文本框内;若没有,则不必输入。

③ 单击"保存"按钮,图块定义过程即告完成。图块定义后,自动显示在图块列表区内。

说明   前面提到过,一个图块对应一个磁盘文件。本例中创建的图块对应的磁盘文件名为"定位轴线.TK",这个文件保存在"E:\我的练习图块"文件夹内,因为上节中已设置过"我的练习图块"二级目录对应着"E:\我的练习图块"这个图块文件夹。

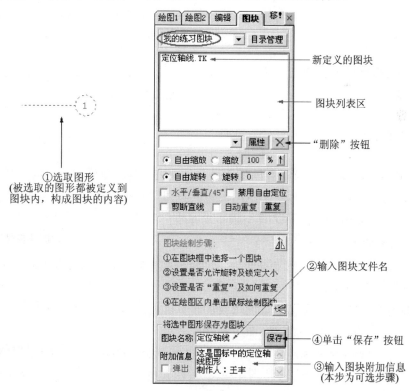

图 12 - 10   图块的定义过程

3. 图块附加信息

为了鼓励用户将自己的图块放到网上共享,在每个图块中允许携带图块作者的一段广告。

广告的内容没有限制,广告的长度也没有限制。

图块作者设置广告的方法:在定义图块时,在上面第②步中在"附加信息"文本框内输入广告内容,然后单击"保存"按钮即可。

当图块使用者单击选取一个图块时,图块内的广告会显示在"附加信息"文本框内。如果定义图块时在图 12-10 中的"弹出"复选框内打上勾号,当图块使用者选取这个图块时,附加信息会用一个弹出窗口显示,将强制图块的使用者必须阅读这个附加信息。

4. 图块的使用

图块定义完后,它就成了图形模板,可以用它来绘制图形(即相当于"绘图 1"选项卡上的图形按钮)。使用图块绘图的步骤在 12.1.2 节内已有详细介绍,本处针对上面定义好的"定位轴线"图块,再重述一下这一步骤:

① 在图块显示区内用鼠标单击选取"定位轴线"图块。

② 移动鼠标到绘图区内,这时会发现"定位轴线"图块所包含的全部图形会跟随鼠标而移动,如果单击鼠标,则一份"定位轴线"图块的内容就绘制在屏幕上(这一份图形称为一个图块图形,即用图块为模板来绘制的图形)。可以连续多次单击鼠标,以绘制多份图块图形。

③ 按 Esc 键或者单击鼠标右键,以结束图块绘制。

◎说明　每份图块图形是一个组合图形,若对它进行解除组合操作,就可以将其分解为构成它的基本图形(本例中就是一个圆、一条水平直线和一个文字)。分解后,可以对每个基本图形进行修改操作。

12.2.6　图块的删除

如果图块不需要了,则可以将其删除。图块删除有两种方法:

1. 直接删除文件法

前面提到过,一个图块就是一个扩展名为".TK"的磁盘文件。用户只需要在 Windows 内,打开图块所在的文件夹,找到欲删除的图块文件并将其删除即可。

如果一个图块文件夹内的图块全部不需要了,则可以直接将这个图块文件夹删除。然后,调出图块目录编辑器,在图块目录文件中删除相应的二级目录行,再保存即可。

2. 使用"删除"按钮法

如果有少量的图块需要删除,则使用"删除"按钮法是最简单的。

操作步骤为:

① 在图块列表区内选中需要删除的图块。

② 单击图 12-10 中的"×"按钮(图块删除按钮)。

◎说明　图块列表区内的图块也允许多选(以便于批量删除),多选的方法有两种:

① 单击选取第一个图块后,按下 Ctrl 键,然后在其他图块上单击鼠标,被单击的图块均会被选中。

② 先在欲选取的第一个图块上单击鼠标,然后按下 Shift 键在最后一个欲选取的图块上单击鼠标,第一个图块和最后一个图块之间的所有图块均被选中。这种方法可快速选取相邻的一批图块。

12.3　图块属性概述

12.3.1　图块属性介绍

前面介绍的图块定义与使用过程只是图块最简单的用法。这种最简单的用法称为图块的"单点绘制"，即每单击一次鼠标就绘制出一份图块图形。单点绘制时，图块图形（即用图块绘制出来的图形）是对图块模板（即图块定义时的图块内容）的简单复制。图块图形在绘制时，不能改变图块模板内图形的大小，也不能对其进行旋转等操作。

如果图块的功能仅限于对图块模板的简单复制，那其实用价值就非常有限。而事实上，超级绘图王的图块功能非常强大，它允许用户自己动手通过组合一些基本图形来"创造"新图形，并且这些创造出来的新图形在绘制时就像软件内置的基本图形一样，能进行缩放、旋转、自动重复，甚至还能动态修改内部结构！

超级绘图王的图块功能主要是通过"图块属性"和"绘制选项"两种手段来实现的。

① 图块属性：图块属性包括图块的绘制点设置、特殊图形设置、动态文字设置等内容。图块属性属于图块定义的一部分，即图块属性设置是保存在图块文件内的。当一个图块文件被分发给其他用户时，图块接收者将自动获得全部图块属性设置。接收者还可以随时修改这些图块属性设置。

总的来说，对图块定义正确的属性是图块定义者的责任，对于图块的使用者而言，仅当觉得图块属性不合适时，才有必要去修改图块属性。

② 绘制选项：绘制选项与图块的定义者无关，是图块使用者在绘制过程中的一些临时性设置。将在 12.8 节与 12.9 节进行详细介绍。

12.3.2　"图块属性"窗口

1．调出方式

对图块属性的所有操作都在"图块属性"窗口内完成。调出"图块属性"窗口的方法有两种：

① 选中一个图块，然后单击"属性"按钮，如图 12-11(a)所示。

② 在图块列表区内直接双击一个图块名（不需要事先选中），如图 12-11(b)所示。

2．画面介绍

"图块属性"窗口调出后，画面如图 12-12 所示。这一画面由如下几部分构成：

① 图块显示区：位于"图块属性"窗口的左上角，其作用是显示当前图块的内容（也就是图块内的图形）。图块显示区内显示的图块内容可以选取（在指定特殊图形操作时），但不能修改。

② 操作状态提示标签：位于图块显示区内，用于提示用户当前正在进行哪种操作。可以在这个标签上按下鼠标左键并拖动，以移动这个标签在屏幕上的位置。

③ 特殊图形提示标签：用于提示当前已设置的特殊图形个数及其性质。此标签的位置固定于图块显示区底部，不可移动。

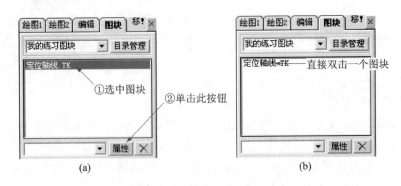

图 12-11 "图块属性"窗口的调出方式

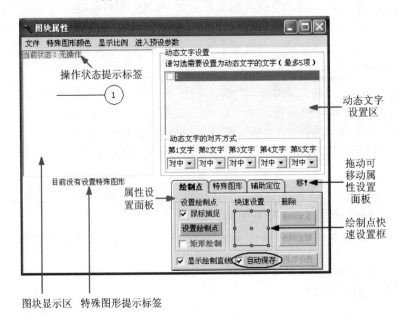

图 12-12 "图块属性"窗口

④ 动态文字设置区:用于设置或取消动态文字,当图块内包含文字时,将显示这一区域;否则不显示。此区域的位置是固定的,不可移动。

⑤ 属性设置面板:用于完成主要的属性设置工作,这个窗口可独立移动,通过在标有"移!"的区域内按下鼠标左键并拖动,可以移动。

3. 菜 单

"图块属性"窗口有菜单,其中"特殊图形颜色"与"进入预设参数"两个菜单的作用在后面介绍,下面介绍其他两个菜单的作用:

(1)"文件"菜单:包含两个子菜单。

"文件"|"保存设置":将当前属性设置保存到文件内,图块属性在设置或修改后,必须调用本菜单进行保存才能生效。

◎说明 属性设置面板上的"保存设置"按钮(见图 12-12)等同于本菜单。另外,若选中属性设置面板上的"自动保存"复选框,则每次修改属性时,软件都会自动保存,不需要再额外调用本菜单来保存。

"文件"|"退出"：结束属性设置操作，并关闭"图块属性"窗口。

（2）"显示比例"菜单：其子菜单用于设置图块的显示比例，前面带勾号的子菜单表示当前正在使用的显示比例。

当图块内包含一些比较小的图形时，为了看清小图形（或者选取小图形、或者选取位置靠得太近的图形等），需要使用一个较大的显示比例来显示图块。

4. 鼠标右键退出功能

对于需要在图块显示区内完成的操作，包括设置绘制点、指定特殊图形和指定辅助定位路径三大类操作（这些操作后面详述），都可以在图块显示区内单击鼠标右键来退出当前操作。

12.4　图块属性_绘制点

12.4.1　绘制点概述

1. 绘制点的概念

绘制点是图形在绘制时的控制点。例如，画直线时，用户通过控制直线的两个端点来确定直线在屏幕上的位置，直线的两个端点就是直线的绘制点。同样，画矩形时，矩形的一对对角顶点为其绘制点。

很明显，如果图形只有一个绘制点（如"点"这种图形），则这个图形在绘制时不能进行缩放与旋转操作；只有图形具有两个或两个以上绘制点时，才能在绘制过程中进行缩放与旋转（如直线的绘制）。

图块也是图形，也有绘制点的问题。图块的绘制点是图块在绘制时图形的控制点，它决定了图块的绘制过程，是最重要的图块属性。

与普通图形不同的是，图块的绘制点是由用户定义的。软件规定：一个图块可以定义一个或两个绘制点。如果图块未定义绘制点，则默认为一个绘制点，并且绘制点的位置是图块最小包围矩形的中心。

2. 单点绘制

如果图块只定义了一个绘制点，那么图块在绘制时就只需要单击一次鼠标。这种情况称为"单点绘制"。在单点绘制过程中，移动鼠标时，图块图形将跟随鼠标而移动，并且会保持唯一的这个绘制点正好位于鼠标指针底下。单击鼠标绘图时，通过将图块绘制点定位于鼠标单击点处的原则，来确定图块图形在绘图区中的位置。图 12-13 说明了这种情况。

在图 12-13(a)中，图块的绘制点设置在图块的水平中点处，图块绘制时图块的水平中点将跟随在鼠标指针底下。若最后鼠标在绘图区内 A 点处单击，那么所绘制图形的水平中点将在 A 点处。

在图 12-13(b)中，图块的绘制点设置在长直线的起点处，图块绘制过程中，长直线的起点将跟随在鼠标指针底下。若最后鼠标在绘图区内 B 点处单击，那么所绘制的图形中长直线的起点将在 B 点处。

单点绘制的优点是绘制简单，缺点是图形只能按其在图块定义时的大小原样复制，而不能用鼠标控制进行缩放与旋转。

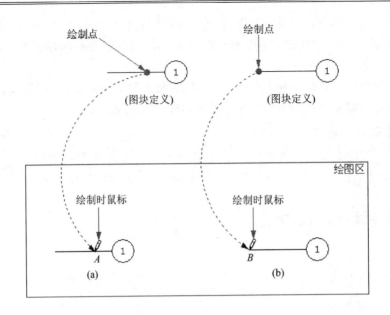

图 12 - 13 绘制点在图块绘制时的定位作用(一个绘制点的情况)

3. 二点绘制

如果图块内定义了两个绘制点,那么图块在绘制时就需要单击两次鼠标,这种情况称为"二点绘制"。二点绘制时,鼠标每次单击确定一个绘制点在屏幕上的位置,通过控制两个绘制点之间的位置关系可以控制图块图形的缩放与旋转,如图 12 - 14 所示。

图 12 - 14(a)和图 12 - 14(b)是同一个图块(有两个绘制点的图块)在绘制时的两种情况。图 12 - 14(a)在绘制时,两个鼠标单击点构成的直线(即直线 CD)与图块定义中两个绘制点构

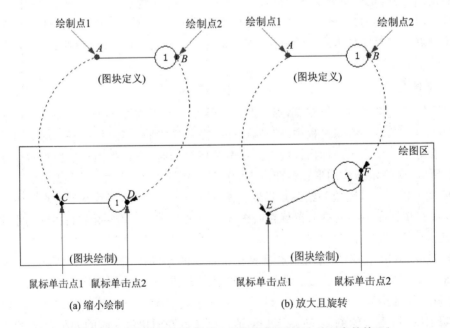

图 12 - 14 绘制点在图块绘制中的控制作用(两个绘制点的情况)

成的直线（即直线 AB）方向一致（都是水平线）但长度不同。绘制过程中要将图块图形适当缩放（本例中是缩小），但不对图块图形进行旋转。图块图形缩放规则为：使缩放后的图块图形内两个绘制点之间的距离（也就是直线 AB 的长度）正好等于直线 CD 的长度。

图 12-14(b) 在绘制时，两个鼠标单击点构成的直线（即直线 EF）与图块定义中两个绘制点构成的直线（即直线 AB）方向不一致并且长度也不相同，这时要对图块图形缩放（本例中是放大）并且旋转，具体规则为：① 将图块图形适当缩放，使图块图形内直线 AB 的长度变为直线 EF 的长度；② 将图块图形适当旋转，使图块图形内直线 AB 的角度变为直线 EF 的角度。

二点绘制比单点绘制要多单击一次鼠标，但优点是图块在绘制时能用鼠标控制缩放与旋转等操作。

12.4.2 绘制点设置

1. 设置方法

绘制点设置主要在属性设置面板的"绘制点"选项卡内完成，如图 12-15 所示。步骤为：

① 单击"设置绘制点"按钮，这时其背景会由淡蓝色变为淡红色，以指示进入了绘制点设置状态。

② 移动鼠标到图块显示区，在需要设置为绘制点的地方单击鼠标。如果只想设置一个绘制点，则单击一次鼠标即可；如果想设置两个绘制点，则在需要设置为首、末绘制点的地方分别单击鼠标。图 12-15(a) 和图 12-15(b) 分别表示在设置了一个和两个绘制点后的状态。

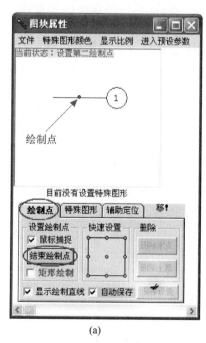

(a)

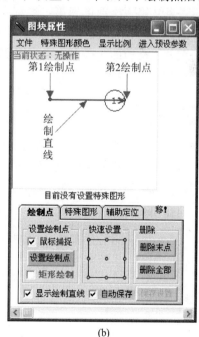

(b)

图 12-15 绘制点设置

③ 如果只需要设置一个绘制点，最后需要在图块显示区内单击鼠标右键，或者单击属性设置面板上的"结束绘制点"按钮，以退出绘制点设置状态。"结束绘制点"与"设置绘制点"是同一个按钮，当进入绘制点设置状态后，"设置绘制点"按钮变为"结束绘制点"按钮。

如果设置了两个绘制点,则不需要本步操作,因为在设置完第二个绘制点后软件会自动退出绘制点设置状态。

④ 如果没有勾选"自动保存"复选框,则需要单击属性设置面板上的"保存设置"按钮以保存绘制点设置。由于软件默认已勾选了"自动保存"复选框,所以本例中不需要这一步。

◎说明

① 系统已默认启用鼠标捕捉功能,所以可以方便地将绘制点设置到图形的某个关键点上。软件主窗口(绘图区窗口)上的各项鼠标捕捉设置对本处的鼠标捕捉依然有效。另外,如果想关闭鼠标捕捉功能,只需要取消"鼠标捕捉"复选框(见图 12-15)前面的勾号即可。

② 注意使用"显示比例"菜单的子菜单来选择一个合适的显示比例。尤其是图块很小时,通过适当地放大显示才更容易准确地将绘制点设置在想要的位置上。

③ 如果要设置两个绘制点,则可以在设置第二个绘制点前,按下 Shift 键再移动鼠标,软件将强制鼠标只能沿与第一个绘制点水平或垂直的直线上移动。在鼠标移动过程中,软件会临时显示一条红线,以指出当前鼠标点与第一绘制点之间是水平直线还是垂直直线。

④ 绘制点设置后不能修改,只能先单击"删除全部"按钮(见图 12-15)将绘制点全部删除,然后将绘制点重新设置一遍。如果在设置了两个绘制点的情况下,想修改第二个绘制点,只需要单击"删除末点"按钮(见图 12-15)将第二个绘制点删除,然后单击"设置绘制点"按钮来重新设置第二个绘制点即可。

⑤ 第一绘制点显示为内部红色的实心圆圈,第二绘制点显示为空心圆圈。两个绘制点都设置后会显示一条从第一绘制点到第二绘制点的直线,这条直线称为绘制直线,如图 12-15(b)所示。绘制直线直观地指出了这样一个事实:在图块绘制时,鼠标就是通过控制这条直线来控制图形的缩放与旋转的。所以它对于图块的使用者了解图块是如何绘制的非常有帮助。不过,绘制直线也可以选择不显示,只需要去掉属性设置面板上"显示绘制直线"复选框前面的勾号即可。

2. 快速设置绘制点

绘制点除了可以在图块显示区内通过鼠标设置外,还可以使用快速设置框来设置。快速设置框由一个矩形与九个小圆圈构成,矩形代表图块的最小包围矩形,而九个小圆圈指出了可以设置为绘制点的九个特殊位置,如图 12-16 所示。

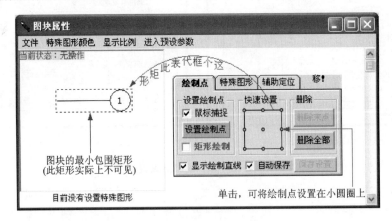

图 12-16 绘制点快速设置框

设置方法:用鼠标在九个圆圈之一上单击即可。如果只单击一次,则设置一个绘制点;如果单击两次,则设置两个绘制点。单击"删除全部"按钮可以清除已设置的绘制点。

例如,单击快速设置框中心处的那个小圆圈,可以将绘制点设置在图块的中心处。

注意　使用绘制点快速设置框来设置绘制点时,只能将绘制点设置到九个小圆圈所示的位置上。但在图块显示区内通过鼠标设置绘制点时,可以将绘制点设置在任何位置上。

12.4.3　绘制点应用实例

本节通过三个例子完整描述图块的定义、绘制点设置以及有绘制点图块的使用步骤。

例 12.1:单个绘制点的设置及绘制示例。

要求:将图 12-17(a)所示的图形定义为图块,并且设置一个绘制点于其水平中点处,如图 12-17(b)所示。然后利用定义后的图块绘制图形。

图 12-17　欲定义的图块及其绘制点

操作步骤为:

第一阶段:图块定义。

① 画出图 12-17(a)所示的图形,然后将其全部选中。

② 将操作面板窗口切换到"图块"选项卡,在"图块名称"文本框内输入"定位轴线",然后单击"保存"按钮,如图 12-18(a)所示。

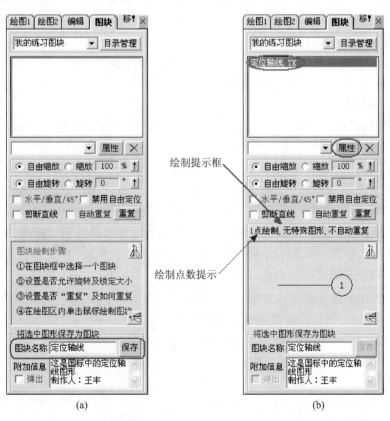

图 12-18　图块定义与选取

③ 在图块列表区内找到刚才定义的"定位轴线"图块,单击它(即选中它),如图 12-18(b) 所示。再单击"属性"按钮,调出"图块属性"窗口,如图 12-19 所示。

※ **注意** 在图块列表区内直接双击"定位轴线"图块,也可以打开"图块属性"窗口。

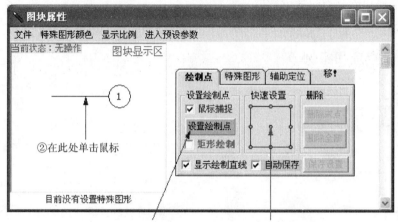

图 12-19 绘制点的设置

④ 单击"设置绘制点"按钮,以进入绘制点设置状态。然后在图块显示区内,在图块水平中点处单击鼠标,一个绘制点即显示在图块水平中点处。再单击鼠标右键,或者单击"结束绘制点"按钮,以退出绘制点设置状态。

另外,由于本处要设置的绘制点在图形的中心上,这是一个特殊点,本步也可以用如下快速操作来替代:用鼠标单击位于快速设置框中心处的那个小圆圈(见图 12-19)。

⑤ 关闭"图块属性"窗口,图块的定义结束。

第二阶段:图块使用。

① 在操作面板窗口"图块"选项卡上图块列表内找到上面定义的"定位轴线",单击它(即选中它),以进入图块绘制状态。

※ **注意** 本例中本步操作实际上不需要,因为上面在定义图块属性时已选中了"定位轴线"图块。如果定义完图块后又进行了其他操作,再次使用这一图块绘图时则需要本步骤。

② 移动鼠标到绘图区内,这时会发现"定位轴线"所包含的全部图形会跟随鼠标在移动,并且图块的绘制点正好位于鼠标指针底下。移动鼠标到绘图区内合适位置处,单击鼠标,一份图块图形就绘制出来了。可以连续多次单击鼠标,以绘制多份图块图形。

③ 按 Esc 键或者单击鼠标右键,以结束图块绘制。

◎ **说明** 绘制时所需的鼠标单击次数在绘制提示框(见图 12-18)内有明确的提示。

例 12.2:两个绘制点的设置及绘制示例。

要求:将上面例 1 中图块的绘制点改为两个,绘制点
的位置如图 12-20 所示,其他要求不变。

操作步骤为:

第一阶段:图块定义。

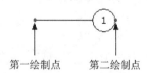

图 12-20 绘制点的设置位置

这一阶段只有第④步与例 1 的第④步不同,其余步骤都相同。新的第④ 步如下:

④ 单击"设置绘制点"按钮,以进入绘制点设置状态。然后在图块显示区内,在长直线的起点与圆的右侧象限点处分别单击鼠标,即完成了绘制点的设置。设置过程如图 12 - 21 所示。

◎说明 更简单的办法是直接用鼠标在图 12 - 21 中粗线圆圈圈起来的两个小圆圈上单击鼠标,同样可以完成上述绘制点的设置。

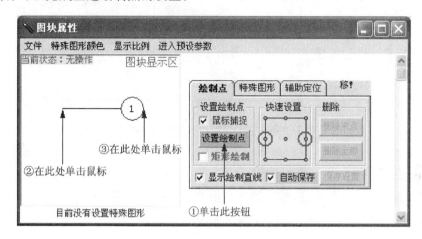

图 12 - 21 绘制点的设置

第二阶段:图块使用。

这一阶段只有第② 步与例 1 的第② 步不同,其余步骤都相同。新的第②步如下:

② 移动鼠标到绘图区内,单击鼠标。然后移动鼠标,就会发现有一份临时图块图形已生成,并且其第一绘制点的位置就固定在鼠标单击点处。移动鼠标可以控制这份图块图形的缩放与旋转,当图形大小与方向合适后,再次单击鼠标,这份图块图形的绘制即告结束。可以重复本步操作以生成多份图块图形。

◎说明 用鼠标控制两个绘制点图块的绘制与用鼠标控制直线的绘制过程是完全一样的。

例 12.3:通过绘制点产生特殊绘图效果示例。

AutoCAD 有一种图形叫做构造线,其特点是绘制时需要两次单击鼠标,第一次单击鼠标后,再移动鼠标就会以第一次鼠标单击点为中心,同时向两侧延长直线,直到第二次单击鼠标为止,即第一次鼠标单击点作为直线的中点,第二次鼠标单击点作为直线的一个端点。

超级绘图王没有直接提供构造线这种图形,但利用图块可以非常容易地实现,步骤为:

① 画一条水平直线,长度任意。然后,选取这条水平直线。

② 将操作面板窗口切换到"图块"选项卡,在"图块名称"文本框中输入"构造线",然后单击"保存"按钮。

③ 在"图块"选项卡的图块列表区内双击上面定义的"构造线"图块,调出"图块属性"窗口。

④ 如图 12 - 22 所示,分别在快速设置框内标有①及②的两个小圆圈上单击鼠标,这样就可以将绘制点设置在直线的中点及右侧端点处。

⑤ 关闭"图块属性"窗口。

⑥ 在绘图区内,先在任意点处单击鼠标,然后移动鼠标,就会发现一条直线以第一次鼠标

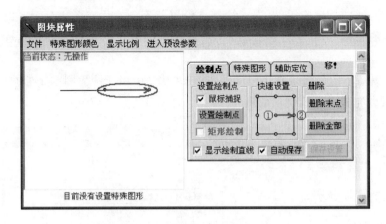

图 12-22　"构造线"图块的绘制点设置

单击点为中心,同时向两端延长,这就是构造线。当构造线达到所需长度后,再单击一次鼠标,操作结束。可以重复本步绘制多条构造线。

⑦按 Esc 键或单击鼠标右键,结束图块绘制。

◎**说明**　巧妙地设置绘制点,可以产生特殊的绘图效果。

12.4.4　矩形绘制简介

"矩形绘制"是一种特殊的绘制方式。在属性设置面板"绘制点"选项卡上有一个"矩形绘制"复选框(见图 12-22),勾选它后,就将图块设置为矩形绘制方式。

非矩形绘制方式下,绘制过程中用鼠标可以同时控制图形的缩放与旋转,但整个图形只能使用同一个比例进行缩放。

矩形绘制方式下,绘制过程中用鼠标只能控制图形的缩放,图形不能旋转。但图形可以在水平与垂直方向上使用不同的比例进行缩放。

矩形绘制方式最典型的应用是用于建筑立面图上的门、窗等图块的制作。这些图块在绘制时不需要旋转,但其宽高比应允许调整(即需要水平与垂直方向分别缩放)。以图 12-23 为例,分析如下:

图 12-23(a)是推拉窗的图形,这是国标中的标准图例,为了方便重复使用,应将其定义为图块。图 12-23(b)和图 12-23(c)是两幅建筑立面图,两幅图中的虚线矩形框部分都需要绘制推拉窗。

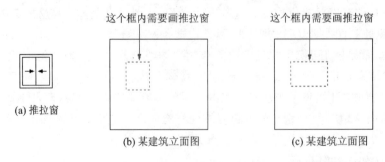

图 12-23　"矩形绘制"方式在建筑立面图图块上的应用

要想使图 12-23(a)所示的图块既能方便地绘制成图 12-23(b)内虚线矩形框的大小,又能方便地绘制成图 12-23(c)内虚线矩形框的大小,图 12-23(a)所示的图块就必须支持水平与垂直方向分别缩放,即设置为矩形绘制方式。

限于篇幅,本处不对矩形绘制方式作具体介绍,详细情况请读者参考软件的电子版说明书《超级绘图王用户手册》17.4.4 节。

12.5 图块属性_特殊图形

12.5.1 特殊图形概述

特殊图形是图块中具有特殊属性的图形,图块内部的图形可以拥有以下三种特殊属性中的任意组合:

① 不缩放:图形在绘制时不会被放大或缩小,总是采用其在图块定义时的大小。

② 不旋转:图形在绘制时不会被旋转,总是采用其在图块定义时的角度。

③ 自由定位:图形在绘制时需要单独指定其在屏幕上的位置(但图形会随其他图形一起缩放与旋转)。如果图块内有一组自由定位图形,在绘制完基本图块图形后(对于单点绘制,就是在第一次单击鼠标后;对于二点绘制,就是在第二次单击鼠标后),需要增加一次鼠标单击操作,以指定这一组自由定位图形的位置。如果有两组自由定位图形,则需要增加两次鼠标单击操作,依次类推。

特殊图形在指定时是按组指定的,每组具有一个唯一的类型(不缩放、不旋转、自由定位三者中的任意组合),组内可以包含任意数量的图形。

软件规定:一个图块中最多可以包含十组特殊图形,也可以没有特殊图形。

12.5.2 特殊图形设置

1. 特殊图形的设置方法

特殊图形的设置操作主要在属性设置面板的"特殊图形"选项卡内完成,如图 12-24 所示。

具体步骤为:

① 在"选取方式"选项组内选择一种选取方式。

② 在"特殊类型"选项组内勾选所需的特殊类型。

③ 单击"开始指定"按钮(注意,单击后,这一按钮上的文字变为"结束指定")。

④ 移动鼠标到图块显示区内,选取那些需要设置为特殊图形的图形。也就是说,设置特殊图形的过程,就是图形选取的过程,被选中的图形就被设置为特殊图形。

⑤ 单击"结束指定"按钮,或者在图块显示区内单击鼠标右键,以结束操作。

◎说明 单击"开始指定"按钮后,系统进入指定特殊图形操作状态,按钮文字就由"开始指定"变为"结束指定"(同时背景色也变为淡红色)。单击"结束指定"按钮后,系统退出指定特殊图形操作状态,同时按钮文字还原为"开始指定"(背景色也还原为淡蓝色)。

2. 特殊图形的选取

上面提到过,特殊图形的设置过程就是对特殊图形的选取过程。关于选取操作,有如下

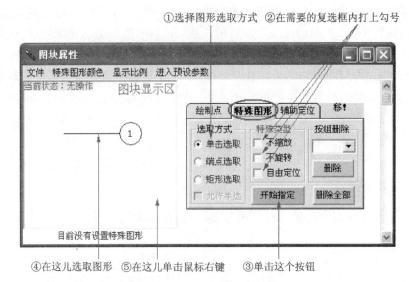

图 12-24 特殊图形的设置过程

说明：

① 图块内特殊图形的选取与绘图区内图形的选取规则完全一致，见 3.1.2 节和 3.1.3 节中的介绍。唯一的区别在于选取多个图块内特殊图形时，并不需要按 Ctrl 键。以单击选取方式为例，只需要用鼠标依次单击每个欲选取的图形即可。

② 主窗口菜单项"只选图形"、"只选文字"、"图文都选"等设置对图块内图形的选取也依然有效，单击选取时"先选底部图形"等设置（或按 Shift 键实现的这一设置）也同样有效。

③ 不能对已选取的图形取消选取，即特殊图形设置后不能修改，只能删除后重新设置。

3. 特殊图形的分组

每次单击"开始指定"按钮之后，至单击"结束指定"按钮之前，这期间所有被选取的图形视为同一组特殊图形。如果要再设置一组特殊图形，则需要再次单击"开始指定"按钮，然后选取一个或多个图形，最后再次单击"结束指定"按钮。

当有多个图形要设置为特殊图形时，需要按这些图形的性质合理地确定分为一组还是多组，原则为：

① 如果这些图形是不旋转图形，则简单地将这些图形设置为一组特殊图形即可（设置为多组与设置为一组效果是一样的）。

② 如果这些图形是自由定位图形，则按如下原则决定设置为一组还是多组。假设图块中有 A、B、C 三个图形需要自由定位，如果这三个图形需要作为一个整体被重新定位，则应将其设置为一组特殊图形，因为图块绘制时是针对每组自由定位图形进行一次自由定位操作的。将这三个图形归于一组不但可以一次完成重定位操作，而且可以在重定位中保持三个图形之间的相对位置关系不变。如果这三个图形各自需要独立重定位，则应将其设置为三组，每组一个图形。如果这三个图形中 A、B 需要作为一个整体重定位，而 C 需要独立重定位，则应将 A、B 设置为一组，将 C 设置为另一组。

③ 如果这些图形是不缩放图形，处理起来较为复杂一些。因为一个图块中有些图形缩放，有些图形不缩放。那么定义时"紧靠"在一起的图形经过缩放操作后就会"分家"，而软件内

部做了很多处理,使这类图形在缩放后仍然尽可能地"靠"在一起,以实现在图形部分缩放的情况下,图形内部的连接关系(主要是直线、圆弧两种图形与其他图形的连接关系)不变。而合理地设置不缩放图形的分组可以使软件能更好地处理这种连接关系。原则为:一般情况下,简单地将多个不缩放图形设置为一组特殊图形。如果两个不缩放图形跨在一条需要缩放的直线或圆弧的两侧,则应将两侧的不缩放图形分别设置在两个不缩放特殊图形组内,这样才能在直线缩放过程中自动维持与两个不缩放图形的连接关系。其他情况下,应采用试验的方式来确定应该设置为一个组,还是多个组,即多次尝试不同的分组设置,然后观察在绘图过程中图块的变化是否符合要求。甚至,有些图形需要在定义为图块之前,先设置为组合图形,以控制其在图块中强制按同一属性缩放或定位。

12.5.3　特殊图形的管理

1. 特殊图形的删除

特殊图形设置后只支持删除操作。在图 12-24 中,单击"删除全部"按钮可以删除全部特殊图形。如果先在"按组删除"选项组内的下拉列表框中选择一个组,再单击其下面的"删除"按钮,则可以删除指定的那一组特殊图形。

2. 特殊图形的显示颜色

每组特殊图形设置后,在图块显示区内用一种特殊的颜色显示,以示与非特殊图形的区别。

任何一组特殊图形的颜色都可以由用户设置,以第一组特殊图形颜色的设置为例,设置方法为:

在"特殊图形颜色"|"第一组颜色"菜单的下级菜单中选择一种颜色即可,如图 12-25 所示。

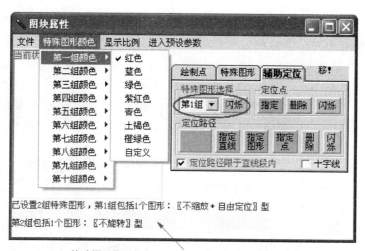

特殊图形提示标签,显示已设置的特殊图形信息

图 12-25　特殊图形的颜色设置及闪烁显示

3. 特殊图形的闪烁显示

软件也支持将某一组特殊图形在屏幕上闪烁显示一小段时间,以便用户识别这个特殊图

形组的成员。操作方法为将属性设置面板切换到"辅助定位"选项卡,然后在"特殊图形选择"选项组内的下拉列表框中选择一个特殊图形组,并单击其右侧的"闪烁"按钮(见图 12 - 25)。

4. 特殊图形提示标签

"图块属性"窗口的底部有一个特殊图形提示标签,在里面显示了已设置的特殊图形组数,每组特殊图形的类型等信息(见图 12 - 25),用户借此可以了解图块内特殊图形的设置情况。

12.5.4 应用示例

本节通过三个例子,具体分析特殊图形应如何设置、如何使用。作为对前面内容的总结,例子中给出了完整的操作步骤。

1. "定位轴线"图块的改造

前面提到的"定位轴线"例子中,在设置了两个绘制点后,虽然可以在绘制时进行缩放与旋转,但仍有不足之处。因为根据国标规定,轴线圆圈与里面的文字(轴号文字)大小应该是固定的,只有轴线中的那条长直线才允许缩放。还有,轴号文字应该始终水平绘制,即不应该参与旋转。

下面改造前面的"定位轴线"图块,使之符合国标的要求。所需要做的工作很简单,将轴线圆圈设置为具有"不缩放"属性的特殊图形,而将轴号文字设置为具有"不缩放"和"不旋转"属性的特殊图形即可。

操作步骤为:

第一阶段:图块定义。

① 画出图 12 - 26(a)所示的图形,然后将其全部选中。

② 将操作面板窗口切换到"图块"选项卡,在"图块名称"文本框内输入"定位轴线",然后单击"保存"按钮。

③ 在图块列表区内找到并双击刚才定义的"定位轴线"图块,调出"图块属性"窗口,如图 12 - 26(b)所示。

④ 设置图块的绘制点:参考图 12 - 26(b),分别单击快速设置框左边中点及右边中点上的小圆圈。

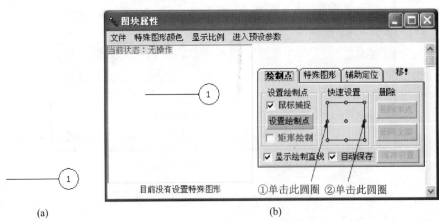

图 12 - 26　欲定义的图块及其绘制点

⑤ 设置特殊图形：将属性设置面板切换到"特殊图形"选项卡，然后进行如下操作（见图 12 - 27）。

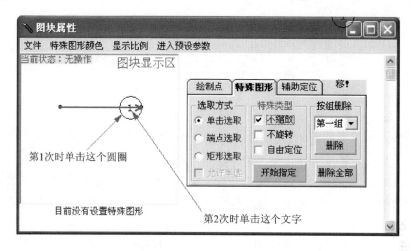

图 12 - 27　特殊图形设置

a. 在"特殊类型"选项组内勾选"不缩放"，在"选取方式"选项组内选择"单击选取"。

b. 单击"开始指定"按钮，然后在图块显示区内单击轴线圆圈，再单击"结束指定"按钮。

c. 在"特殊类型"选项组内勾选"不缩放"与"不旋转"。

d. 单击"开始指定"按钮，然后在图块显示区内单击圆圈内的文字"1"，再单击鼠标右键。

◎说明　由于对轴线圆圈来说，旋转与不旋转效果一样，所以可以将轴线圆圈及圈内文字都设置为"不缩放"且"不旋转"，所以本步也可简化为：

a. 在"特殊类型"选项组内勾选"不缩放"与"不旋转"，在"选取方式"选项组内选择"矩形选取"。

b. 单击"开始指定"按钮，然后在图块显示区内按下鼠标左键并拖动，以形成一个选取框，使选取框包围轴线圆圈及轴号文字，再松开鼠标。注意，如果上一步选择了"单击选取"，则是用鼠标分别单击轴线圆圈和轴号文字。

c. 单击"结束指定"按钮或在图块显示区内单击鼠标右键。

⑥ 关闭"图块属性"窗口，图块的定义结束。

第二阶段：图块使用。

① 在操作面板窗口"图块"选项卡上图块列表区内找到上面定义的"定位轴线"，单击它（即选中它），以进入图块绘制状态。

❋注意　本例中本步操作实际上不需要，因为上面在定义图块属性时已选中了"定位轴线"图块。

② 在绘图区内单击鼠标，两次单击可绘制一份图形。图 12 - 28 是绘制结果的一个示例，图中圆点表示鼠标单击处。

③ 按 Esc 键或者单击鼠标右键，结束图块绘制。

◎说明　经过本次改造后，可以实现圆圈不缩放以及圆圈内文字不缩放也不旋转的效果，但也会带来一个问题：当图形变长时，圆圈内的文字不再位于圆圈内。这个问题的解决见12.6.6 节内的例子。

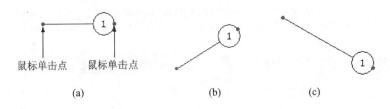

鼠标单击点　　鼠标单击点

(a) (b) (c)

图 12 - 28 "定位轴线"图块的绘制结果

2. "阀门"图块的制作

图 12 - 29(a)是一个阀门图形,为了方便以后重复使用,可将其定义为一个图块。显然,在用这个图块绘图时,直线部分应允许随意拉伸与旋转,而其中心的"漏斗"图形(即阀门)应仅随直线旋转而不随直线缩放。同时,阀门也不一定总在管道的中心处,应允许用户在绘制时自由指定阀门在管道中的位置,这样才能方便地绘制出如图 12 - 29 (b)和图 12 - 29 (c)所示的图形。

要实现上述要求,关键在于将"漏斗"图形定义为"不缩放"且"自由定位"的特殊图形。操作步骤为:

① 画一条水平直线和一个矩形,将这两个图形选取,进行水平方向的对中及垂直方向的对中,结果如图 12 - 29 (d)所示。

② 绘制一个四条边的多边形,多边形设置为内部实心填充,填充颜色为白色。如图 12 - 29 (e)所示,绘制时沿 a→b→c→d 顺序依次单击鼠标。多边形绘制完后,矩形已没有用处,将其选中并删除,得到如图 12 - 29 (f)所示的结果。

③ 选取图 12 - 29 (f)所示的直线和多边形,将"操作面板"窗口切换到"图块"选项卡,在"图块名称"文本框中输入"阀门",然后单击"保存"按钮。

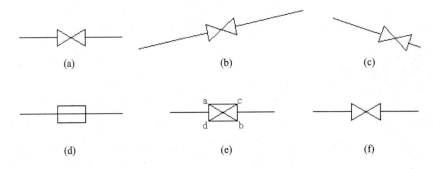

(a) (b) (c)

(d) (e) (f)

图 12 - 29 "阀门"图块及其构造过程

④ 在"图块"选项卡的图块列表区内双击上面定义的"阀门"图块,调出"图块属性"窗口。在这一窗口内进行如下操作:

a. 分别单击"快速设置"框内中间那一排小圆圈中的左侧那一个与右侧那一个,将绘制点设置在长直线的两个端点处,结果如图 12 - 30 所示。

b. 将属性设置面板切换到"特殊图形"选项卡,在"特殊类型"选项组中勾选"不缩放"和"自由定位",单击"开始指定"按钮,然后在图块显示区内单击多边形(也就是"漏斗"图形),再单击"结束指定"按钮,这时结果如图 12 - 31 所示。

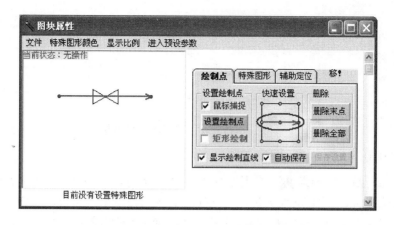

图 12 - 30 "阀门"图块的绘制点设置

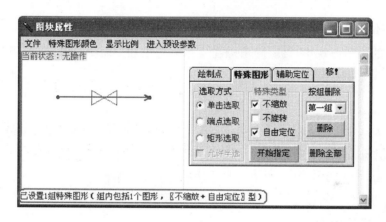

图 12 - 31 "阀门"图块的特殊图形设置

◎说明　设置特殊图形后,图块显示区底部的特殊图形提示框内会显示已设置的特殊图形组数及种类。

　　c. 关闭"图块属性"窗口。

　　⑤ 在绘图区内绘制阀门图形。绘制过程为:在任意两点处单击鼠标,就可以绘制出一个阀门图形的主体部分。通过观察绘制过程可以看到,在单击第二点前,通过移动鼠标就可以控制阀门直线任意缩放与旋转,而"漏斗"部分仅跟随旋转但不缩放。如果图块内没有自由定位图形,则在第二次单击鼠标后一份图块图形就绘制结束了,但由于本图块内包含一组自由定位图形,还需要增加一次鼠标单击操作。第二次单击鼠标后,会发现"漏斗"部分会跟随鼠标的移动而移动,用鼠标控制将"漏斗"部分移到合适的位置后,单击鼠标,"漏斗"部分即被定位,图块绘制过程结束。

　　⑥ 如果需要绘制多份图块图形,则重复上一步操作。最后,按 Esc 键或单击鼠标右键结束绘制过程。

3. 可分别定位的"组合沙发"图块

　　图 12 - 32 所示是室内装饰中经常用到的"一十二十三"组合沙发图形,为了方便以后重复使用,可将其定义为一个图块。这个图块的定义要点是将单人沙发、双人沙发、茶几三部分分

别设置为自由定位图形,因为不同的房间其宽度与高度不一样,沙发的不同部分摆放位置也不一样,所以要求沙发的不同部分能独立确定其位置。

这个例子练习的是多组自由定位图形的设置,限于篇幅,本处不对设置过程作具体介绍,详细情况请读者参考软件的电子版说明书《超级绘图王用户手册》17.5.4 节。

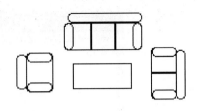

图 12 - 32　一十二十三组合沙发

12.6　图块属性_辅助定位

12.6.1　辅助定位概述

1. 辅助定位的作用

在上一节的阀门图块中,"漏斗"部分在绘制时可以在屏幕上任意定位,但实际上只希望"漏斗"部分能沿着那条长直线任意定位(因为阀门必须位于管子上),而不允许它"跑"到别的地方去。那么,在图块中能否限制一个自由定位图形在绘制时只能沿某条特定的路径进行定位呢? 答案是可以,这一工作由"辅助定位"设置来完成。

辅助定位是对自由定位图形的定位限制措施,如果对一组自由定位图形(也就是包含了自由定位选项的特殊图形)启用了辅助定位功能,则这组自由定位图形在绘制时只能沿指定的定位路径进行定位;否则,这组自由定位图形可以不受限制地任意定位。

辅助定位功能只对自由定位图形有意义,对其他类型的特殊图形没有意义。

2. 定位点与定位路径

启用一次辅助定位功能涉及两项设置:定位路径和定位点。

① 定位路径。定位路径是一条路径,自由定位图形在绘制过程中进行重定位时,只能沿这条路径进行定位,而不能脱离它。在超级绘图王 4.0 版中,这条路径只能是一条直线、一个圆或一个点。

② 定位点。定位点是自由定位图形上的一个点,自由定位图形在绘制过程中进行重定位时,这个点将被限制在定位路径上。前面提到的将"自由定位图形限制在定位路径上",事实上就是将自由定位图形上的定位点限制在定位路径上,然后图形的其他部分再通过保持与定位点的相对位置关系来完成定位。

定位点与定位路径的设置操作都集中在属性设置面板的"辅助定位"选项卡内,如图 12 - 33 所示。

3. 特殊图形组的选择

在进行辅助定位设置前,必须先指出针对哪一组特殊图形进行设置,这一工作是通过"特殊图形选择"框内的下拉列表框来选择完成的(见图 12 - 33)。

◎说明

① 通过单击下拉列表框右侧的"闪烁"按钮,可以使被选中特殊图形组在图块显示区内闪烁显示,以便确认所选的特殊图形组是否正确。

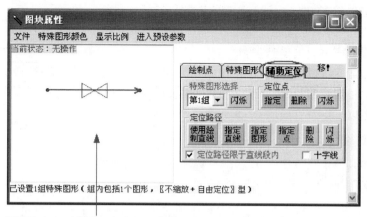

图块显示区，在这个区内单击鼠标进行定位点、定位路径的指定

图 12 - 33　属性设置面板的"辅助定位"选项卡

② 必须选择一个需要自由定位的特殊图形组，才能进行后续操作；否则，"定位点"与"定位路径"选项组将不可访问。

12.6.2　定位点管理

定位点包括两种操作：设置和删除。

1. 设置定位点

设置定位点的操作步骤为（见图 12 - 33）：

① 单击"定位点"选项组内的"指定"按钮。

② 在图块显示区内需要作为定位点的那个位置处单击鼠标。

◎说明

① 单击"指定"按钮后，如果又不想设置定位点了，则可以再单击一次这个按钮来退出设置（第一次单击后，这一按钮上的文字变为"退出"，就表示可用来退出定位点的设置）。另外，也可以在图块显示区内单击鼠标右键来实现退出。

② 定位点设置后，屏幕上并不显示（因为图块的属性参数较多，都用一定的符号显示出来，会导致画面很乱）。用户可以通过单击"定位点"选项组内的"闪烁"按钮，使定位点闪烁显示的方法，来了解定位点的设置位置。

③ 当将定位点设置到一个图形的特殊位置上时（例如设置到圆的圆心或直线的端点上），必须借助于鼠标捕捉功能才能准确设置。是否启用鼠标捕捉由"绘制点"选项卡上的"鼠标捕捉"复选框决定。

2. 删除定位点

单击"定位点"选项组内的"删除"按钮（见图 12 - 33）即可。

◎说明　定位点的默认位置为特殊图形组内全部图形最小包围矩形的中心，如果从未设置定位点，或者将已设置的定位点删除，则定位点都将变为默认位置。

12.6.3 定位路径管理

1. 定位路径概述

辅助定位功能是否启用,完全由定位路径决定。如果指定了定位路径,就启用了辅助定位功能。如果删除了定位路径(或者从未指定过),则不启用辅助定位功能。

定位路径可以是一条直线、一个圆或者一个点。

2. 设置定位路径

定位路径的具体设置方法在 12.6.4～12.6.6 节中通过实例介绍。

3. 显示定位路径

同定位点一样,定位路径在设置后,本身并不显示在屏幕上。用户可以通过单击"定位路径"选项组内的"闪烁"按钮(见图 12-33),使定位路径闪烁显示的方法,来了解其设置位置。

4. 删除定位路径

单击"定位路径"选项组内的"删除"按钮(见图 12-33)可以将已设置的定位路径删除。

12.6.4 定位直线

1. 定位直线概述

如果定位路径是一条直线,则称之为定位直线。可以用三种方法指定这条直线:① 取绘制直线作为定位直线;② 指定图块内的一个直线类图形(直线、折线或点划线)作为定位直线;③ 通过两次鼠标单击操作画出这条直线。

图 12-33 中有一个"定位路径限于直线段内"复选框,如果在指定定位直线的操作前,这一选项是选中的,则自由定位图形只能在定位直线的线段之内(直线的两个端点之间)进行重定位。否则,自由定位图形可以在定位直线及其延长线上进行重定位。

2. 绘制直线作为定位直线

对于很多以一条长直线为主的图块(如前面介绍的"阀门"图块),一般将长直线设置为绘制直线,而同时自由定位部分往往也需要沿这条长直线进行定位,这时绘制直线同时可以兼作定位直线。下面以实例介绍这种情况下定位直线的设置方法。

例 12.4:将 12.5.4 节中创建的"阀门"图块进行改造,使其中的"漏斗"部分只能沿长直线自由定位,如图 12-34 所示。

这个图形在移动(重定位)时,只能在直线ab上滑动

图 12-34　改造后的"阀门"绘制效果

操作步骤为:

只需要在那个例子中的第④步内增加一个子步骤即可,其余步骤完全相同。那个例子中第④步内原有"a. "、"b. "、"c. "三个子步骤,将子步骤"c. "改为"d. ",而增加一个新的子步骤"c. ",如下:

c. 将属性设置面板切换到"辅助定位"选项卡,单击"使用绘制直线"按钮,如图 12-35 所示。

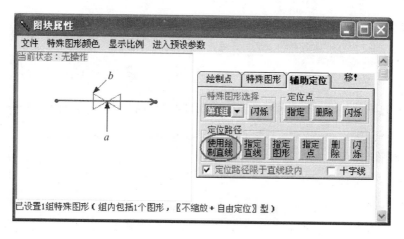

图 12-35　"图块属性"窗口

◎**说明**

① 当将"绘制直线"作为"定位直线"使用时，只需要单击一下"使用绘制直线"按钮，不需要其他操作。

② 因为当前图块内只有一组特殊图形，所以设置辅助定位前不需要进行特殊图形组的选择。

③ 本例中没有进行定位点的设置，这是因为"漏斗"图形的定位点应设置在其中心点处（即图 12-35 中的 a 点处），这一点正好就是定位点的默认位置，所以也不必再进行定位点的设置。

如果要将定位点设置在图 12-35 中的 b 点处，则操作步骤为：先单击"定位点"选项组内的"指定"按钮，然后在图 12-35 所示的 b 点处单击鼠标。

④ 增加辅助定位设置后，在绘制图块时，就会发现"漏斗"部分在自由定位时只能沿长直线移动。

3. 指定图块内的一条直线作为定位直线

可以将图块内的一个直线类图形（直线、折线或点划线）指定为定位直线。这样，自由定位图形将只能沿这个直线类图形进行重定位。下面以实例介绍这种情况下定位直线的设置方法。

例 12.5：仍然是改造 12.5.4 节中创建的"阀门"图块，改造后的要求同本节内上面的例 1，但要用另一种方法实现。

操作步骤为：

同本节内上面的例 1 完全一样，针对 12.5.4 节例子中的第④步增加一个子步骤 c（原来的子步骤"c."则改为"d."），新增的子步骤 c 如下：

c. 将属性设置面板切换到"辅助定位"选项卡，单击"指定图形"按钮。然后移动鼠标到图块显示区内，在阀门图块的长直线上单击鼠标，即可将其指定为绘制直线，整个过程如图 12-36 所示。

◎**说明**

① 当定位路径恰好是图块内的一个图形时，可以使用本办法来将其指定为定位路径。使

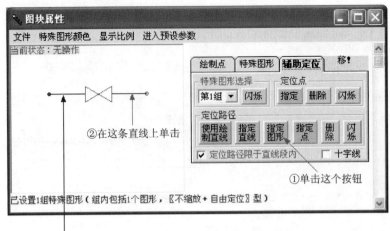

说明：只有去掉"绘制点"选项卡上的"显示绘制直线"复选框内的勾号，这条直线才能显示出来；否则会被"绘制直线"所遮挡，但即使被遮挡也可以直接在上面单击鼠标

图 12-36　"指定图形"的操作过程

用本办法指定定位路径时，鼠标可以单击在直线类或圆类图形上（圆类图形做定位路径在后面介绍），但不能单击在其他类型的图形上。

　　② 单击"指定图形"按钮后，如果又不想设置定位路径了，则可以再次单击这一按钮来退出操作（第一次单击后，这一按钮上的文字变为"退出指定"，就表示可用来退出定位图形的设置）。另外，也可以在图块显示区内单击鼠标右键来退出操作。

　　③ 被单击的图形不能位于当前特殊图形组内，因为一组自由定位图形不能参照自己组内的图形来限制定位。例如，假设当前正在对第二组特殊图形设置定位路径，则被指定为定位路径的图形不能位于第二组特殊图形内，但可以位于其他组特殊图形内，或者是非特殊图形。

　　④ 定位路径设置成功后，软件会弹出提示窗口。

4. 通过鼠标指定定位直线

　　当定位路径是一条直线时，这条直线并不要求在图块中存在（即图块中并不需要存在与定位直线相对应的直线图形），实际上定位直线可以使用鼠标任意指定。下面以实例介绍这种情况下定位直线的设置方法。

　　例 12.6：仍然是改造 12.5.4 节中创建的"阀门"图块。这个图块经过上面例 1 或例 2 的改造后，都能强制图块中的"漏斗"部分在自由定位时只能在长直线上"滑行"，但仍然有美中不足之处。图 12-37 是使用改造后的图块绘制的三个图形。可以看出，图 12-37(a) 是比较理想的，但图 12-37(b) 和图 12-37(c) 不理想，因为"漏斗"部分跑到了长直线的末端，导致"阀门"只有一侧和"管子"是相连的。

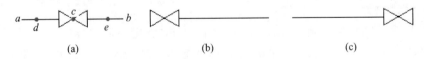

        (a)   (b)   (c)

图 12-37　"阀门"图块的绘制结果

　　解决方法很简单，参考图 12-37(a)，原先是限制"漏斗"部分只能在长直线 ab 上移动，现在改为限制其只能在直线段 de 上移动，即"漏斗"部分的中心点 c 能到达的极限位置是 d 或 e。

这样,就不会绘制出图 12 – 37(b)或图 12 – 37(c)所示的图形了。

操作步骤为:

与本节内上面的例 1 完全一样,针对 12.5.4 节例子中的第④ 步增加一个子步骤 c(原来的子步骤"c. "则改为"d. "),新增的子步骤 c 如下:

c. 将属性设置面板切换到"辅助定位"选项卡,单击"指定直线"按钮。然后移动鼠标到图块显示区内,在长直线上的 d、e 两点处分别单击鼠标,整个过程如图 12 – 38 所示。

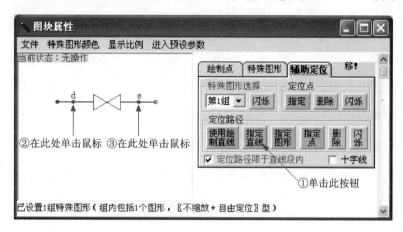

图 12 – 38　"指定直线"的操作过程

◎说明

① 本例中作为定位直线的直线段 de,不是"阀门"图块内真实存在的一条直线,所以必须通过"指定直线"按钮启动指定定位直线操作,然后通过两次鼠标单击来指出这条直线的位置。

② 单击"指定直线"按钮后,如果又不想设置定位直线了,则可以再单击一次这一按钮来退出设置(第一次单击后,这一按钮上的文字变为"退出指定",就表示可用来退出定位直线的设置)。另外,也可以在图块显示区内单击鼠标右键来退出。

③ 定位直线设置期间(即第一次单击鼠标之后而第二次单击鼠标之前),屏幕上会动态显示定位直线的状态。指定结束后,这一直线不再显示。用户可以通过单击"定位路径"选项组内的"闪烁"按钮,使定位直线闪烁,以了解定位直线的设置位置。

④ 在第一次单击鼠标之后,第二次单击鼠标之前,按下 Shift 键再移动鼠标,可以将定位直线强制为水平或垂直。

⑤ 当将定位直线的端点设置到一个图形的特殊位置上时(例如设置到圆的圆心或直线的端点上),必须借助于鼠标捕捉功能才能准确设置。是否启用鼠标捕捉由"绘制点"选项卡上的"鼠标捕捉"复选框决定。

⑥"辅助定位"选项卡的右下角有一个"十字线"复选框(见图 12 – 38),勾选它后,在鼠标移动期间会显示一条十字定位线,用以辅助观察当前鼠标指针是否在水平或垂直方向上已与某个图形端点对齐。

12.6.5　定位圆

如果定位路径是一个圆,则称之为定位圆。

定位圆只能是图块内一个已存在的圆类图形(圆、圆弧、扇形或弦)的边界,然后通过"指定图形"操作指定这个圆类图形,再由软件提取其边界作为定位圆。

利用定位圆,可以将自由定位图形限制在一个圆形路径上。例如,在图12-39(a)中,可以让小圆在大圆的圆周上"滑动"。在图12-39(b)中,可以让小圆在两个大圆的中间"滚动",从而实现类似于轴承里面钢球的定位效果。

限于篇幅,本处不对定位圆的设置过程作具体介绍,详细情况请读者参考软件的电子版说明

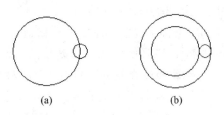

(a)　　　　　(b)

图12-39　定位圆的应用示例

书《超级绘图王用户手册》17.6.5节。另外,那一节中还有一个非常重要的概念:"纯辅助定位用"图形,也希望读者一并掌握。

12.6.6　点到点定位

1. 概　述

定位路径有一种特殊情况,那就是定位路径可以是一个点。这种情况下,称为"点到点"的定位。

如果定位路径是一条直线或一个圆,用户很容易理解,那就是自由定位图形在定位时只能沿这条直线或这个圆进行移动。而如果定位路径是一个点,又该怎样理解呢?

答案是:自由定位图形在定位时只能定位在这个点上。这种情况下,自由定位图形能够定位的位置是唯一的,虽然名为"自由定位"图形,但实际上已没有任何"自由"可言。

对于定位路径为"点"的自由定位图形,图块绘制过程中在重定位时软件会直接将图形移动到定位路径上,不需要用户针对这一组自由定位图形再额外进行一次鼠标单击操作。

2. 应用领域

"点到点"的定位是使用频率非常高的一种定位方式,下面通过一个例子来说明其应用情况。

图12-40(a)是建筑电气国标中"音响及电视分配系统"中的"环路系统出线端"图例,这个图形很简单,只有一条直线和一个圆构成。为了方便重复使用,用户可将其定义为图块。

定义图块后,要求直线在绘制时能任意缩放,但圆的大小要保持不变。为此,需要将圆设置为"不缩放"图形。这样,圆的大小问题虽然解决了,但会带来另一个问题:绘制时由于直线进行了缩放,但圆没有缩放,圆与直线的相对位置关系会发生改变,直线与圆将不再紧靠在一起,而是会"分家"。

如果既想让直线缩放而圆不缩放,又想让直线缩放后它们的相对位置关系不变(圆仍然靠在直线的底下),就需要使用"点到点"的定位功能来帮忙了。为了更清楚地说明问题,我们将直线与圆分开画,如图12-40(b)所示。在图块的属性设置中,有如下要点:

(a)　　　　　　　　　(b)

图12-40　"环路系统出线端"图块

圆除了要设置为不缩放外,还要设置为自由定位。定位点设置在图 12 - 40(b)所示的 b 点处,而定位路径为一个点,设置为直线的中点 a。

在图块绘制过程中,直线的中点 a 会随直线而缩放。"圆"是自由定位图形,绘制过程中需要随时进行重定位,根据"点到点"的定位规则,软件会自动将圆中的 b 点对准到直线的 a 点处。这样,圆就会始终"粘"在直线的中点上,达到了用户的预设要求。

事实上,当图块中有设置了"不缩放"或"不旋转"属性的特殊图形时,这类图形在绘制过程中都会与其周围的图形"分家"(即相对位置关系发生改变)。要想保持这些特殊图形与周围图形的相对位置关系不变,就需要使用"点到点"的定位功能对这些特殊图形重定位。

3. 操作步骤

下面以上面分析的"环路系统出线端"图块的定义过程为例,介绍"点到点"定位的操作步骤。

操作步骤为:

① 画出图 12 - 40(a)所示的图形,然后将其全部选中。

② 将操作面板窗口切换到"图块"选项卡,在"图块名称"文本框内输入"环路系统出线端",然后单击"保存"按钮。

③ 在图块列表区内找到刚才定义的"环路系统出线端"图块,双击它,调出"图块属性"窗口。

④ 设置绘制点:如图 12 - 41 所示,先单击"设置绘制点"按钮,然后在图块显示区内,在直线的两端点处分别单击鼠标。

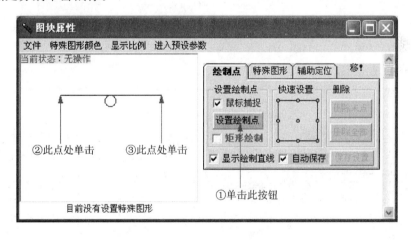

图 12 - 41 图块绘制点设置

⑤ 设置特殊图形:将属性设置面板切换到"特殊图形"选项卡,然后进行如下操作(见图 12 - 42)。

a. 在"选取方式"选项组内选择"单击选取",在"特殊类型"选项组内勾选"不缩放"和"自由定位"。

b. 单击"开始指定"按钮,然后在图块显示区内单击"圆"。

c. 在图块显示区内单击鼠标右键。

⑥ 设置辅助定位信息:将属性设置面板切换到"辅助定位"选项卡,然后进行如下操作(见

图 12 - 43)。

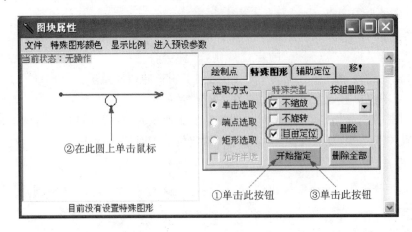

图 12 - 42　特殊图形设置

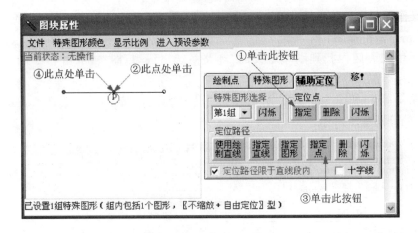

图 12 - 43　辅助定位设置

　　a. 单击"定位点"选项组内的"指定"按钮,然后在图块显示区内,在圆的上边界点处单击鼠标。

　　b. 单击"定位路径"选项组内的"指定点"按钮,然后在图块显示区内,在直线的中点上单击鼠标。

　　◎说明　这两步实际是在同一个位置(都是图 12 - 43 中的 P 点)处单击鼠标,但这个位置在两步操作中的意义是不同的。第一步是启动了定位点的设置后在 P 点单击的鼠标,P 点首先要被理解为自由定位图形上的点,即圆的上边界点。而第二步是启动了定位路径的设置后在 P 点单击的鼠标,这时 P 点不可能是"圆"上的点(因为一个自由定位组的定位路径不允许是它组内的图形),这样 P 点将被理解为直线上的点。

　　⑦ 关闭"图块属性"窗口,图块的定义结束。

　　◎说明

　　① 经过以上属性定义后,图块在绘制时,用户只需要在直线的两个端点(即两个绘制点)处单击鼠标,就可以画出一份图形。对圆的自由定位处理,是软件自动完成的,用户不需要

参与。

② 作为定位路径的"点",可在任意位置上,而不限于图块内的图形上。

4."定位轴线"图块的进一步改造

在 12.5.4 节中定义了一个增强版的"定位轴线"图块,但那个图块使用时仍然有一个小缺点,就是当绘制的图形较大时,文字会跑到轴线圆圈的外面,如图 12-44 所示。

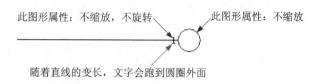

此图形属性:不缩放,不旋转　　此图形属性:不缩放

随着直线的变长,文字会跑到圆圈外面

图 12-44　上个版本"定位轴线"图块中存在的问题

造成这个问题的原因很简单:因为图块中的直线是缩放和旋转的,而文字却是不缩放不旋转的,经过缩放与旋转后,直线与文字会产生位置差,从而造成文字跑到了圆圈之外。要解决这个问题,只需要将文字设置为"点到点"的自由定位图形,并且将文字的中心设置为定位点,而将圆的圆心设置为定位路径点,这样每次操作后,文字中心自动对准到圆的圆心上,文字就不会"乱跑"了。

另外有一点要注意,图 12-44 中的"圆"也是一个不缩放图形,但在图形缩放时它总能与长直线保持位置关系不变。这是因为"圆"与直线的一个端点是相连的,这种情况下,软件会"自作主张"地维持圆与直线的相对位置关系不变。具体规则为:如果一个不缩放图形与直线或圆弧的端点是相连的(或相交),软件会自动维持其与直线或圆弧的相对位置关系。

现在,我们重新改造一下"定位轴线"图块,使之能解决以上问题。

操作步骤为:

① 画出图 12-45(a)所示的图形,然后将其全部选中。

② 将操作面板窗口切换到"图块"选项卡,在"图块名称"文本框内输入"定位轴线",然后单击"保存"按钮。

③ 在图块列表区内双击刚才定义的"定位轴线"图块,调出"图块属性"窗口,如图 12-45(b)所示。

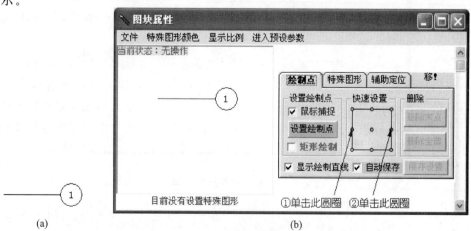

图 12-45　欲定义的图块及其绘制点

④ 设置图块的绘制点：参考图 12-45(b)，分别单击快速设置框左边中点及右边中点上的小圆圈。

⑤ 设置特殊图形：将属性设置面板切换到"特殊图形"选项卡，然后进行如下操作（见图 12-46）。

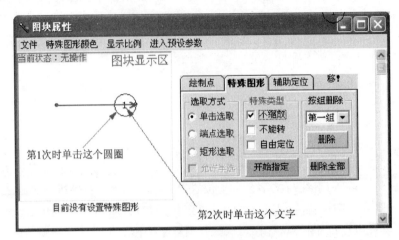

图 12-46　特殊图形设置

a. 在"特殊类型"选项组内勾选"不缩放"，在"选取方式"选项组内选择"单击选取"。

b. 单击"开始指定"按钮，然后在图块显示区内单击轴线圆圈，再单击"结束指定"按钮。

c. 在"特殊类型"选项组内勾选"不缩放"、"不旋转"与"自由定位"三项。

d. 单击"开始指定"按钮，然后在图块显示区内单击圆圈内的文字"1"，再单击鼠标右键。

⑥ 设置辅助定位：将属性设置面板切换到"辅助定位"选项卡，然后进行如下操作（见图 12-47）。

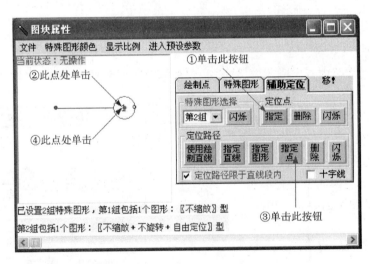

图 12-47　辅助定位设置

a. 单击"定位点"选项组内的"指定"按钮，然后在文字串"1"的中心处单击鼠标。

b. 单击"定位路径"选项组内的"指定点"按钮，然后在圆圈的圆心处单击鼠标。

◎说明　　实际上,这两次是在同一位置处单击鼠标,因为文字的中心与圆的圆心是重合的。另外,当切换进入"辅助定位"选项卡时,"特殊图形选择"选项组内的下拉列表框会自动选择"第 2 组",因为只有第 2 组特殊图形是自由定位图形,也只有它才需要进行辅助定位。

　　⑦　关闭"图块属性"窗口,图块的定义结束。

◎说明　　经过以上属性设置后,在绘图区内每单击两次鼠标可绘制一份定位轴线图形,并且具有如下特性:图块中的直线可任意缩放与旋转,圆圈不缩放,文字不缩放也不旋转,圆圈总是定位在直线的末端,而文字总是定位在圆圈的圆心处。

12.6.7　半选中与拉伸

1. 半选中与拉伸

　　对于图块中的直线或圆弧,允许其一个端点是自由定位的,而另一个端点是固定的,这称为半选中。在图块绘制过程中对半选中的那个端点进行重定位时,图块中的直线或圆弧实际上是在被拉伸或收缩。以图 12 - 48(a)为例,这是一个电容图形,利用半选中功能再配合直线型定位路径,可以使电容的"极板"能沿图形中的直线自由滑动。在"极板"滑动过程中,"极板"一侧的直线要被拉伸,而另一侧的直线是被缩短。

图 12 - 48　具有拉伸功能的图块示例

　　对于图块中带自动重复绘制的图形,其自动重复终点也允许自由定位(同时"母图"部分固定)。在图块绘制过程中对自动重复终点进行重定位时,自动重复终点实际上是被拉伸(或收缩),这样就可以使图案的重复数量动态变化。图 12 - 48(b)是铁轨图块,利用自动重复终点半选中功能再配合直线型定位路径,可以使铁轨在绘制时能自由伸缩,伸缩过程中铁轨基本图案不变但数量动态调整。

　　限于篇幅,本处不对半选中与拉伸功能作具体介绍,详细情况请读者参考软件的电子版说明书《超级绘图王用户手册》17.7 节。

2. 更多的图块属性综合应用示例

　　图块虽然只有少数几个属性(绘制点、特殊图形、辅助定位与动态文字),但这些属性组合起来可以实现相当复杂的功能。

　　限于篇幅,本处不再介绍过多例子。软件的电子版说明书《超级绘图王用户手册》17.9 节有更多真实建筑图块的绘制分析与示例,请读者自行参考。

12.7　图块属性_动态文字

12.7.1　动态文字概述

　　对于前面创建的"定位轴线"图块(在 12.6.6 节内),里面的轴号文字固定为"1",这也不符合我们的要求,因为不同的轴线要使用不同的编号。如果在绘制时能动态地指定这个轴号,则这个图块就非常完美了。

使用动态文字功能可以实现上述要求。图块内的任何一段文字都可以被指定为动态文字,一段文字被指定为动态文字后,在绘制时其内容可以由用户临时指定。若用户不指定,则使用图块定义时的文字内容。

软件规定:一个图块内最多可以设置五段动态文字,也可以没有动态文字。

12.7.2 操作实例

下面对 12.6.6 节中的"定位轴线"图块再进行一次改造,使其中的轴号文字能动态指定,从而形成一个完美版本。

操作步骤为:

第一阶段:图块定义。

这一阶段与 12.6.6 节中的"4. '定位轴线'图块的进一步改造"的步骤相同,但需要增加一步,即将原来的第⑦步改为第⑧步,而增加一个新的第⑦步,如下:

⑦ 在"图块属性"窗口的动态文字设置区内,勾选字符串"1",如图 12-49 所示。

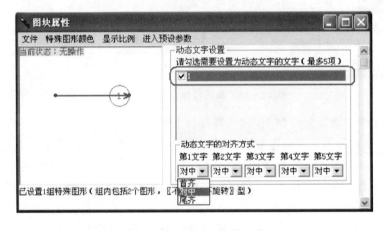

图 12-49 动态文字的设置

◎说明

① 只有在图块内有文字时,"图块属性"窗口内才会显示"动态文字设置"选项组。

② "动态文字设置"选项组内会列出图块内包含的所有文字,并且每段文字前面都有一个复选框,在其中打上勾号可将对应的文字设置为动态文字,而去掉勾号可将对应文字还原为普通文字。

③ 在"动态文字设置"选项组的底部可以设置动态文字的对齐方式,当图块绘制中用户实际输入的文字(称为替代文字)与图块定义时的文字(称为原始文字)字符串长度不一样时,由对齐方式指出按哪种原则决定替代文字的显示位置,有三种对齐方式:

"对中":使替代文字的中点对准到原始文字的中点处,这是默认的对齐方式。

"首齐":使替代文字的首部与原始文字的首部对齐。

"尾齐":使替代文字的尾部与原始文字的尾部对齐。

画面中的"第 1 文字"、"第 2 文字"、…、"第 5 文字"下拉列表框分别对应着第 1 个至第 5

个动态文字的对齐方式。

第二阶段:图块使用。

① 在操作面板窗口"图块"选项卡上图块列表区内找到上面定义的"定位轴线"图块,单击它(即选中它),以进入图块绘制状态,这时会弹出替代文字窗口,如图 12 - 50 所示。

❋**注意**　前面已介绍过,本例中本步操作实际上不需要。

图 12 - 50　"动态文字的替代文字"窗口

② 在"动态文字的替代文字"窗口内,在"第一组"选项组内的"替代文字"列表框内输入"2"、"3"、"A"、"B"这四段替代文字,每段替代文字后面要按 Enter 键(以实现换行)。输入结果如图 12 - 50 所示。

❋**注意**　"第二组"至"第五组"的"原始文字"文本框内为空,说明图块内没有定义第 2 组到第 5 组动态文字,因而不需要输入它们的替代文字。

③ 移动鼠标到绘图区内,每单击两次鼠标就绘制出一条定位轴线,连续绘制多条定位轴线后,结果如图 12 - 51 所示。

(a) 第1次绘制　　(b) 第2次绘制　　(c) 第3次绘制　　(d) 第4次绘制　　(e) 第5次绘制

图 12 - 51　带动态文字图块的绘制结果

④ 按 Esc 键或者单击鼠标右键,结束图块绘制。

◎**说明**　关于动态文字操作的更多例子,请读者参考软件的电子版说明书《超级绘图王用户手册》17.8.4 节。限于篇幅,本处不作过多介绍。

12.7.3　替换规则说明

图块绘制时,对动态文字的替换规则为:

① 每绘制一份图块图形,就要用掉一段"替代文字",原始动态文字的内容被替换成用掉的这段"替代文字"的内容,图 12 - 51(a)~(d)说明了这种情况。当所有的"替代文字"被用完后,后续图块图形中动态文字的内容将不再被替换(即使用"原始文字"的内容),图 12 - 51(e)说明了这种情况。

② 如果关闭了图 12-50 所示的"动态文字的替代文字"窗口,则不再进行动态文字的替换。这一规则使得用户可以禁用动态文字功能,只需要关闭"动态文字的替代文字"窗口即可。

③ 如果觉得"动态文字的替代文字"窗口占用了太多的屏幕空间,则可以将其最小化,并不影响动态文字的正常替换。

另外,由于"自动保存"复选框(在图块属性设置面板的"绘制点"选项卡上,如图 12-52 所示)默认是选中的,在设置了动态文字的情况下,会导致后面每进行一项图块属性设置,都会弹出一次如图 12-50 所示的窗口,而在图块的属性设置过程中,用户并不希望弹出这一窗口。

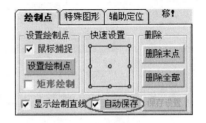

图 12-52　图块属性设置面板的
"绘制点"选项卡

解决这一问题有三个办法:

方法一:"动态文字的替代文字"窗口弹出后,不要将其关闭,而是将其最小化。

方法二:去掉"自动保存"复选框内的勾号。然后在所有图块属性设置完后,再单击一次"保存设置"按钮(在图 12-52 右下角处)即可。

方法三:先设置其他图块属性,将其他图块属性都设置完后,再设置图块中的动态文字。

12.8　绘制选项_简单选项

12.8.1　图块绘制选项概述

图块绘制选项(后面简称为"绘制选项")是用户在图块绘制时的一些操作设置,这些设置适用于整个图块绘制过程。绘制选项与图块属性都影响着图块的绘制,但各有不同的特点:

① 绘制选项并不针对某个图块,而是对当前用户在绘制过程中用到的全部图块都有效;而图块属性只针对拥有这一属性的那一个图块有效。

② 绘制选项是一些临时性设置,用户可以随时更改,并且这些设置不会记录到图块文件内,既无法永久保存也不能传播给其他用户。图块属性则不同,它记录在图块文件内,长期有效并且能传播给图块的使用者。

有三个地方可以设置图块绘制选项,分别是操作面板窗口的"图块"选项卡、图块窗口与临时图块窗口。这三个地方的设置功能是完全一样的,下面以操作面板窗口的"图块"选项卡为例进行介绍,如图 12-53 所示。

12.8.2　缩放与旋转

图块在绘制过程中,可以使用鼠标控制其缩放与旋转,也可以通过输入一个指定的缩放比例或旋转角度来实现精确地缩放与旋转。

1.　用鼠标控制缩放与旋转

如果要用鼠标控制图块绘制过程中的缩放与旋转,请在图 12-53 中选中"自由缩放"与"自由旋转"(这两项也是默认设置)。这种情况下,如果图块属性中定义了两个绘制点(即二点绘制),绘制过程中可以用鼠标控制对图块进行任意缩放与旋转。如果图块属性中只定义了一

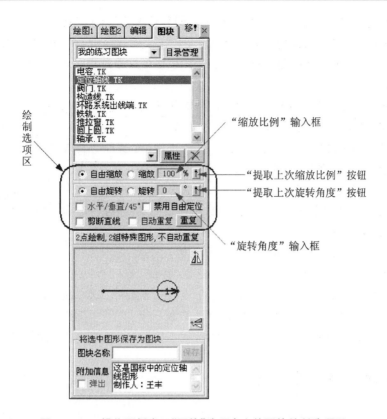

图 12 - 53　操作面板窗口"图块"选项卡上的图块绘制选项区

个绘制点（即单点绘制），则图块本身不具备用鼠标对其控制缩放与旋转的功能，绘制过程中只能按定义时的"样子"进行原样复制。

2. 精确缩放与旋转

不论是单点绘制还是二点绘制，用户都可以通过指定缩放比例或旋转角度的方法来实现精确地缩放与旋转。

指定缩放比例：在图 12 - 53 中选中"缩放"单选按钮，并在其右侧的"缩放比例"输入框中输入一个缩放比例（按百分比计，输入百分号之前的部分）。

指定旋转角度：在图 12 - 53 中选中"旋转"单选按钮，并在其右侧的"旋转角度"输入框中输入一个旋转角度（角度的格式参见 2.1.3 节）。

图 12 - 54 为几种情况下的设置示例。

(a) 图块放大2倍绘制　　(b) 图块旋转30°绘制　　(c) 图块放大2倍并旋转30°绘制

图 12 - 54　精确缩放与旋转的设置示例

◎说明

① 在图块具有两个绘制点的情况下，如果只指定了缩放比例，而旋转方面采用默认的"自由旋转"，则仍然需要两次单击鼠标来绘制一个图块图形。绘制过程中图块图形的大小不能改

变(因为已指定了缩放比例),但能用鼠标控制其旋转角度。

② 在图块具有两个绘制点的情况下,如果只指定了旋转角度,而缩放方面采用默认的"自由缩放",则仍然需要两次单击鼠标来绘制一个图块图形。绘制过程中图块图形的角度不能改变(因为已指定了旋转角度),但能用鼠标控制改变图形大小。

③ 如果同时指定了缩放比例与旋转角度,即使图块有两个绘制点,也只需要一次单击鼠标就完成绘制(即变为单点绘制),因为这时已没有任何可由鼠标控制改变的东西。

④ 单击图12-53中的"提取上次缩放比例"按钮,可以自动提取上一个图块图形绘制时使用的缩放比例并填写在其左侧的"缩放比例"输入框内。这一按钮的典型应用场合为:

假设在"自由缩放"的情况下绘制了第一份图形A,现欲画第二份图形B,而B的大小要求与A相同。显然,B在绘制过程中不能再"自由缩放"(否则无法精确控制所画图形大小),而只能采用"指定缩放比例"的方式来绘制,这时单击"提取上次缩放比例"按钮,就可以提取出A在绘制时的缩放比例,B只要也采用这一缩放比例,绘制的图形就与A大小相同了。

⑤ 单击图12-53中的"提取上次旋转角度"按钮,可以自动提取上一个图块图形绘制时使用的旋转角度并填写在其左侧的"旋转角度"输入框内。这一按钮的典型应用场合与上面提到的"提取上次缩放比例"按钮类似,用于绘制一个与上一个图形具有相同旋转角度的图形。

12.8.3　剪断底部直线

在图12-53中有一个"剪断直线"复选框("剪断底部直线"的缩写)。勾选后,在绘制图块图形时,若两个鼠标单击点单击在同一条直线上,则位于两个鼠标单击点之间的这段直线将被剪除。这一选项可以在已画好的"墙体"或管线等图形上"剪洞"并插入图块图形。

下面通过一个例子来介绍这一选项的应用。假设已有图12-55(a)所示的图形,希望得到图12-55(b)所示的图形。用户可以将图12-55(c)所示的图形定义为一个名为"纯电容"的图块,然后绘制时利用"剪断直线"功能就可以在已有的导线上"剪洞"并且插入电容图形,从而得到图12-55(b)所示的图形。

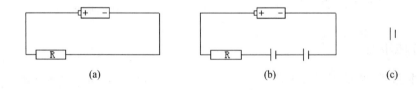

(a)　　　　　　　　　　　(b)　　　　　　　　　　　(c)

图12-55　"剪断直线"复选框的应用

操作步骤为:

① 画出图12-55(a)所示的图形,以及图12-55(c)所示的图形。

② 选取图12-55(c)所示的图形,在图12-53中的"图块名称"文本框内输入"纯电容",然后单击"保存"按钮。

③ 在图块列表内选中"纯电容"图块,同时勾选"剪断直线"复选框。

④ 在图12-55(a)中,在需要插入电容的两个地方分别单击鼠标,即得到图12-55(b)所示的图形。

◎说明

① 由于"纯电容"图块在绘制时不需要缩放,所以不用定义绘制点,采用默认的单点绘制即可。

② 在单点绘制的情况下,水平或近似水平直线上被剪去部分的大小为图块的宽度,垂直或近似垂直直线上被剪去部分的大小为图块的高度。

③ 绘制图块时,鼠标的单击点必须单击在直线上,直线才能被剪断。

12.8.4 其他简单选项

1. 水平/垂直/45°

在图 12-53 中有一个"水平/垂直/45°"复选框,此选项在图块具有两个绘制点并且是"自由旋转"的情况下才有意义。它若被选中,图块绘制过程中将强制旋转角度只能为 0°、45°、90°、135°等(即只能以 45°的倍数旋转)。由于大量图块只要求水平或垂直绘制,所以使用这一选项可简化这类图块在绘制时的角度控制。

2. 禁用自由定位

在图 12-53 中有一个"禁用自由定位"复选框,如果选中这个复选框,则图块的自由定位功能在绘制时被禁用,即不能对图块中的自由定位图形进行重定位。既然在图块属性中定义了自由定位图形,那么在绘制时为什么又要禁用呢?

以 12.6.4 节中定义的"阀门"图块为例分析,在那个图块中,"阀门"中心的"漏斗"部分能沿管线自由移动。但大多数情况下,"漏斗"部分都需要在管线的中间,这时并不需要对"漏斗"部分进行自由定位(若进行自由定位,不但增加一步操作,反而导致"漏斗"部分很难再对准到管线的中间)。这时用户只需要勾选"禁用自由定位"复选框,就可以快速绘制出"漏斗"部分在管线中间的"阀门"。当需要绘制"漏斗"部分不在管线中间的"阀门"时,再去掉"禁用自由定位"复选框的勾号,这时"漏斗"部分又可以自由定位了。

12.9 绘制选项_自动重复

12.9.1 自动重复绘制概述

对于基本图形,像直线、圆、矩形等,在绘制时可以勾选"自动重复绘制"复选框而实现一次绘制一批同类图形(详见 2.7 节的介绍),这一功能极大地方便了一些填充图案类图形的绘制。

图块也支持自动重复绘制,也可以一次完成一批相同图形的绘制。用户只需要在图 12-56 中"自动重复"复选框内打上勾号,就启用了图块自动重复绘制功能。若去掉其勾号,又关闭了图块自动重复绘制功能。默认状态下,这一功能是关闭的。

若启用了图块自动重复绘制,在正常绘制完一份图块图形后,必须额外增加一次鼠标单击操作,这次额外的鼠标单击操作用于指定"重复终点",软件会自动重复第一份图块图形,以填满它与重复终点之间的路径。由此,可以一次绘制出一批大小完全相同并沿指定路径排列的图块图形。

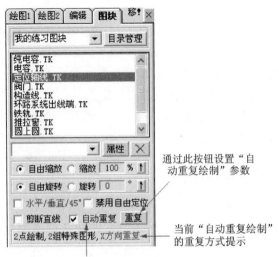

图 12-56 图块"自动重复绘制"相关操作界面

12.9.2 基本操作

下面通过一个实例来介绍图块自动重复绘制功能的用法。

要求:将图 12-57(a)所示的图形定义成一个名为"花"的图块,并使用其一次绘制出一批"花"。

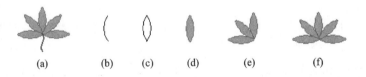

图 12-57 "花"图块及绘制过程

操作步骤为:

① 绘制出图 12-57(a)所示的图形,包含以下几个子步骤。

a. 绘制一段圆弧,如图 12-57(b)所示。

b. 对这段圆弧进行水平镜像翻转,得到图 12-57(c)所示的图形。

c. 对图 12-57(c)所示的图形进行边界提取(提取时的设置见图 12-58(a)),得到图 12-57(d)所示的"花瓣"图形。边界提取结束后,再将图 12-57(c)所示的图形删除。

◎说明 注意边界提取功能的应用,当一个图形是不规则边界而无法直接绘制时,先用一些简单图形"包围"出这个边界,然后利用边界提取操作将这个边界提取出来,即得到所需图形。

d. 对图 12-57(d)所示的"花瓣"绕其底部的点进行旋转复制[即旋转前勾选"旋转生成新图形"复选框,见图 12-58(b)],旋转采用"基点角度"法旋转,共旋转两次,分别旋转 45°和 90°,得到图 12-57(e)所示的结果。

e. 对图 12-57(e)中由旋转复制生成的两个"花瓣"进行水平镜像翻转,得到图 12-57(f)

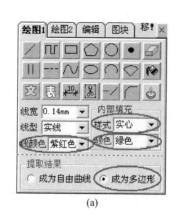

　　　　　(a)　　　　　　　　　　　(b)

图 12-58　"花瓣"的边界提取与旋转复制操作界面

所示的结果。

　　f. 对图 12-57(f)所示的图形的底部画一小段贝塞尔曲线,即得到图 12-57(a)所示的结果。

◎**说明**　　本图块的绘制过程有点复杂,意在帮助读者复习掌握一些绘图技巧。其实,也可以简单地画一个圆或画一个矩形来代替上面的这朵"花",后面的操作都是一样的。

　　② 选取图 12-57(a)所示的图形,将操作面板窗口切换到"图块"选项卡,在"图块名称"文本框中输入"花",然后单击"保存"按钮。

　　③ 在"图块"选项卡的图块列表内单击选中上面定义的"花"图块,然后勾选"自动重复"复选框。

　　④ 绘制图形:在绘图区内,单击一次鼠标,就绘制出"一朵花",然后移动鼠标(尽量使鼠标沿大致水平方向移动),就会发现"花"沿水平方向自动重复至鼠标底下,用鼠标控制"花"的重复数量合适后,再单击一次鼠标,绘制过程结束。所得结果如图 12-59 所示。

第一次鼠标单击点　　　　　　　　第二次鼠标单击点
(决定母图的中心点位置)　　　　　(位于此框内或附近均可)

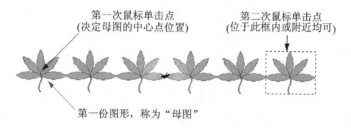

第一份图形,称为"母图"

图 12-59　"花"图块的自动重复绘制结果

◎**说明**

　　① 第一份绘制的图形称为"母图",母图的绘制过程完全按以前章节介绍的规则进行,与是否启用自动重复功能无关。

　　② 在启用了自动重复功能后,母图绘制完后,立即进入了自动重复绘制状态,这种状态下,母图被不断复制以填满它到当前鼠标点之间的距离。再单击一次鼠标(这次的鼠标单击点

称为"重复终点"），自动重复绘制状态结束，一次图块的绘制过程也就结束了。

③ 图块重复的份数＝"母图至重复终点之间距离"/"图形间距"，图形间距的设置后述。

④ 在启用了自动重复绘制后，绘图提示框内会提示自动重复绘制的方向（重复绘制方向的设置在下面介绍），以告诉用户图块是向哪儿重复的。见图 12-56 中的"重复方式提示"。

12.9.3 自动重复参数设置

在启用了图块自动重复绘制的前提下，可以设置相关参数来控制自动重复绘制的工作方式。单击图 12-56 中的"重复"按钮，会弹出"图块自动重复设置"对话框，如图 12-60 所示。下面具体介绍该对话框中各选项的意义。

图 12-60 "图块自动重复设置"对话框

1. 重复方向及图形间距

图形重复方向决定图块向哪一个方向重复，有三种选择：

① "宽度方向"：如图 12-61(a)所示，不论绘制时鼠标向哪个方向移动，图块只沿首图形（也就是母图）的宽度方向进行重复（说明：为画面简单起见，在图 12-61 中用一个矩形代表一个图块图形）。

在这种情况下，"图形间距"（相邻两个重复图形之间的距离）由"距离 1"＋"距离 2"构成，这两个距离分别由图 12-60 中"宽度方向图形间距"选项组内左侧和右侧的两个下拉列表框设置。"距离 1"的值可以选择"图形宽度"或"无"（即设置"距离 1"＝0）。"距离 2"的值可以从右侧的组合框中选择，也可以直接在这个组合框内输入一个值。

一般情况下，"距离 1"都设置为"图形宽度"，这时若"距离 2"选择"0"，则相邻图形之间没有间隙。若"距离 2"选择"1"，则相邻图形之间有 1 mm 的间隙。若"距离 2"选择"-1"，则相邻图形之间有 1 mm 的重叠，依次类推。

② "高度方向"：如图 12-61(b)所示，不论绘制时鼠标向哪个方向移动，图块只沿首图形的高度方向进行重复。

在这种情况下，"图形间距"由"距离 1"＋"距离 2"构成，这两个距离分别由图 12-60 中"高度方向图形间距"选项组内左侧和右侧的两个下拉列表框设置。"距离 1"的值可以选择"图形高度"或"无"（即设置"距离 1"＝0）。"距离 2"的值可以从右侧的组合框中选择，也可以直接在这个组合框内输入一个值。

一般情况下，"距离 1"都设置为"图形高度"，这时若"距离 2"选择"0"，则相邻图形之间没有间隙。若"距离 2"选择"1"，则相邻图形之间有 1 mm 的间隙。若"距离 2"选择"-1"，则相邻图形之间有 1 mm 的重叠，依次类推。

③ "矩形（宽高双向）"：如图 12-61(c)所示，鼠标绘制点（也就是重复终点）与母图的起点构成一个矩形，图块分别沿宽度方向和高度方向重复，以填满这个矩形。这种情况下，在宽度方向上相邻两个重复图形之间的距离仍然由图 12-60 中"宽度方向图形间距"选项组内的两个下拉列表框设置。高度方向上相邻两个重复图形之间的距离也仍然由"高度方向图形间距"选项组内的两个下拉列表框设置。

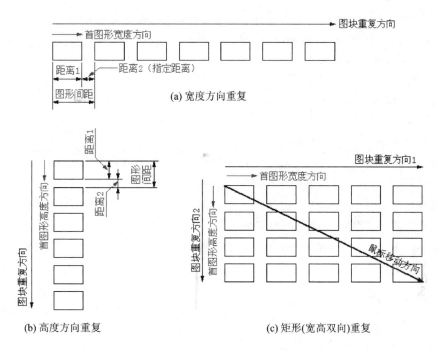

图 12-61　图块重复方向及重复间距

2. 沿首图形方向对齐

勾选这一项后(默认状态下这一项是选中的,见图 12-60),图块将沿第一个图形的倾斜方向进行重复,如果是宽高双向重复,就得到如图 12-62(a)所示的结果(这时重复绘制的结果为填满一个倾斜矩形)。

如果不选这一项,在单纯"宽度方向"或"高度方向"重复时,简单地沿首图形至鼠标点之间的直线进行重复,在"宽高双向"重复时,则是填满首图形到鼠标点之间的一个标准矩形,如图 12-62(b)所示。

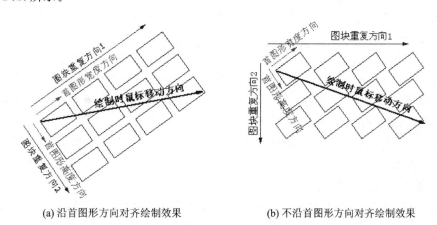

(a) 沿首图形方向对齐绘制效果　　　　　　　(b) 不沿首图形方向对齐绘制效果

图 12-62　勾选"沿首图形方向对齐"复选框的绘制效果对比

3. 图块绘制结果设置

在重复绘制的情况下,一次图块绘制操作生成的这一批图形可以是一个图形,也可以是一批独立图形,取决于图 12-60 中"绘制结果"选项组内的设置。若选择"一个组合图形"(这也是默认的设置),则一次图块绘制操作生成的这一批图形是一个特殊的组合图形。这个特殊组合图形支持很多特殊操作,例如:

① 支持缩放图形数量。这一特性可以使得在缩放操作时,"母图"大小不变而数量改变,从而产生图案花纹数量可随着缩放而自动调整的图形。

② 支持重复终点半选中。特殊组合图形也可以是图块的成员,并且在设置图块属性时,其重复终点可以被半选中并设置为自由定位图形,从而创建出花纹长度可动态拉伸的图块。例如,可以创建出图 12-63 所示的螺栓图块,这个图块支持在绘制时螺柱及螺纹的长度可由鼠标动态调整,从而使其能灵活地连接不同厚度的零件。

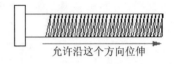

允许沿这个方向位伸

图 12-63 "螺栓"图块

限于篇幅,本处不对特殊组合图形作具体介绍。详细情况请读者参考软件的电子版说明书《超级绘图王用户手册》17.11.3 节与 17.12 节。

12.9.4 应用举例

图块的重复绘制功能在绘制成排的图形,或按简单规律自动重复的图形时特别方便,现举两个小例子说明其应用。

例 12.7:图 12-64(a)所示是一个建筑电器中"插头与插座"的图案,要求将其定义为图块,并能方便地解决图 12-64(b)和 12-64(c)所示的成排放置的"插头与插座"的绘制。

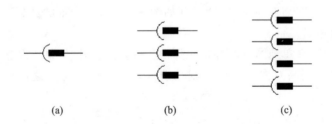

(a)　　　　　　　(b)　　　　　　　(c)

图 12-64 "插头与插座"图块及其重复绘制结果

📖**分析**　由于无法预先知道用户要在一排上绘制多少个"插头与插座"图案,所以只能将图 12-64(a)所示的单个"插头与插座"图形定义为一个图块,然后由用户在绘制时通过"重复绘制"功能生成成排的图案并自由控制图案的重复个数。这样做还有一个好处,就是用户可以自由控制这一排图案的放置方向:水平放置、垂直放置或沿某条斜线放置,都可以非常方便地实现。

操作步骤为:

① 绘制图 12-64(a)所示的图形,然后选取,将操作面板窗口切换到"图块"选项卡,在"图块名称"文本框中输入"插头与插座",然后单击"保存"按钮。

② 在"图块"选项卡的图块列表区内选中上面定义的"插头与插座"图块,然后勾选"自动重复"复选框。

③ 单击"重复"按钮,会弹出"图块自动重复设置"对话框。在"图形重复方向"选项组中选

择"高度方向",在"高度方向图形间距"选项组中右侧的组合框内选择"1.5",如图 12 - 65 所示。最后,单击"关闭窗口"按钮关闭"图块自动重复设置"对话框。

④ 绘制图形,在绘图区内进行以下操作:

a. 先单击一次鼠标,绘制出一个"插入与插座",然后向下移动鼠标至屏幕上显示出三份"插头与插座"图案后,再单击鼠标,即绘制出图 12 - 64(b)所示的图形。

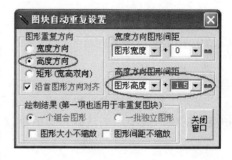

b. 单击一次鼠标,又绘制出一个"插入与插座",然后向下移动鼠标至屏幕上显示出四份"插头与插座"图案后,再单击鼠标,即绘制出图 12 - 64(c)所示的图形。

图 12 - 65　"插头与插座"图块绘制时的重复绘制参数设置

c. 按 Esc 键或单击鼠标右键,结束图块绘制。

例 12.8:图 12 - 66(a)所示是建筑材料中的"纤维材料"图例(国标符号),它由一个矩形与图 12 - 66(b)所示的一段连续弯管构成。其中,这段连续弯管的绘制是整个图形绘制的关键,下面分析其绘制方法。

图 12 - 66(b)所示的连续弯管是由图 12 - 66(c)所示的弯管基本图案连续重复而成,因而可以将图 12 - 66(c)所示的弯管基本图案定义为图块,再通过图块的重复绘制功能,就可以画出图 12 - 66(b)所示的图形。

(a) 纤维材料图例　　　　　(b) 连续弯管　　　(c) 弯管基本图案

图 12 - 66　"纤维材料"图例的绘制方法

操作步骤为:

① 绘制图 12 - 66(c)所示的图形(由两段半圆弧与两条竖线构成),然后选取,将操作面板窗口切换到"图块"选项卡,在"图块名称"文本框中输入"弯管",再单击"保存"按钮。

② 在"图块"选项卡的图块列表区内单击选中上面定义的"弯管"图块,然后勾选"自动重复"复选框。

③ 单击"重复"按钮,会弹出"图块自动重复设置"对话框。在"图形重复方向"选项组中选择"宽度方向",其余设置都采用默认值。然后单击"关闭窗口"按钮关闭"图块自动重复设置"对话框。

④ 在绘图区内,先单击一次鼠标,以绘制出一份"弯管基本图案",然后向右移动鼠标,屏幕会显示一段连续的弯管,当这段连续弯管的长度合适后,单击鼠标,就得到图 12 - 66(b)所示的图形。最后,按 Esc 键或单击鼠标右键,结束图块绘制。

◎说明　实际上,单击建筑材料工具栏上的"纤维材料"按钮,可以直接绘制图 12 - 66(a)所示的图形。

12.10 其他图块功能

12.10.1 预设参数

1. 预设参数概述

在介绍什么是预设参数之前,先分析一个例子。图 12 - 67(a)所示为国标中的图例"带保护极的插座",这个图例已制作为图块,在"建筑电气"一级目录下的"插座"二级目录内。

$$(a) \qquad (b) \qquad (c) \qquad (d)$$

图 12 - 67 "带保护极的插座"图块可能的绘制方向

由于房间的墙有东西南北四个方向,当插座位于不同方向的墙上时,其"朝向"也有四种,如图 12 - 67 所示。由于图块在定义时图形是如图 12 - 67(a)所示的状态,要绘制图 12 - 67(b)~(d)所示的三种图形,就需要在绘制前由用户来设置图块绘制选项中的"旋转角度"来调转图形方向。虽然这一操作并不难,但当需要用户很频繁地进行这一操作时,显然还是比较麻烦的。

改进的方法为:由图块的设计者事先计算好每种图形方向对应的旋转角度,并添加到一个旋转角度列表内,再将这个旋转角度列表随图块属性一起保存。当图块的用户在绘制前选中这个图块时,这个旋转角度列表将被显示出来,用户从这个旋转角度列表中选择一个旋转角度,图块就能旋转至相应的方向。这样,只需要图块的设计者"辛苦"一次,就给图块使用者带来非常大的方便。

再举一个例子:前面介绍过"螺栓"图块,这个图块中螺栓的外径默认是可以任意缩放的。但实际上,"螺栓"是一个标准件,根据国家规定它只有有限的几种尺寸型号,如 M10、M16、M20 等(M 后面的数字就是螺栓的外径尺寸)。为了方便用户,设计者应该计算出每种型号对应的缩放比例,然后将其保存到一个列表内,这样用户在绘制螺栓时只要从列表中选择一个缩放比例即可。

考虑到以上情况,软件提供了"预设参数"功能来统一处理。所谓的预设参数,就是图块在绘制时可能用到的一组绘制参数(缩放比例、旋转角度、是否启用重复绘制,以及在启用重复绘制时的重复绘制参数等)设置值的组合。每个预设参数用一个唯一的名字来标识,可以事先定义任意多份预设参数,它们都作为图块定义的一部分而保存在图块文件中。

2. 预设参数的使用

当定义了预设参数的图块被选中后,图块操作界面上的预设参数下拉列表框就会显示"不用任何预设参数"选项(这表示,默认状态下并不使用预设参数),如图 12 - 68(a)所示。展开预设参数下拉列表框,就会看到预设参数的列表,如图 12 - 68(b)所示。从列表中选择一项,其对应的预设参数值就会自动设置到图块绘制操作界面上,如图 12 - 68(c)所示。在图块绘制前,用户还可以随时修改这些设置,从而实现部分绘制参数采用预设参数值,部分绘制参数采用用户临时指定值。

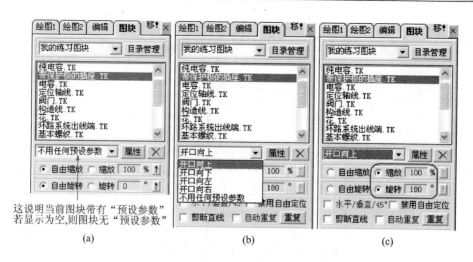

图 12 - 68　图块"预设参数"使用界面

◎**说明**

① 如果选中的图块没有定义预设参数,则预设参数下拉列表框显示为空。

② 在选择了预设参数后,如果又不想使用任何预设参数了,则在预设参数列表框内选择最后一项"不用任何预设参数"即可。

3. 预设参数的定义与管理

预设参数的定义与管理是指如何为图块定义预设参数,以及如何修改或删除图块内已定义的预设参数的问题。

限于篇幅,本处不对这一问题作具体介绍。详细情况请读者参考软件的电子版说明书《超级绘图王用户手册》17.13 节。

12.10.2　"图块绘制"窗口

"图块绘制"窗口是使用图块的另一种方式,它与操作面板窗口的"图块"选项卡完成相同的功能(但没有"图块"选项卡上的图块定义功能)。不过,"图块绘制"窗口以图形化的形式显示所有图块,用户选择起来更加直观方便。单击软件主窗口上的"图块"菜单,就会调出"图块绘制"窗口,如图 12 - 69 所示。

在"图块绘制"窗口中,图块以缩略图的方式显示,每个图块显示在一个矩形格内。用鼠标在某一个矩形格内单击,其内部便出现一个蓝色虚线的矩形框,表示这个图块已被选中。在图 12 - 69 中,第一行上的第三个图块就已被选中。

图块选中后,其后续的绘制操作与在操作面板窗口"图块"选项卡上选取图块后的操作完全一样。

"图块绘制"窗口上的缩放与旋转控制、水平/垂直/45°、禁用自由定位、剪断直线、自动重复、预设参数列表等选项以及"重复"与"属性"两个按钮的含义也与操作面板窗口"图块"选项卡上的同名选项或按钮含义完全一样,不再赘述。另外,"水平翻转"与"垂直翻转"两个按钮的作用也等同于操作面板窗口"图块"选项卡上图块预览区内的"水平翻转"与"垂直翻转"两个按钮。

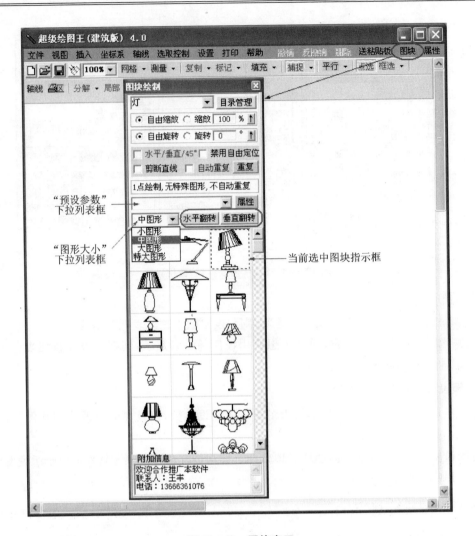

图 12 - 69　图块窗口

在某一个矩形格式内双击鼠标,就会选中图块并且打开其对应的"图块属性"窗口,这一点同在操作面板窗口"图块"选项卡上的图块列表区内双击鼠标是一样的。

"图形大小"下拉列表框用于控制图块的显示大小,有四个选项,默认是"中图形"。选择"小图形"会使每个图块显示得更小,同时"图块绘制"窗口内能显示出更多数量的图块。如果选择"大图形"或"特大图形",则相反。

12.10.3　临时图块

1. 概　述

在正常情况下,一个图块定义后,将形成一个图块文件永久性保存在磁盘上,但有时用户不希望将图块保存到磁盘上,因为某个图块可能只是临时性地使用一下,使用完后就没有用了。这样的图块如果都保存到磁盘上将形成垃圾数据。临时图块可用来解决这类问题,当图块定义为临时图块时,它只位于内存中而不会被保存到磁盘上,这种图块必须在定义后立即使用,使用完后即被放弃。

2. "临时图块绘制"窗口

如果在已选取了一个或多个图形的状态下单击主窗口的"图块"菜单(见图 12 - 69 中右上角用圆圈标出者),已选取的图形将被定义为一个临时图块,这时将调出"临时图块绘制"窗口并进入临时图块的绘制状态。

"临时图块绘制"窗口如图 12 - 70 所示,这个窗口与图 12 - 69 所示的图块窗口基本上是一样的,只有以下几点区别:

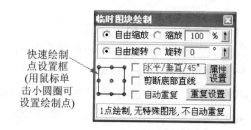

①"临时图块绘制"窗口内没有"禁用自由定位"复选框,也没有"预设参数"下拉列表框。

②"临时图块绘制"窗口内多了一个快速绘制点设置框,这个框的使用完全同"图块属性"窗口内的快速绘制点设置框,它可以在不打开"图块属性"窗口的情况下完成绘制点设置。

图 12 - 70 "临时图块绘制"窗口

除以上两点区别外,"临时图块绘制"窗口画面上各选项或按钮的作用完全同图块窗口上同名的选项或按钮,不再赘述。

◎**说明** 只有在"临时图块绘制"窗口显示在屏幕上的情况下,才能绘制临时图块(这时处于临时图块绘制状态),若关闭"临时图块绘制"窗口,就退出了临时图块绘制状态,临时图块的操作也就结束了。

3. 应用示例

在 12.4.3 节中,介绍了一个利用一条水平直线构成的图块来实现 AutoCAD 构造线的例子,但那个例子中需要将一条水平直线定义为一个图块保存到磁盘上,实际上没有必要(这个图形太简单了),使用临时图块来实现这一例子会更合适,步骤为:

① 画一条水平直线,长度任意。然后选取这条水平直线。

② 单击主窗口的"图块"菜单,调出"临时图块绘制"窗口。在这一窗口内单击矩形中心及其右边中点上的小圆圈,使绘制方向指示箭头从矩形中心向右侧指示,如图 12 - 71 所示。

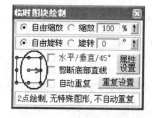

③ 在绘图区内,先在任意点处单击鼠标,然后移动鼠标,就会发现一条直线以第一鼠标单击点为中心,同时向两端延

图 12 - 71 "构造线"图块的
绘制点设置

长,这就是构造线。当构造线达到所需长度后,再单击一次鼠标,操作结束。

④ 关闭"临时图块绘制"窗口,结束临时图块操作(按 Esc 键或单击鼠标右键,也可以结束临时图块操作)。

4. 使用临时图块进行绘图

图块不仅是一种图形重复使用的手段,也是一种高级的图形绘制手段。图块的每一项功能(绘制点、缩放、旋转、自动重复等)都是精心设计的,可以巧妙地实现一些特殊的绘图需求,尤其是自动重复功能,其"威力巨大",是绘制一些填充花纹类图形必不可少的手段。当使用图块来绘图时,一般都使用临时图块,因为没有必要将作为"原料"的那些图形定义为正式图块永久保存。

限于篇幅,本处不对这一问题作具体介绍。详细情况请读者参考软件的电子版说明书《超级绘图王用户手册》17.14.3 节。

12.10.4　创建可拉伸图形

1. 什么是可拉伸的图形

很多情况下,用户希望图形是可拉伸的。所谓可拉伸,就是图形在缩放时,基本图形的大小不变,但数量在改变。以图 12 − 72 为例,图 12 − 72(a)是屋顶的原始图案,当这个屋顶放大后,得到图 12 − 72(b)所示的图形。可以看到,放大前后,图形中填充直线的密度是不变的,但填充直线的条数在增加。具有这种缩放效果的图形就是可拉伸图形。

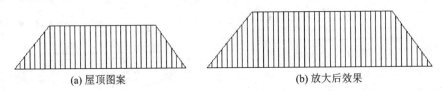

　　　　(a) 屋顶图案　　　　　　　　　　　　　(b) 放大后效果

图 12 − 72　可拉伸的屋顶图案

2. 如何创建可拉伸的图形

超级绘图王中有很多办法可以画出具有缩放时拉伸功能的图形,主要有:

① 使用某些图形的特殊绘制选项。直线是最常用的图形,它有一项自己独有的选项:缩放时间距不变。利用这一选项可以使绘制出的直线能够支持拉伸。

除直线外,像"波浪线"和"波折线"等图形(这两种图形在"绘图 2"选项卡上)都可以在绘制时通过勾选"基本图案不缩放"复选框,使绘制出的图形能够支持拉伸。

② 使用图块及其自动重复功能。对于任意图形(不论是一个图形,还是一组图形),只要借助于图块(一般是使用临时图块)及其自动重复功能,就可以用其构成一个特殊组合图形,而这个特殊组合图形支持拉伸。

3. 单向拉伸

单向拉伸是指填充图案能沿着某个绘制方向变长或变短,它与上面介绍的缩放时拉伸是不同的,缩放时拉伸是指缩放时图案沿宽、高两个方向同时拉伸。通过动态调整图形的自动重复终点,可以实现图案的单向拉伸。

限于篇幅,本处不对创建拉伸图形问题作具体介绍。详细情况请读者参考软件的电子版说明书《超级绘图王用户手册》17.14.4 节。

12.10.5　图块交流

图块可以自己绘制,也可以从他人处获得。软件已内置提供了大量图块供用户使用,另外用户也可以从网上下载其他超级绘图王用户提供的图块。

如果用户要下载作者网站上的图块,则单击软件的"帮助"|"下载图块"菜单即可。如果要从其他网站下载图块,则需要用户自行搜索查找。

如果用户要将自己的图块提供给他人,则只需要将对应的图块文件(∗ .TK 文件)复制给他人即可。

为了鼓励用户将自己的图块放到网上共享,每个图块中允许携带图块作者的一段广告(通过图块的附加信息实现),图块作者可以设置强制用户必须阅读这一广告。这种方式同时也为公司或个人快速宣传自己的产品与服务提供了一个平台。

限于篇幅,本处不对图块交流的方法作具体介绍。详细情况请读者参考软件的电子版说明书《超级绘图王用户手册》17.15 节。

12.11 习 题

1. 图块能解决什么问题?

2. 操作面板窗口的"图块"选项卡分为哪几个功能区?

3. 图块目录分几级? 一级目录可以被选中吗?

4. 如何选取图块? 如何取消对图块的选取?

5. 用图块绘图包含哪几步?

6. 在"装饰装修"一级目录下,有一个"灯"二级目录,利用这个目录内的"台灯 11"图块,画出下面的图形。

7. 在"装饰装修"一级目录下,有一个"雕花"二级目录,利用这个目录内的"雕花 8"图块,画出下面的图形。

8. 图块在磁盘上如何存储? 图块二级目录对应着磁盘上的什么东西?

9. 图块目录文件有什么作用? 如何编辑图块目录文件?

10. 在图块目录文件内,如何区分一个行是一级目录行还是二级目录行?

11. 通过编辑图块目录文件,使图块目录列表如下图所示(图中圈出的部分是需要增加的部分)。

255

12. 为了将图块保存到特定的文件夹内,创建图块前需要做什么准备工作?

13. 将下面的图形定义成一个名为"二极管"图块,然后使用它来画出几个二极管图形。

14. 图块附加信息有什么作用?

15. 删除图块有几种方法?

16. 哪些内容属于图块属性? 图块属性保存在图块文件内吗?

17. 如何调出"图块属性"窗口?"图块属性"窗口包含哪几个功能区?

18. 属性设置面板有何作用? 如何移动它的位置?

19. 在"图块属性"窗口内,可以对图块内图形放大显示吗?

20. 图块属性设置时,鼠标右键有什么作用?

21. 绘制点有什么作用? 一个图块内可以设置几个绘制点?

22. 怎样给图块设置绘制点? 在设置绘制点时可以启用或禁用鼠标捕捉吗?

23. 快速绘制点设置框如何使用?

24. 将下面的图形定义为"二极管"图块,并且分别实现如下设置:

① 定义一个绘制点,这个绘图点位于图中的 c 点处。

② 定义两个绘制点,分别位于图中的 a、b 二点处。

25. "矩形绘制"有什么特点?

26. 图块内图形可以具有哪几种特殊属性? 每种特殊属性有何特点?

27. 如何对图块内图形设置特殊属性?

28. 在设置特殊属性时,有几种图形选取方式?

29. 有 A、B、C 三个图形需要设置同样的特殊属性,如何将它们设置为属于同一组? 又如何将 A、B 设置为属于同一组,而将 C 设置为属于另一组?

30. 将下面的图形定义为"二极管"图块,将绘制点设置在 a、b 处,使中间的黑三角与短竖线不缩放,并且能自由定位。

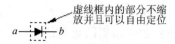

31. 如何知道图块中哪些图形已被设置为特殊图形了?

32. 图块的定位路径与定位点各有什么作用?

33. 如何设置定位点? 如何显示定位点的位置?

34. 对一组自由定位图形,如何启用或关闭辅助定位功能?

35. 有哪些类型的辅助定位路径,各如何设置?

36. 将下面的图形定义为"二极管"图块,将绘制点设置在 a、b 处,使中间的黑三角与短竖线不缩放,并且按如下要求进行定位:

① 可沿直线 ab 自由移动。

② 总是定位在直线 ab 的中点处。

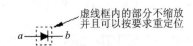

虚线框内的部分不缩放
并且可以按要求重定位

37. 怎样将图块内的文字指定为动态文字？

38. 在图块绘制时，如何指定动态文字的替代文字？

39. 怎样使替代文字窗口不占屏幕面积，又能正常进行动态文字替换？

40. 图块的绘制选项有哪些？ 各有何作用？

41. 在图块绘制时，如何对其进行指定比例的缩放？ 如何进行指定角度的旋转？

42. 图块绘制时的"剪断直线"复选框有什么作用？

43. 图块绘制时，如何强制绘制直线保持水平或垂直？

44. 如何启用图块的自动复制绘制功能？ 可以沿哪些方向对图块进行重复？

45. 利用临时图块与图块自动重复绘制功能，一笔画出下面的这些圆，各圆之间水平间隙为 2 mm，垂直间隙为 2.5 mm。

46. 什么是预设参数？ 如何使用图块内的预设参数？

47. 如何调出"图块绘制"窗口？ 如何改变"图块绘制"窗口中预览区内图块的大小？

48. 什么是临时图块？ 如何调出"临时图块绘制"窗口？ 如何结束临时图块的绘制？

49. 什么是可拉伸图形？

第 13 章　图形输入与输出

13.1　插入外部图形

13.1.1　插入元文件及 AutoCAD 图纸

1. 插入元文件

超级绘图王可以将其他软件画好的图形插入到软件内,以便在已有图形的基础上继续绘制,从而节约工作量。超级绘图王支持很多种格式的外部图形,不同格式的外部图形插入到软件内后能进行的操作不同。大部分格式(如 BMP 格式等)的图形插入后,只能将整幅图片当作一个整体来进行处理,但元文件格式是个例外。超级绘图王对元文件提供了彻底支持,元文件图形插入后,将被解析为一个个的图元(即直线、矩形、文字等基本图形对象),用户可以对图元进行修改、编辑、再绘制等两次加工操作。同时,软件也支持将所绘的图形再以元文件的格式保存到磁盘。

使用"插入"|"插入元文件..."菜单,可以将磁盘上的元文件插入到超级绘图王内。元文件插入后,其内部的图形就转变为超级绘图王的图形,以后这些图形和在超级绘图王内绘制的图形遵循完全一样的操作。

2. 插入 AutoCAD 图纸

有时,建筑施工企业已有了甲方提供的 AutoCAD 版工程图纸,想继续在这些图纸上修改。目前超级绘图王 4.0 版还不能直接读取 AutoCAD 文件,但只需要在 AutoCAD 内将其转换为元文件格式并保存,再使用超级绘图王的"插入"|"插入元文件..."菜单,就可以导入到超级绘图王内了。

◎说明　本书即将出版时,超级绘图王 4.1 版已发布,4.1 版中增加的主要功能就是支持直接对 AutoCAD 图纸的读写,既可以将 AutoCAD 的 DWG 或 DXF 文件读取到超级绘图王内,也可以将超级绘图王内画好的图纸保存成 DWG 或 DXF 格式的文件,以供在 AutoCAD 中打开。

3. 插入 Office 剪贴画

Office 剪贴画其实就是元文件,可以通过"插入"|"插入元文件..."菜单将其插入进来。另外,使用专用的"插入"|"插入剪贴画..."菜单来插入剪贴画会更方便。

限于篇幅,本处不对插入元文件、AutoCAD 图纸及 Office 剪贴画的操作方法作具体介绍。详细情况请读者参考软件的电子版说明书《超级绘图王用户手册》18.1.1 节~18.1.3 节。

13.1.2　插入外部图片

有些图形自己很难绘制,比如树的图案、汽车的图案等,但网络上很容易找到这类图片。

超级绘图王支持将这类图片插入进来,这样就解决了某些图案难以绘制的问题。

1. 操作步骤

单击"插入"|"插入外部图片..."菜单,会显示"图片选择"对话框,如图 13-1 所示。在这个对话框中,选择一幅需要插入的图片,单击"确定"按钮。8.5.1 节内有对"图片选择"对话框的详细操作介绍。

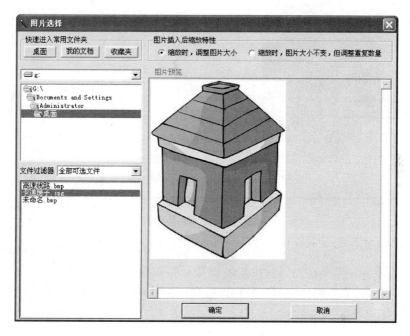

图 13-1　"图片选择"对话框

◎说明

① 可以插入的图片类型很多,包括:位图(＊.bmp)、GIF 文件(＊.gif)、JPEG 文件(＊.jpg)、图标文件(＊.ico)、光标文件(＊.cur)、Windows 元文件(＊.wmf、＊.emf)等。

② 对于 Windows 元文件(＊.wmf、＊.emf),如果要在插入后将其解析为基本图元,则需要使用"插入"|"插入元文件"菜单将其插入。如果不需要在插入后将其解析为基本图元,则使用"插入"|"插入外部图片"菜单将其插入,这样插入后,元文件将作为一个整体来进行处理,管理起来更方便,显示速度也更快,但缺点是不能对其进行内部修改。

③ 也可以用鼠标拖放法来插入图片(这种方法使用起来更方便):在文件夹窗口内找到欲插入的图片文件,在文件上按下鼠标左键并拖动,拖到超级绘图王窗口内后松开鼠标即可。

对于"＊.wmf"、"＊.emf"两种类型的文件(即 Windows 元文件),若按住 Shift 键再进行上述拖动操作,则执行的不是插入图片操作,而是插入元文件操作(即将插入文件的内容解析为超级绘图王的图形,而不是将插入文件当作一个整体来处理)。

2. 对插入图片的操作

图片插入后,默认位于绘图区的左上角。用鼠标在图片上单击,可以将其选中。选中后的图片上显示红色虚线的矩形边框,如图 13-2 所示。在红色虚线矩形边框内按下鼠标左键并拖动,可以移动图片。用鼠标拖动红色虚线矩形边框右下角的蓝色小方块,可以缩放图形,缩放可以是单向的(只向水平或垂直方向拖动时),也可以是双向的(沿斜线方向拖动时)。

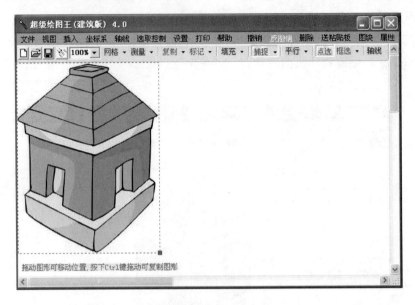

图 13-2　选取后的图片

图片插入后,使用上完全像自己绘制的图形一样。可以使用单击选取或选取框选取将其选中,选中后的图片可以移动、复制(按 Ctrl 键拖动)、缩放、对齐、对中、剪切/复制/粘贴、镜像翻转、删除等。其中,通过镜像翻转功能可以得到一幅图片的反转图片(左右反转图片或上下反转图片)。图片不支持旋转操作。

3. 在图片上进行绘图

图片插入进来后,就是一个普通的图形,用户可以再在这个图形的上方叠加绘制图形或标注文字,从而达到在图形上绘图的效果。图 13-3 是在图 13-2 所示的图片上绘图后的结果(标注了房顶、地基及门等内容)。

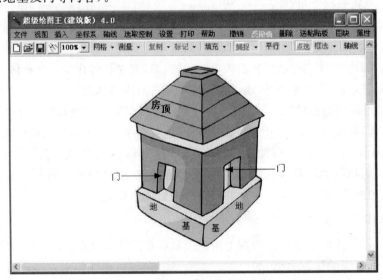

图 13-3　在图片上叠加绘制图形

◎说明

① 要注意图片和在其上绘制图形的遮挡关系,如果图片上绘制的图形"跑"到图片后面而看不见了,则可以选中图片,然后使用"置后"功能(详见 5.1.2 节)使图片置于底层,被其挡住的图形就又可见了。

② 通过在图片上绘制一个实心填充的白色图形,可以达到"擦除"图片部分内容的效果,当然也可以使用"橡皮"按钮来达到这样的效果。

4. 禁止选中图片

图片往往在屏幕上占很大的面积,这导致它特别容易被单击选中,尤其是选取其上面的图形或文字时,底下的图片往往会被误选中。为此,当不想选取图片时,可以禁止图片被选中。单击"选取控制"|"禁止选中图片"菜单,其前面会带上勾号,这样以后图片就不会被选中了。若再单击此菜单一次,其前面的勾号会去掉,以后就又可以选中图片了。另外,选取控制工具栏上也有同名的选项。

5. 外部图片的存储结构

当保存超级绘图王文件(＊.WF 文件)时,文件内插入的图片不会被保存到 ＊.WF 文件内,在 ＊.WF 文件内保存的只是插入图片的文件名及其路径。下次打开包含有图片的 ＊.WF 文件时,软件会根据文件内记录的图片文件名及其路径再次读取插入图片的内容。如果这时插入图片已被删除,则软件会尝试从 ＊.WF 文件所在的文件夹下读取同名的图片文件,若还找不到插入图片文件,软件会显示一个错误提示并忽略这一图片。下面举个具体的例子:

甲用户绘制了一张图纸,图纸内插入了一幅图片,图片文件名为"1.bmp",它在甲用户计算机的"c:\pictures"文件夹内。甲用户画完图纸后,将图纸保存,文件名为"A.WF"。

甲用户想将此图纸赠送给乙用户,这时甲用户必须同时将"A.WF"文件和"1.bmp"文件复制给乙用户。对乙用户来说,最简单的办法是将"A.WF"文件和"1.bmp"文件复制到同一个文件夹下,然后就可以正常打开"A.WF"文件了。另外,如果乙用户不嫌麻烦,也可以在其磁盘上建一个"c:\pictures"文件夹,然后将"1.bmp"文件放到这个文件夹内,这样也可以正常打开"A.WF"文件。除此之外,乙用户打开"A.WF"文件时都会提示图片找不到。

6. 检索插入过哪些外部图片

如果忘记了插入进来的图片对应于磁盘上的哪个文件,则可以通过如下两种方法之一进行检索。

① 选取图片,即处于图 13-2 所示的状态,然后单击鼠标右键,从弹出的右键菜单中选择"对应磁盘文件名"菜单。

② 在任意状态下,单击"插入"|"查询图片引用"菜单。

这两种方式下,都会弹出对话框,显示图片对应的磁盘文件名及其路径。

13.1.3　应用示例

本节通过两个例子,进一步介绍插入外部图形功能在超级绘图王内的应用。

1. 对地面"铺地板砖"

在 8.5.3 节中,利用图片插入时的"缩放时图片大小不变,但调整重复数量"单选按钮,实现了用一幅图片(地面砖)填充一个椭圆型大厅(见图8-21)。现在,再举一个这样的例子,但这次的地面砖图案要由两个图形(一个矩形,为一个地面砖图片)合成,并且地面砖之间还要求保留一定的间隙。

要求:图13-4(a)所示是对一个房间铺地面砖后的效果,试绘制。

操作步骤为:

① 在 Windows 资源管理器中找到"桌面\超级绘图王说明书\背景图案\J0143753. GIF"图片文件,在这一文件上按下鼠标左键并将其拖到超级绘图王的绘图区内,这一图片即被插入到超级绘图王内,如图13-4(b)所示。

② 在插入的图片上画一个矩形,如图13-4(c)所示。然后,选取图片并将其缩小,使之正好被"套"在矩形内,如图13-4(d)所示。

③ 选取图13-4(d)所示的图形,然后单击鼠标右键,从右键菜单中选择"立即重复绘制",会弹出"临时图块绘制"窗口如图13-5(a)所示。单击这一画面中的"重复设置"按钮,调出"图块自动重复设置"对话框,在这一对话框内按照图13-5(b)所示的状态设置好各参数,然后关闭对话框。

④ 在绘图区内,在一个矩形的对角顶点处分别单击鼠标,就绘制出一块铺满地面砖的矩形图案,如图13-4(e)所示。然后,单击鼠标右键,结束图块绘制过程。

⑤ 在图13-4(e)所示的图案上画一个矩形,如图13-4(f)所示。

⑥ 选取图13-4(f)中的矩形,单击鼠标右键,从右键菜单中选择"剪裁周围图形",就得到图13-4(a)所示的结果。

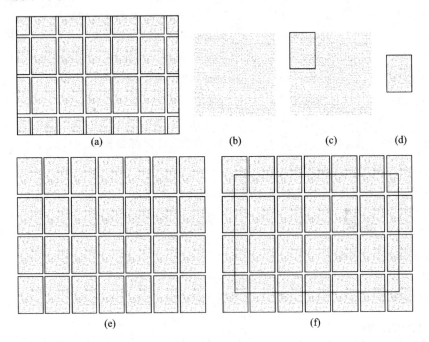

(a)　(b)　(c)　(d)

(e)　(f)

图13-4　房间内地面砖的绘制过程

2. 将 Word 艺术字插入超级绘图王内

利用 Word 的艺术字功能可以制作出非常漂亮的三维效果文字,可以将这些文字插入到

13.2.3 无超级绘图王时查看图纸

用户 A 使用超级绘图王将图纸画好后,可能需要将图纸提交给用户 B 来查看。用户 B 的计算机上可能没有安装超级绘图王软件,这时用户 A 可以采用以下两种办法。

1. Word 文档法

① 用户 A 首先创建一个空白的 Word 文档,然后使用上节介绍的方法将超级绘图王内绘好的图纸插入到此 Word 文档内。注意,若图纸幅面较大,操作前先用 Word 的"文件"|"页面设置"菜单将 Word 文档的尺寸设置得大一些,否则会导致图形插入后被自动缩小而难以看清图纸细节。

② 用户 A 保存此 Word 文档并将其传送给用户 B,用户 B 在其 Word 内打开此文档可看到图纸。

2. 图片法

① 用户 A 在超级绘图王内将图纸输出为 BMP 图片或者元文件,并将输出后的文件发送给用户 B。

② 用户 B 在其计算机上用鼠标双击收到的图片文件,即可看到图纸。

13.3 打 印

13.3.1 打印区域

1. 概 述

用户绘制的图纸可能比较大,但手头可能没有那么大的打印机一次将一张大图纸完全打印出来。为此,超级绘图王提供了分块打印功能,可以将大图纸划分为小块分别打印,最后将这些分块打印出来的图纸粘贴拼接起来,即可形成一张大图纸。

"打印区域"是分块打印的关键,一个"打印区域"是一个矩形,位于这个矩形之内的图形就是一次打印操作中需要打印的部分。整张图纸需要分成几块来打印,就需要设置几个打印区域。若不需要分块打印,则不用设置打印区域。

打印区域的管理必须在"打印区域"状态下才能进行,打印区域状态的进入与退出由工具栏上的"打印区域"按钮控制,单击此按钮一次,使其呈凹陷状态,就进入打印区域状态(见图 13-6);再单击此按钮一次,使其从凹陷状态恢复正常,就退出了打印区域状态。

进入"打印区域"状态后,屏幕上会同时出现打印区域工具栏(见图 13-6),打印区域的管理主要由打印区域工具栏来完成。

2. 添加打印区域

进入打印区域状态后,单击打印区域工具栏上的"添加打印区域"按钮,或单击鼠标右键并从右键菜单中选择"添加打印区域"菜单,都会在绘图区内添加一个打印区域,如图 13-7 所示。新添加的打印区域位置和大小都需要调整,拖动其左上角的控制块可调整其位置,拖动其右下角的控制块可调整其大小。

当打印区域的大小和位置都调整合适后(所谓合适,就是打印区域的边界之内包含了想一

图 13-6 "打印区域"按钮及"打印区域"工具栏

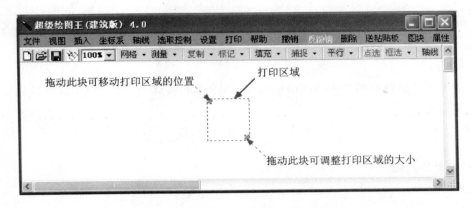

图 13-7 新创建的"打印区域"及其调整控制块

次打印的全部图形),在绘图区内任意位置处单击一次鼠标,会弹出如图 13-8 所示的对话框。在这个对话框中,若选择"是",将结束本次打印区域操作并且新添加的打印区域有效;若选择"否",将放弃本次添加的打印区域同时结束本次操作;若选择"取消",相当于本次鼠标单击操作没有进行,重新回到打印区域的拖动状态,这个选项作为误单击鼠标左键时的补救措施。

图 13-8 打印区域确认对话框

在图 13-8 对话框中选择"是"后,打印区域添加并显示在绘图区内。每个打印区域按添加的先后顺序自动获得一个编号(图 13-9 中加粗显示的"1"、"2"、"3")。可以多次添加打印区域,图 13-9 所示是添加三个打印区域后的状态。

3. 选取打印区域

在打印区域的矩形框内单击鼠标,可使打印区域呈选取状态(这时边框及里面的编号用红色显示)。若先按下 Ctrl 键再单击多个打印区域,则可以实现打印区域的多选。

选取打印区域后,在绘图区内任意位置处单击鼠标,又可取消选取。

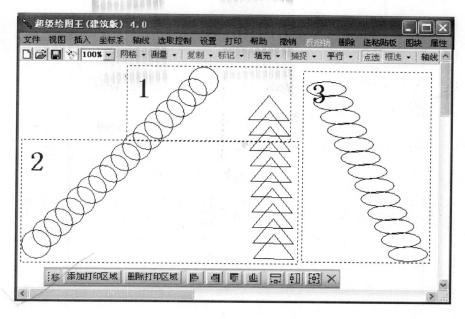

图 13 - 9　添加三个打印区域后的状态

4．删除打印区域

选取一个或多个打印区域后,可以用以下办法将其删除:

① 按 Delete 键。

② 单击"删除"菜单(主菜单的右侧菜单栏中倒数第四个菜单)。

③ 单击打印区域工具栏上的"删除打印区域"按钮。

④ 单击鼠标右键,从弹出的右键菜单中选择"删除打印区域"。

5．调整打印区域

若只选取一个打印区域,则软件会对这个选取的打印区域重新显示调整控制点,拖动左上角的调整控制点可调整其位置,拖动右下角的调整控制点可调整其大小。

6．对齐与统一尺寸

选取多个打印区域后,使用打印区域工具栏上的 按钮分别实现对所选打印区域的左对齐、右对齐、上对齐、下对齐、同宽、同高、同大小。

13.3.2　打印预览

使用"打印"|"打印预览"菜单或者单击工具栏上的"打印预览"按钮 (在工具栏最右侧),都可以调出"打印预览"窗口,如图 13 - 10 所示。

在"打印预览"窗口中,中间白色区域表示纸张大小,其上的四条淡绿色虚线表示上、下、左、右边距的位置。纸张大小及四周页边距的值在"页面设置"对话框内指定,详见 1.5.1 节。

在"页面设置"对话框内虽然可以精确地指定四个页边距的值,但不够直观,尤其是不能立即观察到页边距的调整对图形位置的影响,有时图形大小和打印纸大小差不多,需要反复调整页边距,才能使图形恰好在一张打印纸上打出。

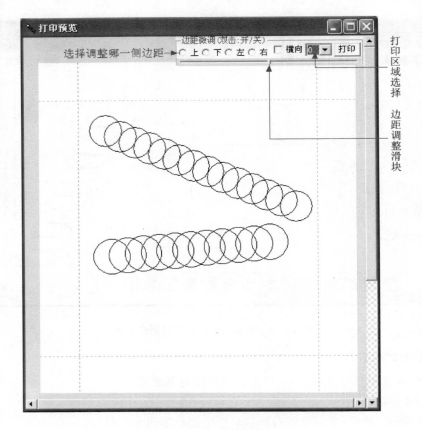

图13-10 "打印预览"窗口

在打印预览状态下,软件也允许调整页边距,并且可以一边调整一边预览图形在纸上的位置,这非常便于将图形在打印纸上对中,以及处理上面所述的将与打印纸差不多大小的图形巧妙地安排在打印纸上的情况。

在打印预览状态下,页边距的调整由图13-10中右上角的"边距微调"选项组来完成。使用时,首先单击"上"、"下"、"左"、"右"四个单选按钮之一来选择调整哪一侧页边距,然后拖动下面的"边距调整滑块"进行调整。

如果勾选边距微调框内的"横向"复选框,则会将打印方向设置为横向打印;否则,设置为纵向打印。有关打印方向的问题参见1.5.1节内的介绍。

"横向"复选框右侧还有一个"打印区域选择"下拉列表框,用它可以选择预览哪一块打印区域,若选择第一项"0",则表示对全部所有图形进行打印预览,选择从"1"开始的某个数字表示对指定编号的打印区域内的图形进行打印预览。

使用最右侧的"打印"按钮可以调出"打印"对话框,从而进行打印操作(详见下节介绍)。

如果不想显示"边距微调"选项组,则可以将其关闭,方法是在这个框之外的"打印预览"窗口内任意位置上双击鼠标。如果再想让其显示,则需要在"打印预览"窗口内再双击一次鼠标。

13.3.3　图形打印

1."打印"对话框

单击"打印"|"打印..."菜单,会调出如图 13-11 所示的"打印"对话框,在这一对话框中,用户可以选择打印机、设置打印份数以及选择打印区域(若图纸中未定义打印区域,则打印区域选择框将不显示),然后单击"确定"按钮,即开始打印。

◎**说明**　若单击"打印疑难问题说明"按钮,将显示打印疑难问题说明窗口,里面有可能遇到的打印问题的解答与说明。

2.实现缩放打印

如果想将图形放大或缩小打印(以放大二倍为例),则可以用如下两种办法实现:

① 先将图形放大二倍(用 5.4 节介绍的各种办法均可),然后打印。这种办法真正改变了图形,打印完之后要再通过"撤销"或"缩小"操作将图形缩回原状。这种办法有一个优点是可以只选取一部分图形进行放大,而另一部分图形不变。

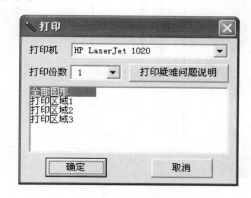

图 13-11　"打印"对话框

② 先将显示比例设置为 200%,然后打印,打印出的图形也会比正常图形放大一倍。这种办法操作简单,但只能对全体图形进行。默认情况下,这种办法在将图形尺寸放大二倍的同时线的粗细(即线宽)也放大了二倍,不过可以通过"设置"|"线宽不随显示比例而缩放"菜单控制线宽保持不变。

13.4　习　题

1. 如何将元文件插入到超级绘图王内?

2. 元文件插入进来后,其内部的图形能转换为超级绘图王的图形吗?

3. 有哪两种方法可以将外部图片插入到超级绘图王内?

4. 超级绘图王内对插入的图片可以进行什么操作?

5. 如何禁止选中插入的图片?

6. 可以在插入的图片上叠加绘图吗?

7. 对于包含有插入图片的超级绘图王文件,在复制给别人时,应额外进行什么操作?

8. 图纸上有 A、B、C 三个图形,如何将其中的 A、B 两个图形传送到 Windows 自动的"画图"软件内(提示:先选取图形,再利用"送粘贴板"功能)?

9. 如何将图纸内容放大二倍后,输出给 Word(提示:先设置显示比例,再"送粘贴板")。

10. 要将超级绘图王所画的图形输出到 Word 中,有哪些方法?

11. 什么是"打印区域"? 它有何作用?

12. 如何添加、删除或调整打印区域?

13. 对于下面的图纸,由于受打印机最大打印尺寸的限制,无法一次打印出来,所以需要将两个虚线框内的部分各自打印在一张图纸上,应该如何实现?

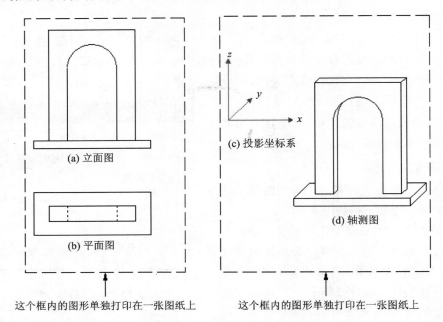

(a) 立面图

(b) 平面图

(c) 投影坐标系

(d) 轴测图

这个框内的图形单独打印在一张图纸上　　　　这个框内的图形单独打印在一张图纸上

14. 在打印预览状态下,如何实时调整页边距?

15. 对于带有打印区域的图形,打印时如何选择打印哪一部分内容?

16. 如何将图纸缩小 50% 打印(提示:利用显示比例)?

第二篇　建筑绘图

第 14 章　专业建筑图形

14.1　概　述

14.1.1　分　类

对于一些常用图形和绘制难度较大的建筑图形,超级绘图王将其以专业建筑图形的方式提供,使得这些图形都可以一笔绘制完成。所有专业建筑图形都在"绘图 2"选项卡内,如图 14 - 1 所示。

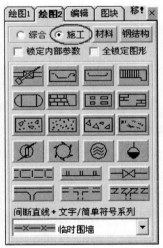

图 14 - 1　专业建筑图形

由于专业建筑图形较多,所以在"绘图 2"选项卡内又将其分为"综合"、"施工"、"材料"和"钢结构"四大类。"综合"类包含了钢筋、管道安装常用的图形;"施工"类包含了大量的施工平面图图例,"材料"与"钢结构"类分别包含了大量常用建筑材料与钢结构专用图例。

◎说明　"综合"类第一行上的图形属于通用图形,因为"绘图 1"选项卡空间有限而安排在"绘图 2"选项卡内。

14.1.2　锁定图形

"锁定"是专业建筑图形绘制时特有的选项,包括全锁定和锁定内部参数两种情况,分别用图 14-1 中的"全锁定图形"和"锁定内部参数"两个复选框控制。

1. 全锁定图形

如果需要连续绘制一批完全相同的图形(例如一幢大楼中,所有房间的洗手盆都是一样的,需要绘制一批完全相同的洗手盆图形),只需要首先绘制出第一个图形,然后在"全锁定图形"复选框内打上勾号,以后绘制的图形将自动强制为与第一个图形大小相同,直到取消"全锁定图形"复选框内的勾号为止。

2. 锁定内部参数

锁定内部参数又称为局部锁定,用于锁定图形的一部分关键参数,但允许调整另一些参数(主要是长度或者大小)。例如,绘制钢筋时,希望钢筋长度可用鼠标自由调整,但其弯钩部分能保持不变;绘制相对标高时,希望头部三角形大小保持不变,但尾部长直线的长度能自由变化等。这些要求都可以通过锁定内部参数来实现,具体做法是:先绘制出第一个图形,然后在"锁定内部参数"复选框内打上勾号,以后绘制的图形的关键参数将强制为与第一个图形相同,直到取消"锁定内部参数"复选框内的勾号为止。

3. 说　明

① 不论哪种锁定,都必须先绘制出第一个图形(标准图形)后,再启用锁定功能。

② 不论哪种锁定,都不改变图形的绘制过程,即锁定后,虽然新绘制图形的参数可能已经确定,但锁定前绘制时需要在哪些地方单击鼠标,锁定后绘制仍然需要在那些地方单击鼠标,只是锁定后的鼠标单击只能确定图形的绘制方向而不能调整其内部参数。

③ 不同的建筑图形能够锁定的参数不一样,将在每个图形的分类介绍时详述。也有一些建筑图形不支持"锁定内部参数"选项,甚至还有一些图形不支持"全锁定图形"选项。

4. 勾选"锁定内部参数"复选框的时机

假设有三个完全相同的"门"图形需要绘制,如果这三个"门"图形是连续绘制的,则非常简单,先画出第一个"门"图形,然后勾选"全锁定图形"或"锁定内部参数"两个复选框之一,再绘制后面的两个"门"图形即可,后面的两个图形自动使用第一个图形的几何参数。

如果这三个"门"图形不是连续绘制的,则需要按如下步骤进行锁定:

① 单击选中"门"的绘制按钮,绘制出第一个"门"图形。

② 绘制其他图形。

③ 再次单击选中"门"的绘制按钮,注意这时会自动清除"全锁定图形"和"锁定内部参数"两个复选框内的勾号(任何一个图形按钮选中后,都会清除这两个复选框内的勾号)。这时,用户只需要在绘图前再次勾选"全锁定图形"或"锁定内部参数"两个复选框之一,这样就可以再次启动参数锁定功能,使后面绘制的"门"与第一个"门"保持相同的绘制参数。

14.1.3　方向控制

绝大多数专业建筑图形在绘制过程中都用鼠标控制所绘图形的方向,鼠标从上向下、从下向上、从左向右或从右向左移动,将绘制出不同方向的图形,如图 14-2 所示。

从下向上绘制　　　从上向下绘制　　　从左向右绘制　　　从右向左绘制
(先单击A点再单击B点)　(先单击B点再单击A点)　(先单击A点再单击B点)　(先单击B点再单击A点)

图 14 - 2　专业建筑图形的方向控制

14.1.4　选取与调整

专业建筑图形的选取都支持单击选取和选取框选取两种方式。选取的具体操作方法同基本图形的选取方法。如果一次只选取了一个专业建筑图形,则这个图形上会显示调整控制点,从而可以对图形进行调整,调整的方法也完全同普通图形的调整。

关于专业建筑图形在选取与调整时的一些特殊情况说明,请读者参考软件的电子版说明书《超级绘图王用户手册》14.1.4 节和 14.1.5 节。限于篇幅,本处不作具体介绍。

14.2　门 与 窗

14.2.1　门

1. 门的绘制按钮与绘制点

门的绘制按钮位于"绘图 2"选项卡的"综合"内,如图 14 - 3(a)所示。门在绘制时需要指定三个点,分别是矩形的一对对角顶点及圆弧的终点,如图 14 - 3(b)所示。

◎**说明**　软件只内置提供了最常用的门图例的绘制,各种特殊类型的门(如推拉门、自动门、卷帘门等)要通过图块来绘制。具体情况见软件的电子版说明书《建筑行业图纸分析》3.2.2 节内的说明。

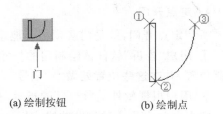

(a) 绘制按钮　　　　　(b) 绘制点

图 14 - 3　门的绘制按钮与绘制点

2. 门的自动"开门洞"功能

门在绘制时,能自动完成对其所在墙体的"开门洞"工作,这项功能极大地节省了门在绘制时的工作量。如图 14 - 4(a)所示,AB 和 CD 是表示一面墙的两条平行线,绘制门时,直接在 AB 和 CD 之间绘制即可,绘制后的效果如图 14 - 4(b)所示。由此可见,门能自动地在其所在的墙体线上"开洞",而且这一功能还能自动适应外部墙体线的变化,当在细墙体线绘制门时,效果如图 14 - 4(c)所示。

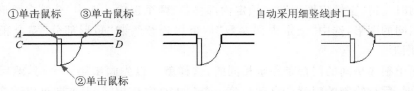

(a) 直接在"墙"上绘制门　　(b) 门能自动实现"开门洞"　　(c) 细墙体线的"开门洞"效果

图 14 - 4　门的自动"开门洞"示意图

◎ **说明**

① 门必须绘制在两条平行的墙体线之间，才能自动在墙体线上"开门洞"。在图 14-4(a) 中，如果门绘制时的第 1 鼠标单击点和第 3 鼠标单击点在直线 AB 之上，或者在直线 CD 之下，则所绘制的门都不会在 AB 或 CD 上"开洞"。

② 门的自动"开门洞"（或者称为"开墙洞"）功能也可以禁用。若想禁止这一功能，可以在单击了"门"按钮后，在绘图区内单击鼠标右键，弹出门绘制的右键菜单，如图 14-5 所示。单击"自动在墙上开门洞"菜单，使其前面的勾号去掉。以后若想恢复这一功能，再单击一次"自动在墙上开门洞"菜单，使其前面再带上勾号即可。

在禁用了自动"开门洞"功能后，用户需要用"剪刀"工具手动剪去门口处的墙体线，所画的图纸才能符合建筑制图规范。

3. 门的调整

门选取后，会显示三个调整控制点。各控制点的功能如图 14-6 所示。

图 14-5　门绘制的右键菜单

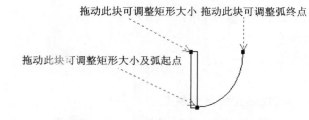

图 14-6　门的调整控制点

4. 定点开门

所谓定点开门，就是门必须精确地按比例画在指定位置处。实现定点开门需要两个步骤。

① 用户"告诉"软件欲绘制门的尺寸及门相对于轴线的位置，由软件计算出门在图纸上的绘制位置，并在这些位置处做上"记号"。

② 用户根据软件上"记号"的指示，在相应位置处画门。画完门后，将"记号"删除。

定点开门主要通过辅助轴线或标记两种功能来实现。使用辅助轴线是最简单、最方便的方法，在 15.6 节中有详细介绍。使用标记功能，可以实现辅助轴线无法实现的倾斜建筑物上的定点开门工作。

使用标记来实现定点开门用得比较少，限于篇幅，本处不作具体介绍，详细情况请读者参考软件的电子版说明书《超级绘图王用户手册》14.4.2 节。

5. 批量绘制门

"门"在绘制时支持"全锁定图形"与"锁定内部参数"两个选项。选中"全锁定图形"后可以连续绘制完全相同的图形，选中"锁定内部参数"后可以连续绘制"矩形部分"完全相同但"圆弧"部分可调的图形。

一张平面图中很多房间的门都是完全相同的，这样就可以先画出第一个门，然后勾选"全锁定图形"复选框，后续绘制的门就会自动与第一个门大小完全相同（但方向可以改变）。

14.2.2 窗

1. 窗的绘制按钮

"绘图 2"选项卡的"综合"内有四个按钮用于绘制窗,如图 14-7 所示。这四个按钮分别简称为"窗 1"、"窗 2"、"窗 3"和"窗 4"。

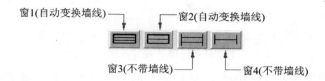

窗1(自动变换墙线)   窗2(自动变换墙线)

窗3(不带墙线)   窗4(不带墙线)

图 14-7 窗的绘制按钮

"窗 1"和"窗 2"属于同一种类型(能自动变换墙线的窗),它们之间的唯一区别在于"窗 1"内部是两条横线,而"窗 2"内部是一条横线。"窗 3"和"窗 4"属于另一种类型(不带墙线的窗),它们之间的唯一区别也是"窗 4"比"窗 3"少一条横线。

◎说明   软件只内置提供了最常用的窗图例的绘制,各种特殊类型的窗(如立转窗、上推窗、上悬窗等)要通过图块来绘制。具体情况见软件的电子版说明书《建筑行业图纸分析》3.2.3节内的说明。

2. "自动变换墙线的窗"与"不带墙线的窗"的区别

在平面或剖面图中,墙线有粗实线和细实线两种画法。不论墙线是粗实线还是细实线,墙上的窗总是用细实线绘制,如图 14-8 所示。

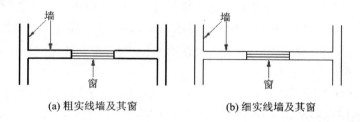

(a) 粗实线墙及其窗   (b) 细实线墙及其窗

图 14-8 粗细实线的墙及其上面的窗

图 14-8(a)中的窗要使用"自动变换墙线的窗"来绘制(实际应使用"窗 1"按钮),这种窗的特点是它能自动将外面较粗的墙体线变为细线(也就是将"墙线"的线宽变为"窗线"的线宽)。这样,用户只需要关心窗的定位与绘制问题,而不需要关心如何将窗子下面的墙体线变细的问题。

图 14-8(b)中的窗要使用"不带墙线的窗"来绘制(实际应使用"窗 3"按钮)。因为图 14-8(b)中墙体线是细实线,它的线宽与窗线的线宽相同。这时窗本身只需要绘制出墙体线内部的部分(两条长直线以及长直线两端的垂直短竖线),而不需要绘制墙体线。"不带墙线的窗"正好能满足这种要求。

总之,当墙线与窗线的粗线不一致时,就使用"自动变换墙线的窗";当二者一致时就使用"不带墙线的窗"。

3. 窗的绘制与调整

四种窗的绘制方式完全相同,都是在窗的外框矩形的一对对角顶点处单击鼠标,如图 14 - 9(a)所示。

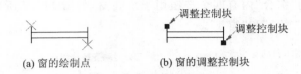

(a) 窗的绘制点　　　　　　(b) 窗的调整控制块

图 14 - 9　窗的绘制与调整

四种窗的调整方法也完全相同,选取后都会在两个绘制点处显示调整控制块[见图 14 - 9(b)],用鼠标拖动调整控制块可改变窗的宽度或高度。

4. 定点开窗

窗与门一样,也需要精确按比例画在指定位置处,即定点开窗。定点开窗的方法与定点开门一样,也是通过辅助轴线或标记两种功能来实现。使用辅助轴线是最简单、最方便的方法,在 15.6 节中有详细介绍。使用标记功能,可以实现辅助轴线无法实现的倾斜建筑物上的定点开窗工作。

使用标记来实现定点开窗用得比较少,限于篇幅,本处不作具体介绍,详细情况请读者参考软件的电子版说明书《超级绘图王用户手册》14.5.3 节。

5. 批量绘制相同的窗

同“门”一样,一张图纸上往往需要绘制大量尺寸完全相同仅位置不同的窗。借助于“绘图 2”选项卡上的“锁定”选项可快速绘制出这类窗。在画出第一个窗后,勾选“全锁定图形”复选框,后续绘制的窗就会自动与第一个窗大小形状完全相同(但方向可以改变)。

14.3　楼　梯

14.3.1　平面图上的楼梯

1. 绘制按钮与工具栏

平面图楼梯的绘制按钮位于“绘图 2”选项卡的“综合”内,如图 14 - 10 所示。这个按钮实际上对应着很强大的功能,多种平面图楼梯都可以一笔绘制。

图 14 - 10　平面图楼梯绘制按钮

选中平面图楼梯绘制按钮后,会出现平面图楼梯工具栏,如图 14 - 11 所示。平面图楼梯绘制的全部参数都是通过这一工具栏来设置的。

图 14 - 11　平面图楼梯工具栏

2. 绘制点与图形方向

平面图楼梯的绘制非常简单,用鼠标在楼梯矩形的一对对角顶点处单击,就绘制出一份平面图楼梯。需要注意的是,通过改变绘制点的相对位置,可以控制图形的方向,如图 14 - 12 所示。

圆"点"表示绘制时鼠标单击点,序号代表鼠标单击顺序

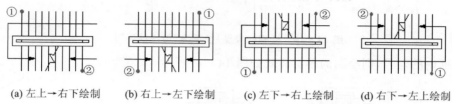

(a) 左上→右下绘制　　(b) 右上→左下绘制　　(c) 左下→右上绘制　　(d) 右下→左上绘制

图 14 - 12　平面图楼梯的绘制点及图形方向控制

3. 水平绘制与垂直绘制

如果楼梯是南北方向的,则绘制前应先在如图 14 - 11 所示的平面图楼梯工具栏中选择"垂直"(表示垂直方向绘制,这也是默认的绘制方向)。如果楼梯是东西方向的,则应先在平面图楼梯工具栏中选择"水平"(表示水平方向绘制)。

两种绘制方向所得图形分别如图 14 - 13(a)和 14 - 13(b)所示。

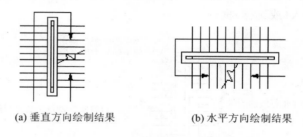

(a) 垂直方向绘制结果　　　　　(b) 水平方向绘制结果

图 14 - 13　垂直绘制与水平绘制

4. 楼梯类型

虽然同为平面图楼梯,但底层楼梯、中间层楼梯和顶层楼梯的图形是不一样的。绘制前,要先在工具栏上的"类型"下拉列表框中选择相应的类型。三种类型的楼梯分别如图 14 - 14 (a)~(c)所示。

楼梯都不带墙线,这是因为楼梯间的墙一般早已存在了(由"轴线生墙"生成)。楼梯图形只需从左向右"塞满"楼梯间的空隙即可,而不需要再绘制一遍墙线。图 14 - 14(d)是画在楼梯间内的效果。

另外,楼梯已带了上行或下行指示线(中间层楼梯同时拥有这两者),但没有"上"或"下"文字,指示文字需要使用文字标注功能单独标注。

5. 扶手类型

楼梯中间部分的结构可以通过"扶手类型"来改变,扶手类型由工具栏上的"传统扶手"复选框决定。默认情况下,这一复选框是选中的,绘制的楼梯样式如图 14 - 14 所示。如果去掉

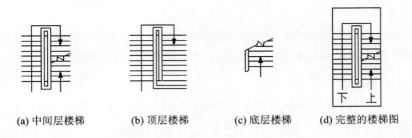

(a) 中间层楼梯   (b) 顶层楼梯   (c) 底层楼梯   (d) 完整的楼梯图

图 14 - 14　楼梯的类型（扶手为"传统扶手"）

这一复选框内的勾号，则绘制的楼梯样式如图 14 - 15 所示。

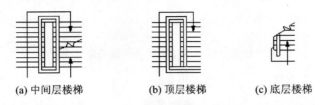

(a) 中间层楼梯   (b) 顶层楼梯   (c) 底层楼梯

图 14 - 15　非传统扶手型楼梯

6. 台阶数、台阶宽与中心间隙

台阶数、台阶宽与中心间隙的概念如图 14 - 16 所示。这三个参数的值需要在绘制前设置到工具栏上相应的输入（或选择）框内。

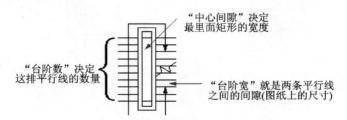

图 14 - 16　台阶数、台阶宽与中心间隙的含义

◎说明

① 一般情况下，对于"传统扶手"楼梯，中心间隙宜设置得小一些，比如设置为 1 mm；对于非"传统扶手"楼梯，中心间隙宜设置得大一些，比如设置为 3 mm。

② 台阶数与台阶宽设置后并不一定都有效，具体哪一个参数有效，取决于工具栏上"指定"下拉列表框的选择：

选择第 1 项时，"台阶数"有效（绘制时平行直线的数量是固定的，平行线的间距在变化）；

选择第 2 项时，"台阶宽"有效（绘制时平行线的间距是固定的，平行直线的数量在变化）；

选择第 3 项时，二者都有效（绘制时平行直线的数量及间距都固定，只能调整平行线的长度）。

7. 楼梯的调整

楼梯绘制完后，成为一个组合图形。如果要修改其内部结构，则需要先选取楼梯图形，然后单击鼠标右键,从弹出的右键菜单中选择"解除组合"。此后,楼梯图形变成了一系列的直线,用户便可以任意调整或删除其中的某一部分了。

14.3.2 剖面图上的楼梯

1. 绘制按钮与工具栏

剖面图楼梯的绘制按钮位于"绘图 2"选项卡的"综合"内,如图 14 - 17 所示。这个按钮实际上对应着很强大的功能,多种剖面图楼梯都可以一笔绘制。

图 14 - 17 "剖面图楼梯绘制"按钮

选中"剖面图楼梯绘制"按钮后,会出现"剖面图楼梯"工具栏,如图 14 - 18 所示。剖面图楼梯绘制的全部参数都是通过这一工具栏来设置的。

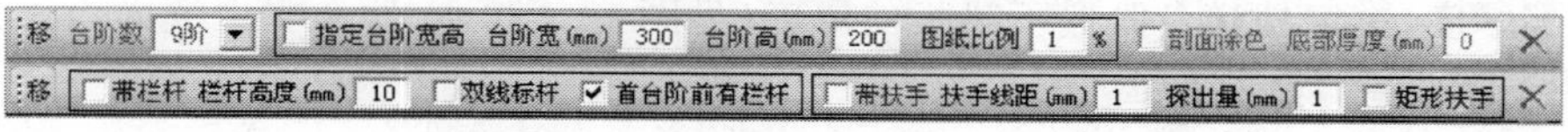

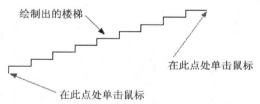

图 14 - 18 "剖面图楼梯"工具栏

2. 绘制方法

剖面图楼梯有自由绘制和指定参数绘制两种绘制方法,不论哪种方法,都需要事先在"剖面图楼梯"工具栏上指定"台阶数",然后在绘图区内两次单击鼠标来完成图形的绘制。

① 自由绘制。自由绘制时,分别在楼梯台阶的起点和终点处单击鼠标,就绘制出一个楼梯,如图 14 - 19 所示。

绘制出的楼梯

在此点处单击鼠标

在此点处单击鼠标

图 14 - 19 剖面图楼梯的绘制方法

◎说明 每阶台阶的宽度与高度由软件自动确定,确定方法为:两个绘制点之间的 x 坐标差与 y 坐标差分别除以楼梯的台阶数,就是每阶台阶的宽度与高度。

② 指定参数绘制。这种方法绘制前,需要在"剖面图楼梯"工具栏上勾选"指定台阶宽高",然后在"台阶宽"与"台阶高"两个文本框内输入每阶台阶的宽度与高度(以 mm 为单位的实物尺寸),并在"图纸比例"文本框内输入图纸比例(只输入百分号之前的部分)。

※注意 "台阶宽"与"台阶高"文本框内的输入值,乘以图纸比例后,才是图纸上每阶台阶的宽度与高度。

完成上述设置后,在楼梯的起点处单击鼠标,然后移动鼠标控制楼梯的绘制方向,方向合适后单击鼠标,即完成绘制。

3. 基本绘制参数

"剖面图楼梯"工具栏的第一行是基本绘制参数(见图 14 - 18),各参数含义如下:

① 台阶数:这是最重要的参数,也是每次绘制前必须设置的参数。它指出楼梯应绘制多少个台阶,默认为 9 阶。

② 指定台阶宽高:选中这一项时,绘制方式变为"指定参数绘制",这时"台阶宽"、"台阶高"、"图纸比例"文本框内的值才会被使用。若不选这一项,则绘制方式为"自由绘制"。

③ 剖面涂色:选中这一项后,楼梯将被自动封闭,并且内部被涂黑,如图 14-20(a)所示。若不选这一项,则绘制效果如图 14-20(b)所示。

(a) 选择"剖面涂色"的绘制结果   (b) 不选"剖面涂色"的绘制结果

图 14-20 "剖面涂黑"选项的绘制效果对比

④ 底部厚度:决定楼梯台阶底下梁板的厚度(见图 14-20)。这个文本框内输入是图纸上的绘制尺寸,而不是实物尺寸。

◎说明 "底部厚度"的默认值为 0,但在勾选了"剖面涂色"后,一般应将"底部厚度"设置为 1～2 mm 之间的一个值较为合适。

4. 栏　杆

在"剖面图楼梯"工具栏上勾选"带栏杆"后,绘制的楼梯将带有栏杆,如图 14-21 所示。只有在带栏杆的情况下,"栏杆高度""双线栏杆""首台阶前有栏杆"三个参数才有意义。这三个参数的含义见图 14-21 内的解释。

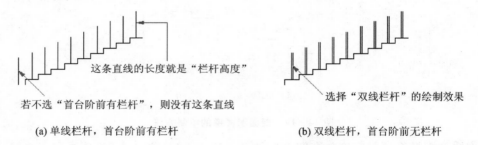

(a) 单线栏杆,首台阶前有栏杆   (b) 双线栏杆,首台阶前无栏杆

图 14-21 栏杆的绘制参数

◎说明 "栏杆高度"文本框内输入的不是栏杆的实物高度,而是其在图纸上的高度(以 mm 为单位)。

5. 栏杆的扶手

在"剖面图楼梯"工具栏上勾选"带扶手"后,绘制的楼梯将带有栏杆上面的扶手,如图 14-22 所示。只有在带扶手的情况下,"扶手线距"、"探出量"、"矩形扶手"三个参数才有意义。这三个参数的含义见图 14-22 内的解释。

◎说明 勾选"矩形扶手"后,将生成图 14-22(b)所示的倾斜矩形扶手;否则生成图 14-22(a)所示的双平行线扶手。

6. 绘　制　结　果

绘制剖面图楼梯时,所选的绘制参数不同,绘制结果也不同。

楼梯台阶部分的绘制结果可能有两种情况:

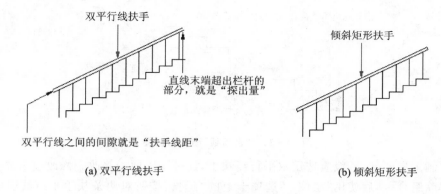

图 14 - 22　扶手的绘制参数

① 不选"剖面涂色",并且"底部厚度"为 0 时,绘制结果为一个"台阶线"图形,如图 14 - 23 (a)所示。

② 勾选"剖面涂色",或者"底部厚度"非 0 时,绘制结果为一个多边形。如果勾选"剖面涂色",则多边形为内部实心填充的,如图 14 - 23(b)所示。如果不选"剖面涂色",则多边形内部是空心的,如图 14 - 23(c)所示。

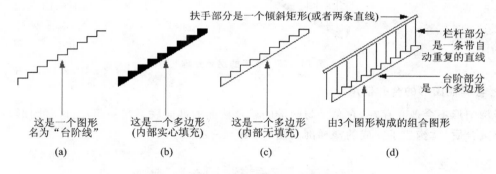

图 14 - 23　剖面图楼梯的绘制结果

如果绘制时选择了栏杆与扶手,栏杆与扶手各是一个(或两个)独立的图形,它们与台阶部分是何种图形无关。绘制结束后,栏杆、扶手与台阶被自动组合为一个组合图形,如图 14 - 23 (d)所示。

7. 图形调整

如果在绘制结束后要调整剖面图楼梯,则根据绘制结果的不同有不同的调整方法。

① 台阶线图形的调整:如果绘制结果为"台阶线",则选取后会显示三个调整控制点。各控制点的作用如图 14 - 24 所示。

② 多边形图形的调整:如果绘制结果为多边形,则其调整方法都完全同普通多边形的调整。

③ 如果绘制结果为一个组合图形(带栏杆或者带扶手时),则需要先对其解除组合(选取后,单击鼠标右键,从右键菜单中选择"解除组合"),然后才能对各部分进行调整。

8. 扶手的修改

如果只画一层楼的楼梯,一般情况下选用倾斜矩形扶手即可。

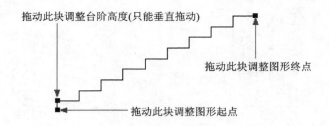

图 14-24　"台阶线"图形的调整

　　若需要画多层楼梯，一般应选用双平行线扶手，这种扶手便于修改。修改前需要先对整个楼梯图形解除组合，然后使用"绘图1"选项卡上的"延长"按钮对两条扶手平行线进行延长或收缩，最后补画少量直线，就可以构成复杂的扶手拐角形式，如图14-25所示。

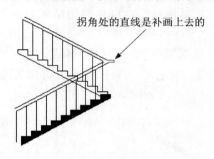

图 14-25　扶手的拐角处理

　　9. 与其他图形的合并使用

　　楼梯图形不会孤立存在，它总是与两端的梁及楼面的截面联系在一起，当这些图形与楼梯的两端重合后，就构成了完成的楼梯剖面图，如图14-26所示。

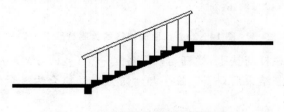

图 14-26　楼梯及其周围的图形

14.4　风玫瑰与相对标高

14.4.1　风玫瑰

　　1. 概　述

　　风向频率玫瑰图（简称风玫瑰）是根据某一地区多年平均统计的各个方向吹风次数的百分数值按一定比例绘制的，一般用12个或16个方位绘制。在建筑总平面图上，通常应按当地的实际情况绘制风玫瑰。另外，首层建筑平面图上也常绘制风玫瑰。

风玫瑰的绘制结果如图 14 - 27 所示。

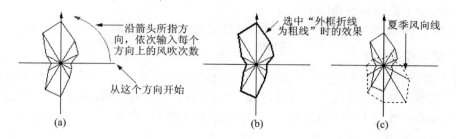

图 14 - 27　风向频率玫瑰图

2. 绘制步骤

假如要绘制图 14 - 27(a)所示的风玫瑰图形,操作步骤为:

① 在"绘图 2"选项卡的"综合"内选中风玫瑰绘制按钮[见图 14 - 28(a)],屏幕上出现"风玫瑰绘制"对话框,如图 14 - 28(b)所示。

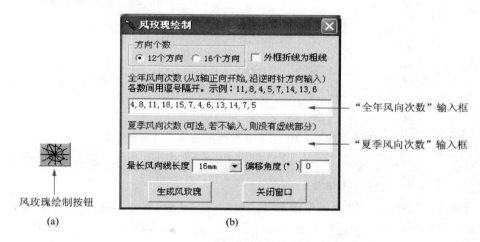

图 14 - 28　风玫瑰绘制按钮及绘制对话框

② 在"风玫瑰绘制"对话框的"全年风向次数"输入框中输入各方向上全年的风向次数(各个数据之间用逗号隔开)。最后单击"生成风玫瑰"按钮,即生成一个风玫瑰图形[见图 14 - 27(a)]。

◎说明

① "方向个数"选项组指出将 360°方位划分为多少个方向来统计风向次数。"全年风向次数"输入框中输入的数据个数必须与"方向个数"选项组内的选择相符,即"方向个数"选择"12个方向"时,需要输入 12 个数据;否则需要输入 16 个数据。

② "全年风向次数"输入框中第一个数据代表正东方向(即 x 轴正向)的风向次数,其他各数依次表示从 x 轴正向开始,沿逆时针方向上各方向的风吹数据[见图 14 - 27(a)中的说明]。

③ 勾选"外框折线为粗线"复选框时,生成图形的效果见图 14 - 27(b)。

④ 如果在"夏季风向次数"输入框中输入各方向上夏季的风向次数,则可以生成带夏季风向线的风玫瑰图形[见图 14 - 27(c)]。

⑤ 通过"最长风向线长度"下拉列表框可以选择风吹次数最多的那个方向上风向直线的长度,从而决定生成的风玫瑰图形的大小。

⑥ 通过"偏移角度"文本框可以控制将生成的风玫瑰图形偏移一个指定的角度。

3. 风玫瑰的调整

风玫瑰绘制完后,成为一个组合图形(这一点同平面图楼梯完全一样)。如果要修改其内部结构,则需要先选取风玫瑰图形,然后单击鼠标右键,从弹出的右键菜单中选择"解除组合"。此后,风玫瑰图形变成了一系列直线,用户便可以任意调整或删除其中的某一部分了。

14.4.2　相对标高

相对标高的绘制按钮位于"绘图 2"选项卡的"综合"内,如图 14-29(a)所示。相对标高在绘制时需要指定三个点,分别是三角形一条高的两个端点以及长直线的末点,如图 14-29(b)所示。相对标高选取后,会显示两个调整控制点,其功能如图 14-29(c)所示。

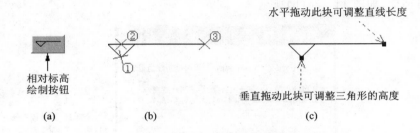

图 14-29　相对标高的绘制按钮、绘制点及调整方法

相对标高上的文字需要在文字操作状态下单独标注,11.3.2 节内有利用文字平行功能对相对标高上的文字进行快速规格化的例子。

相对标高在绘制时支持"全锁定图形"与"锁定内部参数"两个选项。"全锁定图形"后可以连续绘制完全相同的图形,选中"锁定内部参数"后可以连续绘制"三角形部分"完全相同但尾部"长直线"部分可调的图形。

14.5　折断线与钢筋

14.5.1　折断线类图形

1. 绘制按钮及绘制方法

折断线类图形包括两种图形,其绘制按钮都在"绘图 2"选项卡的"综合"内,如图 14-30 所示。

使用其中的第一个按钮可画一条普通折断线,使用第二个按钮可画砖墙剖切图。这两个图形的绘制方法如图 14-31 所示。

图 14-30　折断线类图形的绘制按钮

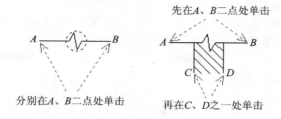

先在A、B二点处单击

分别在A、B二点处单击

再在C、D之一处单击

图 14-31 折断线类图形的绘制

2. 图形锁定

折断线类图形均支持"全锁定图形"与"锁定内部参数"两个选项。"全锁定图形"后可以连续绘制完全相同的图形,选中"锁定内部参数"后可以连续绘制"折断部分"(图 14-31 中左侧第一个图形虚线圆圈内的部分)完全相同但"长直线"部分可调的图形。

3. 参数设置

对于图 14-31 中所列的第二种图形(砖墙剖切图),在绘制之前或绘制过程中可以随时设置填充斜线的填充方向和间距,方法为:

① 单击选中这个按钮。

② 在绘图区内单击鼠标右键,弹出砖墙剖切图的右键菜单,如图 14-32 所示。在"填充线间距"中选择一种间距,并在五种填充线角度($15°/30°/45°/60°/75°$)中选择一种角度即可。

图 14-32 砖墙剖切图绘制时的右键菜单

◎说明 自超级绘图王 4.0 版起,图案填充功能非常强大,区域内填充剖面线是非常容易的事,所以砖墙剖切图实际上已较少使用。

4. 图形调整

折断线类图形在选取后,将显示调整控制点,以便对图形进行调整。第一种图形(简单折断线)只是第二种图形(砖墙剖切图)的一个特例,以第二种图形为例进行说明:由于允许调整的参数较多,当鼠标在图形的不同位置上单击时,调整控制块的位置不一样,从而可调整不同的参数,如图 14-33 所示。

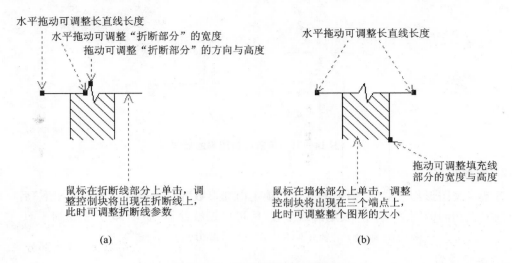

图 14－33　折断线类图形的调整

14.5.2　钢筋类图形

1. 绘制方法

钢筋类图形包含四种图形,其绘制按钮都在"绘图 2"选项卡的"综合"内,如图 14－34 所示。

这四个按钮均用于绘制负弯矩筋,分别可以绘制两端圆弧转弯负弯矩筋(按钮 1)、一端圆弧转弯负弯矩筋(按钮 2)、两端直角转弯负弯矩筋(按钮 3)和一端直角转弯负弯矩筋(按钮 4)。这四类图形的绘制方法完全一样,如图 14－35 所示,具体步骤为:

图 14－34　钢筋类图形的绘制按钮　　**图 14－35　钢筋类图形的绘制**

① 用鼠标在钢筋直线部分的起点和终点处分别单击,完成直线部分的绘制。

② 用鼠标在直线的上方或下方(若直线部分是水平绘制的),或者在直线部分的左侧或右侧(若直线部分是垂直绘制的)的任意一点处单击,以决定弯钩部分的方向,绘制操作即告完成。

◎说明　在第② 步操作中鼠标单击只用来确定弯钩部分的方向,弯钩部分的具体参数(弯弧的直径、弯过部分长度等)都由软件根据负弯矩筋绘制标准自动算出。如果不满意,则可人工调整(见后述)。一旦进行了一次人工调整,后面再绘制同类图形时将自动采用最后一次人工调整的参数,而不是根据绘制标准算出的参数。

2. 图形调整

负弯矩筋除允许调整直线部分的长度外,还允许调整弯钩部分的形状。图形选取后的调整控制点及能调整的参数见图 14－36 中的说明。

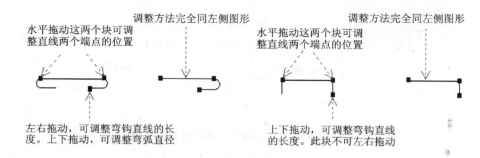

图 14 - 36　钢筋类图形的调整

3. 相关说明

① 所有钢筋类图形都支持"全锁定图形"与"锁定内部参数"两个选项。选中"全锁定图形"后可以连续绘制完全相同的图形,选中"锁定内部参数"后可以连续绘制"弯钩部分"完全相同(但弯钩长度受不大于钢筋长度 0.3 倍的限制)但总长度可调的图形。

✳ **注意**　针对钢筋类图形使用"锁定内部参数"的步骤:先绘制一个钢筋类图形(这时钢筋弯钩部分是根据公式自动算出的),然后调整这个图形的弯钩部分,再选中钢筋类图形的绘制按钮,然后勾选"锁定内部参数",就可以连续绘制与第一个钢筋图形具有相同弯钩部分的钢筋了。同时,通过这种办法可以实现自定义弯钩部分的大小。

② 钢筋类图形的长直线部分可以作为文字平行的目标物,可以使用文字平行功能(见 11.3.2 节)快速规格化钢筋的标注文字。

14.6　其他图形简介

14.6.1　简单图形

1. 概　述

超级绘图王内置提供的专业建筑图形非常多,本章前面部分介绍了几种最常用的图形。限于篇幅,其他图形无法一一详细介绍。本章后面的几节内,对这些图形做概括性介绍,读者需要绘制这些图形时,请参考软件的电子版说明书《超级绘图王用户手册》第 14 章～第 16 章中的介绍。

2. 箭头类图形

箭头类图形是一种通用图形,其绘制按钮在"绘图 2"选项卡的"综合"内,但实际上与建筑功能无关。共有四种箭头类图形,其绘制按钮如图 14 - 37 所示。

单侧箭头与双侧箭头的绘制方法完全一样,只需要二点绘制,如图 14 - 38(a)所示。三叉箭头与拐角箭头都需要三点绘制,绘制方法分别如图 14 - 38(b)和 14 - 38(c)所示,图中的数字序号表示鼠标单击顺序,见 2.1.4 节内的说明。

关于箭头类图形的详细介绍,请读者参考软件

单侧箭头 双侧箭头　三叉箭头　拐角箭头

图 14 - 37　箭头类图形的绘制按钮

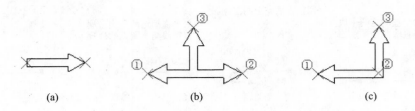

图 14-38　箭头类图形的绘制点

的电子版说明书《超级绘图王用户手册》14.2 节。

3. 跨线圆弧

在很多图形中,线与线的交叉点处需要使用一小段圆弧过渡,跨线圆弧用来实现这一要求。跨线圆弧的绘制按钮在"绘图 2"选项卡的"综合"内,如图 14-39(a)所示。以图 14-39(b)所示的图形(网络图的局部)为例,绘制时在其上面的 A 点(水平与垂直直线的交叉点)处单击鼠标就得到图 14-39(c)所示的结果。

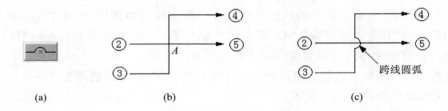

图 14-39　跨线圆弧的绘制按钮及绘制效果

跨线圆弧在施工网络图中使用频繁,但本质上是一种通用功能,并非专用于建筑绘图。

关于跨线圆弧的详细介绍,请读者参考软件的电子版说明书《超级绘图王用户手册》14.3.1 节。

4. 波浪线与波折线

波浪线与波折线也是通用图形,但建筑绘图中常用其来绘制边界线。这两种图形的绘制按钮在"绘图 2"选项卡的"综合"内,如图 14-40(a)所示。波浪线与波折线都是二点绘制,其绘制点分别如图 14-40(b)和图 14-40(c)所示。

波折线有一个特殊功能,就是画在直线上时,它可以自动剪断底部直线,从而将自己"插入"到直线中,如图 14-40(d)所示。这一功能给施工网络图的绘制带来了很大方便。

关于波浪线与波折线的详细介绍,请读者参考软件的电子版说明书《超级绘图王用户手册》14.3.2 节。

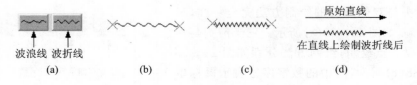

图 14-40　波浪线与波折线

5．水电线路与边界类图形

水电线路及边界类图形包括各种排水管线、各种高低压电气线路、临时围墙与建筑工地界线等图形。这类图形的共同特点是由一系列间断的直线夹着表示线路类型的文字（或简单图形符号）来构成，并且这类图形数量比较多。对于最常用的 12 种图形，软件支持直线绘制，其他图形则可以通过软件提供的自定义线间文字的方式来绘制。

水电线路与边界类图形在绘制时要从"绘图 2"选项卡的"施工"最底部的下拉列表框中选择相应的功能，如图 14 - 41 所示。所有图形的绘制都像画直线一样，在图形的起点与终点处分别单击鼠标即可。

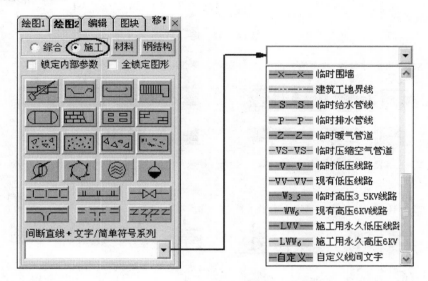

图 14 - 41　水电线路与边界类图形选择下拉列表框

关于水电线路与边界类图形的详细介绍，请读者参考软件的电子版说明书《超级绘图王用户手册》14.11 节。

6．塔　吊

塔吊的绘制按钮位于"绘图 2"选项卡的"施工"内，如图 14 - 42(a)所示。塔吊在绘制时需要指定两个点，分别是塔吊中心线的两个端点，如图 14 - 42(b)所示。塔吊选取后会显示三个调整控制点，各控制点的功能如图 14 - 42(c)所示。

塔吊在绘制时只支持"全锁定图形"选项，选中"全锁定图形"后可以连续绘制完全相同的图形。

7．其他二点绘制图形

还有数量众多的专业建筑图形都是通过两个点来绘制的，这些图形分布在"绘图 2"选项卡的"综合"与"施工"内，其绘制按钮及含义如图 14 - 43 所示。

关于这些图形的详细介绍，请读者参考软件的电子版说明书《超级绘图王用户手册》14.12 节。

8．轮辐线

轮辐线就是由同一点发出的一系列直线（因类似于自行车车轮的辐条而得名），其绘制按

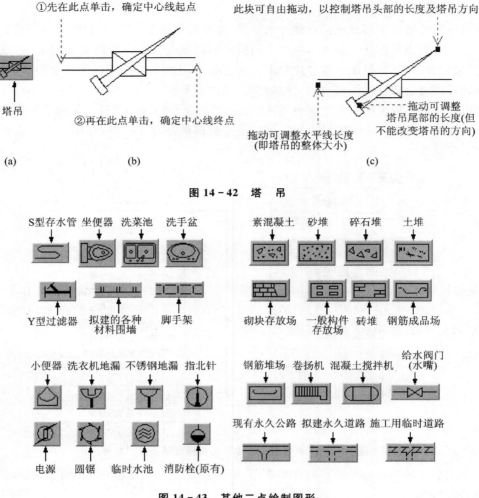

图 14-42 塔吊

图 14-43 其他二点绘制图形

钮在"绘图 2"选项卡的"综合"内,如图 14-44(a)所示。图 14-44(b)所示是一个绘制好的轮辐线图形。

轮辐线不论由多少条直线组成,都是一个图形(即各条直线不是独立图形)。轮辐线在绘制时各条直线是等长的,但绘制完后各条直线的长度可以单独调整,即可以不再等长。当需要多条直线保持精确的夹角时,使用轮辐线来实现非常方便。

关于轮辐线的详细介绍,请读者参考软件的电子版说明书《超级绘图王用户手册》14.13 节。

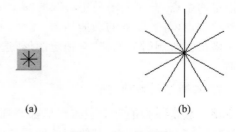

图 14-44 轮辐线

14.6.2 地暖线

地暖线是普通绘图软件非常难以绘制的图形,超级绘图王对其采取了特殊处理,使其既容易绘制又容易修改。地暖线的绘制按钮在"绘图 2"选项卡的"综合"内,如图 14－45(a)所示。图 14－45(b)所示是一个绘制好的地暖线图形。

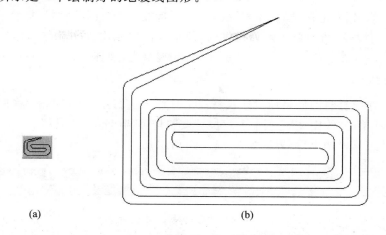

(a)　　　　　　　　　　　　　　(b)

图 14－45　地暖线的绘制按钮及典型图形

地暖线绘制完后,用鼠标单击其中的一条直线,被选中的这一段直线就可以修改,如图 14－46(a)所示。在选取了地暖线之后调出"图形属性"窗口,可以显示地暖线的长度,如图 14－46(b)所示,以便于施工时估算所需材料的用量。

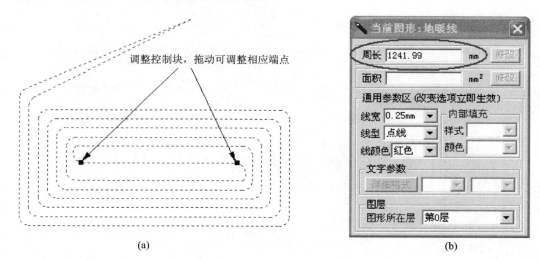

(a)　　　　　　　　　　　　　　(b)

图 14－46　地暖线的修改与长度显示

关于地暖线的详细介绍,请读者参考软件的电子版说明书《超级绘图王用户手册》14.9 节。

14.6.3　建筑材料类图形

1. 概　述

建筑详图以及比例较大的平面图、剖面图都应在剖切面处画出材料的图例。GB/T 50001—2010《房屋建筑制图统一标准》中规定了 27 种常用的建筑材料图例,这 27 种材料图例在超级绘图王内都非常容易绘制。

国标规定的 27 种建筑材料图例中有 21 种材料图例是软件内置提供的,可以一笔画出。这 21 种材料图例是:自然土壤、夯实土壤、石材、毛石、普通砖、耐火砖、空心砖、饰面砖、焦渣矿渣、多孔材料、纤维材料、泡沫塑料、木材、胶合板、石膏板、金属、网状材料、橡胶、玻璃、塑料、防水材料。另外,6 种材料图例是非内置提供的,但也只需要两次操作就能画出,这 6 种材料图例是:砂与灰土、砂砾石与碎砖三合土、混凝土、钢筋混凝土、液体、粉刷。

2."建筑材料"工具栏

内置提供的建筑材料图例是通过建筑材料工具栏来进行绘制的,单击"视图"|"建筑材料工具栏"菜单或者单击"绘图 2"选项卡上"材料"按钮均可调出这一工具栏。

"建筑材料"工具栏调出后,界面如图 14－47 所示。

图 14－47 "建筑材料"工具栏

3. 绘制效果

建筑材料图例全部采用二点绘制,每两次单击鼠标就可以绘制出一个图形。图 14－48 所示是部分图例的绘制效果,图中的圆点表示绘制时的鼠标单击点。另外,图例中图案花纹的密度都可以调整。

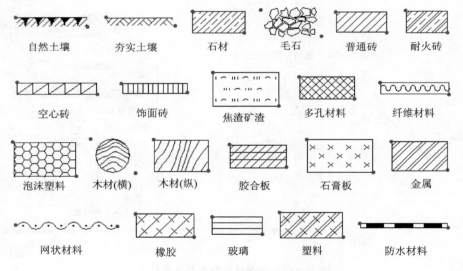

图 14－48 建筑材料图例的绘制效果

关于建筑材料类图形的详细绘制方法,请读者参考软件的电子版说明书《超级绘图王用户手册》15.1 节。

14.6.4 钢结构图形

1. 简 介

钢结构图纸的绘制难点主要在各种类型钢材的标注、各种焊缝的标注以及螺栓与铆钉等图案的绘制。超级绘图王分别提供了三个专用"钢结构"工具栏,用来解决这三类图形的绘制问题。

　　三个专用"钢结构"工具栏分别是："型钢标注"工具栏、"焊缝标注"工具栏和"螺栓铆钉"工具栏。

2. "型钢标注"工具栏

　　"型钢标注"工具栏专门用来完成各种型钢标注工作，GB/T 50105—2010《建筑结构制图标准》中规定了 19 种型钢的标注方法，软件对此全部予以支持。

　　"型钢标注"工具栏如图 14 - 49(a)所示，图 14 - 49(b)所示是一个标注样例。

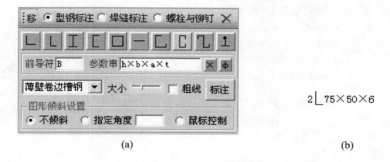

(a)　　　　　　　　　　　　　　　　　　　　　(b)

图 14 - 49　"型钢标注"工具栏及其标注样例

3. "焊缝标注"工具栏

　　钢结构构件主要通过焊接进行连接，焊接的要求通过焊缝标注予以注明，所以焊缝标注是钢结构图纸中的一项重要内容。焊缝的具体表示方法由国标《GB/T 324—2008 焊缝符号表示法》规定，软件生成的焊缝标注符号完全符合国标中的全部规定。

　　焊缝标注的全部操作都由"焊缝标注"工具栏完成，这一工具栏如图 14 - 50(a)所示。图 14 - 50(b)所示是一个标注好的示例。

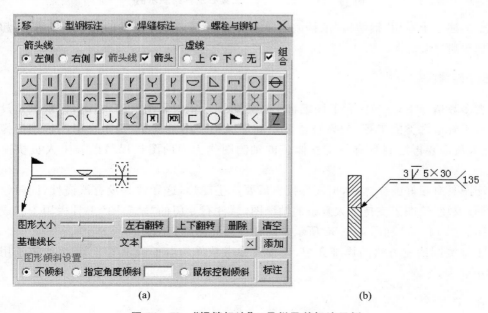

(a)　　　　　　　　　　　　　(b)

图 14 - 50　"焊缝标注"工具栏及其标注示例

4."螺栓铆钉"工具栏

螺栓与铆钉是钢结构构件连接的重要形式,绝大多数钢结构图纸中都要遇到螺栓与铆钉的绘制问题,软件的"螺栓铆钉"工具栏专门用来解决这一问题。

"螺栓铆钉"工具栏如图 14-51(a)所示。图 14-51(b)所示是一个标注样例,注意在这个样例中,全部螺栓的绘制以及其定位要求的实现都是一次单击鼠标完成的。

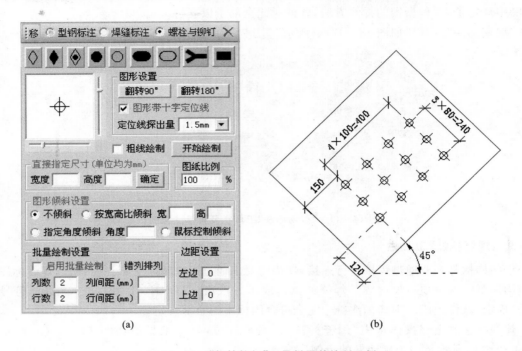

(a)　　　　　　　　　　　　　　　　(b)

图 14-51　"螺栓铆钉"工具栏及其绘制示例

关于上述三个专用"钢结构"工具栏的详细用法,请读者参考软件的电子版说明书《超级绘图王用户手册》15.2 节。

14.6.5　轴测图

绝大多数情况下,建筑工程的图纸都是正投影图。正投影图严谨、精确,但缺点是没有立体感。对于管道之类的工程,如果管道在空间上纵横交错很复杂,则正投影图很难读懂。为此,设计人员需要再绘制具有一定立体感的轴测图作为辅助图样以帮助施工人员快速理解图纸。

轴测图具有很好的立体感,但图形投影后要产生变形,这导致其没有严谨性,同时绘制也比较麻烦。超级绘图王支持不太复杂的轴测图,软件有专门的"轴测图"工具栏用于完成轴测图的绘制。图 14-52 和图 14-53 所示是两幅已画好的轴测图。

关于轴测图绘制方法的详细介绍,请读者参考软件的电子版说明书《超级绘图王用户手册》第 16 章。

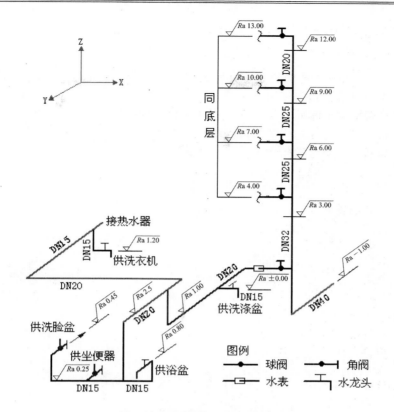

图 14 - 52　某住宅给水系统图

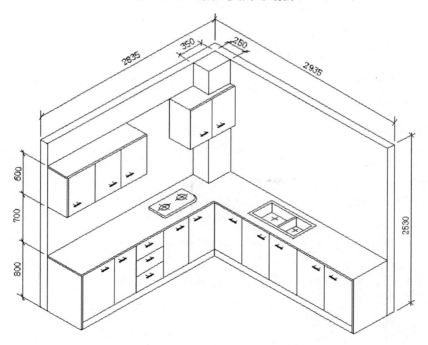

图 14 - 53　厨房装修效果轴测图

14.7 习 题

1. 操作面板窗口的"绘图 2"选项卡有什么功能？

2. 什么是锁定图形？如何使用？

3. 要画五个尺寸完全相同但绘制方向不同的窗，如何实现？

4. 如何绘制"门"？什么是门的"自动开门洞"功能？

5. 指出下面四个绘制按钮的作用。

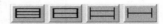

6. 画出下面的楼梯。

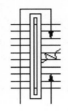 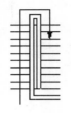 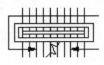

7. 画出下面的楼梯。

8. 简述风玫瑰的绘制步骤。

9. 画出下面的标对标高与钢筋。

10. 如何调整钢筋弯钩部分的大小？

11. 画出下面的图形（提示：四条折断线，外加一次快速剖面线填充）。

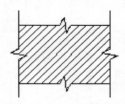

12. 超级绘图王内置了哪些线路与边界类图形的绘制功能？

13. 塔吊在绘制后可以任意调整其臂长与方向吗？

14. 超级绘图王内有专门的地暖线绘制功能吗？

15. 如何调出"建筑材料"工具栏，通过它可以绘制哪些图形？

16. "钢结构"工具栏有哪几种形式？每种形式的"钢结构"工具栏可以绘制哪些图形？

17. 什么是轴测图？它有何特点？

第15章 轴 线

15.1 轴线基础

15.1.1 概 述

轴线是显示在屏幕上的由一组水平直线与一组垂直直线组成的网格,如图15-1所示。轴线网格横线、竖线的数量及间距完全由用户自定义,轴线的位置也可以在屏幕自由地移动。

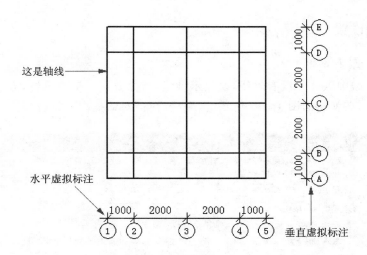

图15-1 轴线及其标注

轴线有两种作用:其一是作为参照物来使用,例如画一个房间的布置图,可以让软件在房间的关键尺寸处显示轴线,这样参照轴线标出的关键位置再绘制房间内的设施就非常方便了;其二是轴线可以生成墙,如果将建筑平面图各房间墙体的中心线位置作为轴线位置来输入,则软件可以自动生成建筑物的全部墙体线(包括其尺寸标注),从而极大地简化建筑平面图的绘制工作量。

轴线属于"参照物"类对象,它不是图形,不会被打印,它有着与图形不同的管理与访问规则。

轴线是带有标注的,轴线的标注用于指出轴线代表的建筑物的实际尺寸。轴线的标注称为"虚拟标注",包括水平虚拟标注和垂直虚拟标注。"虚拟"的意思是这些标注不是图形,只是显示在轴线附近的提示信息,但虚拟标注根据需要也可以转换为真正的图形。

关于轴线的功能基本上都集中在"轴线"菜单中,如图15-2所示。

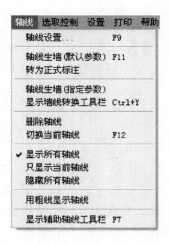

图 15 - 2　"轴线"菜单

15.1.2　轴线设置

1."轴线设置"对话框

新创建的图型中默认并没有轴线,要显示轴线,首先要进行轴线设置,方法为单击"轴线"|"轴线设置"菜单,在弹出的图 15-3 所示的"轴线设置"对话框内进行设置。

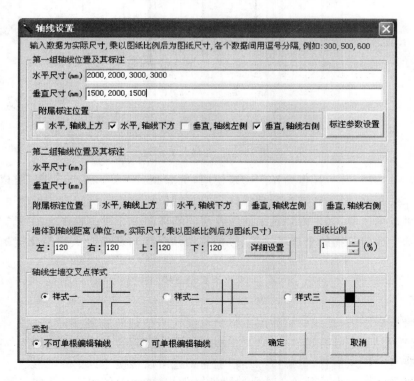

图 15 - 3　"轴线设置"对话框

另外,如下方法也可以调出"轴线设置"对话框:

① 按键盘上的 F9 键("轴线设置"菜单的快捷键)。

② 用鼠标右键单击工具栏的"轴线"按钮。

③ 如果未设置过轴线,则可以用鼠标左键单击工具栏的"轴线"按钮。

2. 轴线设置

假设用户想要绘制图 15 - 4(a)所示的图形,在绘制这个图形时,用户希望轴线显示在图 15 - 4(b)中虚线所示的位置上(这个位置就是各墙体的中心线)。

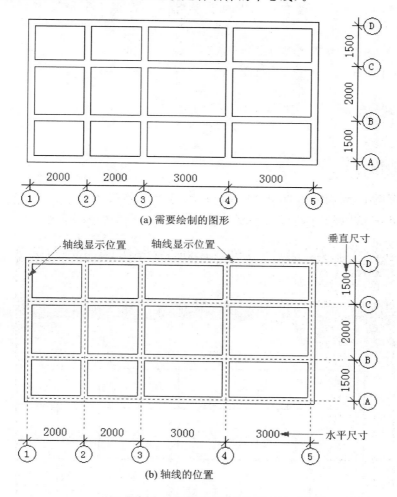

图 15 - 4　欲画图形及其轴线位置

"轴线设置"对话框中有三组尺寸需要输入:第一组轴线位置及其标注、第二组轴线位置及其标注和墙体到轴线的距离。这三组尺寸都是实物尺寸,实物尺寸乘以"图纸比例"后得到图纸上图形的绘制尺寸。"墙体到轴线的距离"只有在轴线生墙时才能用到,留至 15.3 节讨论,本处先介绍"轴线位置"。

"第一组轴线位置及其标注"和"第二组轴线位置及其标注"的内容是完全一样的,当需要同时显示两组轴线时,就在这两组轴线位置输入框内都输入数据。若只需要显示一组轴线,则只在第一组输入框内输入数据即可,本例就是这种情况。

"第一组轴线位置及其标注"选项组内包括水平尺寸、垂直尺寸和附属标注位置三项内容。"水平尺寸"是在水平方向标注的尺寸,这些尺寸用于确定轴线网格中每一条垂直线的 x 坐标。"垂直尺寸"是在垂直方向标注的尺寸,这些尺寸用于确定轴线网格中每一条水平线的 y 坐标。"附属标注位置"决定了在轴线网格的哪一侧显示标注,详见 15.4 节中的介绍。

对于图 15-4 所示的图形,需要在图 15-3 中的"水平尺寸"文本框内输入"2000,2000,3000,3000",在"垂直尺寸"文本框内输入"1500,2000,1500",在"附属标注位置"选项组内勾选"水平,轴线下方"和"垂直,轴线右侧","图纸比例"保持默认值 1‰(假设按 1‰的比例绘制),最后单击"确定"按钮即可。

◎**说明**　各个尺寸数字之间用逗号分隔(英文逗号而不是中文逗号),所有尺寸都以 mm 为单位,但 mm 不必输入。

15.2　轴线编辑

15.2.1　轴线编辑状态

1. 轴线编辑状态的进入与退出

轴线生成后,可以对其进行编辑修改。轴线的编辑与图形的编辑不同,轴线的编辑必须在轴线编辑状态下才能进行。轴线编辑状态的进入与退出由工具栏上的"轴线"按钮控制,单击此按钮一次,使其呈凹陷状态,就进入轴线编辑状态(见图 15-5);再单击此按钮一次,其会从凹陷状态恢复正常,就退出了轴线编辑状态。

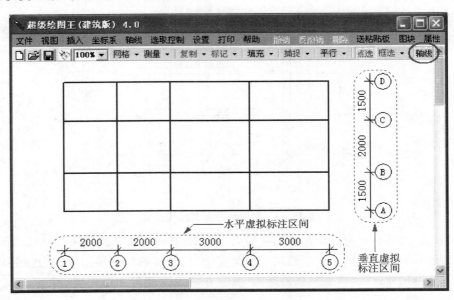

图 15-5　轴线按钮与轴线编辑状态

每次设置轴线后,会立即进入轴线编辑状态(软件自动按下工具栏上的"轴线"按钮),以便用户随后对其进行编辑。另外,当用户单击工具栏上的"轴线"按钮但此前未设置过轴线时,软件会调出"轴线设置"对话框让用户先设置轴线。

2. 轴线的显示样式

在轴线编辑状态下,轴线用粗的蓝色实线显示。退出轴线编辑状态后,轴线用细的蓝色虚线显示,但根据需要也可改为粗的蓝色实线显示(见 15.2.4 节的介绍)。

3. 轴线类型对编辑操作的影响

在轴线编辑状态下能对轴线进行哪种操作,取决于轴线的类型。轴线有"不可单根编辑轴线"和"可单根编辑轴线"两种类型,在图 15-3 中右下角的"类型"选项组内进行选择。

不可单根编辑轴线占用内存少,操作速度快,但不能对其进行单根轴线删除和单根轴线生墙(在其两侧生成墙体线)操作。

可单根编辑轴线占用内存较多,操作速度相对慢一些,但支持单根轴线删除和单根轴线生墙。

当显示轴线的目的是在屏幕上显示一个指定尺寸的网格以便于参照绘制其他图形时,应选择"不可单根编辑轴线"类型;当显示轴线的目的是利用轴线生墙功能让软件自动生成墙体线时,应选择"可单根编辑轴线"类型(这样便于控制不会生成无用的墙体线)。

15.2.2 移动位置

不论哪种类型的轴线,在轴线编辑状态下都支持移动位置,操作方法为:

① 在轴线网格区间内按下鼠标左键并拖动,轴线网格及其对应的虚拟标注均会跟随移动,到达目标位置后松开鼠标左键则停止移动。

② 在水平虚拟标注区间内或垂直虚拟标注区间内(见图 15-5)按下鼠标左键并拖动,对应的虚拟标注会跟随移动,到达目标位置后松开鼠标左键则停止移动。注意,对于水平虚拟标注,只能上下移动;对于垂直虚拟标注,只能左右移动。

15.2.3 可单根编辑轴线专用操作

以下操作,仅"可单根编辑轴线"支持,并且必须在轴线编辑状态下。

① 单根删除轴线。当鼠标移动到某段轴线上时,这段轴线会暂时变为红色,这时单击鼠标左键,这段轴线就被删除。被删除的轴线用细虚线显示。

② 还原轴线。当鼠标移动到某段已删除的轴线上时,这段轴线也会暂时变为红色,这时单击鼠标左键,这段轴线就从删除状态还原为正常状态。

③ 单根轴线生墙。当鼠标移动到某段未删除的轴线上时,这段轴线会暂时变为红色,这时单击鼠标右键,软件会自动在这段轴线周围生成两根墙体线。这种方式可用于墙体线数量不多时的墙体绘制。

◎**说明** 生成的墙体线的线宽、线型、线颜色取决于操作面板窗口"绘图 1"选项卡上的线宽、线型、线颜色设置。

15.2.4 轴线的其他操作

不论哪种类型的轴线,都支持以下操作,并且这些操作不需要在轴线编辑状态下进行。

① 修改轴线。轴线可以随时修改,修改轴线也就是重新设置轴线。方法为使用"轴线"|"轴线设置"菜单再次调出"轴线设置"对话框,在对话框内重新输入轴线的参数并单击"确定"按钮。

② 删除轴线。当轴线不需要时,可以删除,使用"轴线"|"删除轴线"菜单完成。

③ 粗线显示轴线。在非轴线编辑状态下,默认用细的蓝色虚线显示轴线。当轴线周围图形较多时,为了突出显示轴线,可以将轴线设置为用粗的蓝色实线显示,方法是单击"轴线"|"用粗线显示轴线"菜单,使其前面带上勾号。若再单击此菜单一次,其前面的勾号会去掉,又会恢复为细线显示。

④ 对轴线进行标记。轴线也支持标记操作,通过这一功能可以在轴线的特定位置处做上"记号",然后参照"记号"指出的位置再进行门、窗或房间内物品的绘制等,就非常方便了。

不过,自超级绘图王 4.0 版开始,软件增加了更加方便的辅助轴线功能,定点开门与开窗等操作都可以通过辅助轴线更简单地完成,轴线的标记功能只限于需要对轴线进行特定比例分割等特殊场合。

15.3 轴线生墙

15.3.1 概 述

绝大多数建筑图纸的主要部分都是墙体线,如果手工绘制这些线工作量非常大。轴线生墙功能可以根据轴线的位置自动生成这些线,从而极大地简化常用建筑图纸的绘制工作。

有两种轴线生墙的方式:默认参数轴线生墙和指定参数轴线生墙。

1. 默认参数轴线生墙

通过"轴线"|"轴线生墙(默认参数)"菜单或者按 F11 键,可以实现默认参数的轴线生墙。默认参数轴线生墙具有如下特点:

① 不区分外墙线与内墙线,全部墙体线采用统一的线型、线宽、线颜色。这些参数取自操作面板窗口"绘图 1"选项卡上的线型、线宽、线颜色的设置。

② 只生成墙体线,不生成其他图形(如墙体中心线、尺寸标注等)。如果在生墙之后,要将轴线附带的虚拟标注变为正式图形,则需要调用"轴线"|"转为正式标注"菜单来实现。

③ 特别适合于生成建筑施工图中的平面图、立面图、剖面图等图形中的墙体线。

2. 指定参数轴线生墙

通过"轴线"|"轴线生墙(指定参数)"来实现指定参数的轴线生墙。指定参数轴线生墙具有如下特点:

① 可以选择生成"墙体线"、"墙体中心线"、"尺寸标注"中的一种、两种或全部。

② 生成的墙体线区分内墙线还是外墙线,并且这两者可以分别设置不同的线宽与线型。

③ 特别适合于生成各种类型的结构施工图中的墙体线。

本节内介绍默认参数轴线生墙,15.7 节内专门介绍指定参数轴线生墙。

15.3.2 操作步骤

假如用户想要绘制图 15-6 所示的图形,绘制步骤为:

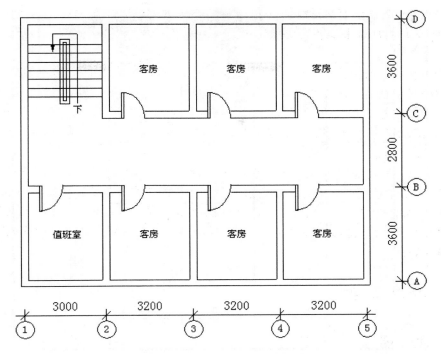

图 15 - 6 某宾馆二层平面图

（1）单击"轴线"|"轴线设置"菜单，调出"轴线设置"对话框，在这个对话框内进行如下设置（注意，前三步均在"第一组轴线位置及其标注"选项组内设置）：

① "水平尺寸"文本框内输入"3000，3200，3200，3200"。

② "垂直尺寸"文本框内输入"3600，2800，3600"。

③ "附属标注位置"中勾选"水平，轴线下方"和"垂直，轴线右侧"。

④ "图纸比例"选择"1％"（如果按其他比例绘制，如 0.5％，则输入"0.5"，百分号不用输入）。

⑤ 类型选择"可单根编辑轴线"。

⑥ 单击"确定"按钮。

以上操作完成后，轴线就会显示在绘图区内，如图 15 - 7 所示。画面中的叉号是为描述后续操作步骤而添加上的。

（2）由于已自动进入轴线编辑状态，所以可以对轴线进行编辑，具体为：

① 用鼠标拖动轴线网格到绘图区的中央，这样做是为了将来轴线生墙时将"墙"生成在图纸中心。

② 删除不需要的轴线。将鼠标分别移到图 15 - 7 中带有叉号的四段轴线处，待轴线变为红色显示时，单击鼠标左键，将这四段轴线删除，删除后的结果如图 15 - 8 所示。

③ 用鼠标单击工具栏上的"轴线"按钮，使之抬起，从而退出轴线编辑状态。

（3）生成墙体线及尺寸标注。

① 单击"轴线"|"轴线生墙（默认参数）"菜单，生成墙体线。

② 单击"轴线"|"转为正式标注"菜单，将轴线的虚拟标注转换为正式标注。

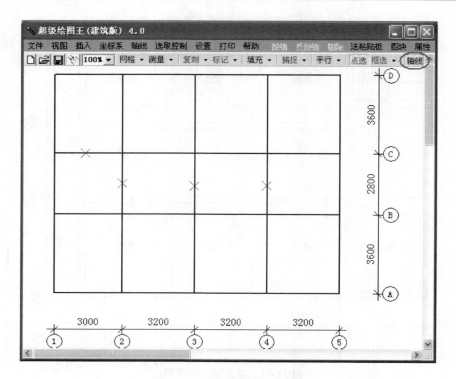

图 15 - 7 轴线创建后的画面

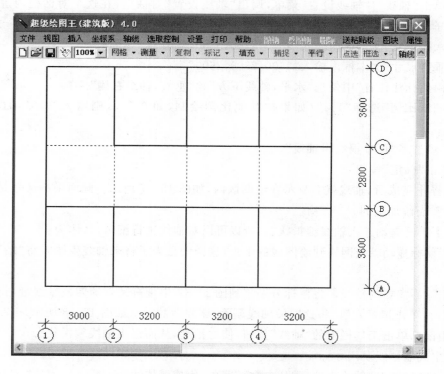

图 15 - 8 删除不需要的轴线后的画面

③ 单击"轴线"|"隐藏所有轴线"菜单,关闭轴线的显示。

完成以上步骤后,界面如图 15-9 所示。

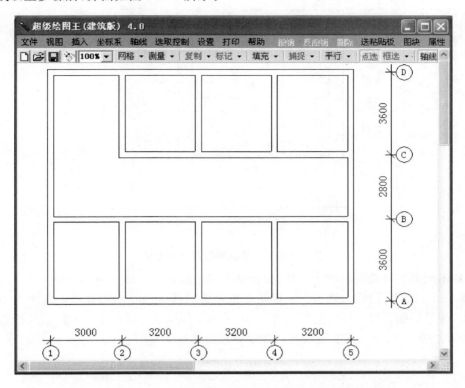

图 15-9　生成墙体线与标注并关闭轴线后的界面

(4) 画上楼梯及各房间的门,并标注房间的用途,就得到图 15-6 所示的图形。

15.3.3　生墙距离设置

在"轴线设置"对话框中,使用"墙体到轴线距离"选项组内的设置可以控制轴线生墙时生成的墙体线与轴线的间隔距离。

1. 各参数含义

"左":垂直显示的轴线在生墙时,生成的左侧墙体线到轴线的距离。

"右":垂直显示的轴线在生墙时,生成的右侧墙体线到轴线的距离。

"上":水平显示的轴线在生墙时,生成的上方墙体线到轴线的距离。

"下":水平显示的轴线在生墙时,生成的下方墙体线到轴线的距离。

这四个距离的含义如图 15-10 所示,注意这些参数为建筑物实际尺寸,乘以图纸比例后才是屏幕上的墙体线与轴线间的距离。由于大多数墙都是 24 墙,所以这四个参数默认各是 120 mm。

2. 单根设置轴线生墙距离

绝大多数情况下,同一方向上不同轴线处的生墙距离是相同的,这时只需要设置上面所述的"左""右""上""下"四个参数即可。但也有一些建筑物,出于保温的考虑,外墙往往比内墙

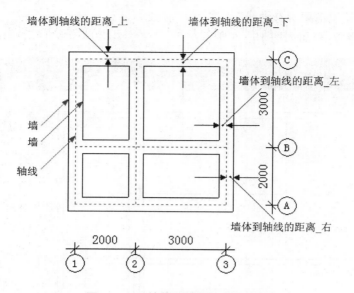

图15－10　墙体到轴线距离的含义

厚,这导致不同轴线处墙的厚度不一样,也就是不同轴线处的生墙距离不一样。

以图15－11所示的建筑物为例来说明单根设置轴线生墙距离的方法。这个图中水平从左到右1~5号轴线处墙的厚度分别为240,360,480,240,240,而垂直A~D轴线处墙的厚度分别为360,240,240,240,所有轴线处两侧墙到轴线的距离均等。

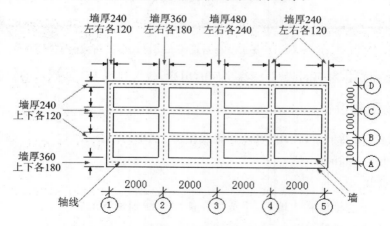

图15－11　不同位置墙厚度不同的建筑物

操作步骤为:

(1)调出"轴线设置"对话框,并按图15－12所示设置好各项参数。

(2)单击图15－12中的"详细设置"按钮,调出"轴线生墙距离详细设置"对话框,如图15－13所示。按图15－13所示设置好各项参数。

◎**说明**

①"轴线生墙距离详细设置"对话框用于指定每一根轴线位置处的生墙距离,即单根轴线指定其左右(或上下)两侧的生墙距离。

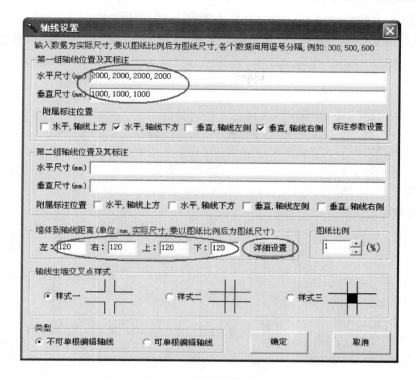

图 15－12　"轴线设置"对话框

图 15－13　"轴线生墙距离详细设置"对话框

②　在第一个框内输入"120,120,180,180,240,240",这个框内的数据指出第一组轴线水平方向从左到右各个位置上轴线的生墙距离,这一组数据的含义为(参照图 15－11):前两个数表示 1 号轴线左、右两侧的生墙距离为 120,120,第 3 和第 4 个数表示 2 号轴线左、右两侧的生墙距离为 180,180,最后两个数表示 3 号轴线左、右两侧的生墙距离为 240,240,而 4、5 号轴线处的生墙距离未设置,默认采用图 15－12 中"左"、"右"两个文本框内的值,即都为 120。

③　在第两个框内输入"180,180",这个框内的数据指出第一组轴线垂直方向从下到上各个位置上轴线的生墙距离,这一组数据的含义为(参照图 15－11):A 号轴线下侧、上侧的生墙距离为 180,180,B、C、D 三条轴线处的生墙距离未设置,默认采用图 15－12 中"上"、"下"两个文本框内的值,即都为 120。

（3）在图15-13中单击"确定"按钮,再在图15-12中单击"确定"按钮。

（4）单击"轴线"|"轴线生墙（默认参数）"菜单,就得到图15-11所示的图形了。

🌀**说明**　图15-13中的"全部清空"按钮可以快速地清除这一画面中全部四个文本框内的数据。

15.3.4　其他问题

1．交叉点样式

在"轴线设置"对话框（见图15-12）中,"轴线生墙交叉点样式"选项组内的设置决定轴线生墙时墙体线交叉处的形状,共有三种选择:样式一、样式二和样式三,图15-14显示了不同样式下的生墙效果。

　"样式一"生墙效果　　　　"样式二"生墙效果　　　　"样式三"生墙效果

图15-14　不同交叉点样式的生墙效果对比

2．墙体线的修改

一般情况下,需要对轴线生墙的结果进一步修改,才能达到用户的要求。轴线生墙生成的墙体线都是普通折线,可以像普通折线那样进行选取、移动、删除、延长、剪断等操作。

一次轴线生墙操作生成的所有墙体线逻辑上视为一组折线,若"设置"|"单击时折线整体选取"菜单前面带有勾号,单击选取时选取任意一条墙体线就可将全部墙体线都选中,这便于将墙体线整体移动。

15.4　轴线标注

15.4.1　虚拟标注及其参数设置

1．虚拟标注概述

轴线网格的两侧带有标注,这些标注是虚拟标注而不是图形,当轴线隐藏或删除时,虚拟标注也会跟随隐藏或删除。虚拟标注只能是水平或垂直的,但当转换为正式标注后,它可以任意角度旋转。

在轴线编辑状态下,虚拟标注支持用鼠标拖动（以调整虚拟标注与轴线网格的间距）,以及对轴号进行管理。

2．虚拟标注位置

在图15-3所示的"轴线设置"对话框中,"附属标注位置"选项组内有四个选项,用于决定虚拟标注的显示位置：

　　"水平,轴线上方"：勾选后,在轴线网格的上方生成水平放置的虚拟标注。

　　"水平,轴线下方"：勾选后,在轴线网格的下方生成水平放置的虚拟标注。

　　"垂直,轴线左侧"：勾选后,在轴线网格的左侧生成垂直放置的虚拟标注。

　　"垂直,轴线右侧"：勾选后,在轴线网格的右侧生成垂直放置的虚拟标注。

　　若四个复选框内的勾号都去掉,则生成的轴线将不带虚拟标注。

3. 详细参数设置

　　虚拟标注除允许设置显示位置外,还允许详细指定各种细节,如有无标注圆圈、圆圈内数字或字母的起始序号、尺寸线上文字的字号等。

　　单击"轴线设置"中的"标注参数设置"按钮,会弹出"标注参数设置"对话框,如图 15-15 所示。在这一对话框内可详细设置虚拟标注的各种参数。

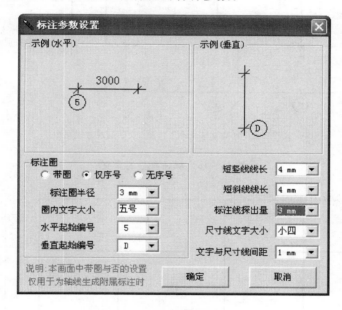

图 15-15　"标注参数设置"对话框

　　"标注参数设置"对话框在 6.4.2 节已介绍过,本处不再重述,其主要设置项目的含义如图 15-16 所示。

15.4.2　虚拟标注的轴号管理

1. 轴号管理概述

　　在设置轴线时,可以设置轴号(就是虚拟标注圆圈内的文字)的起始值(见图 15-15),这个起始值指定了第一条轴线的轴号,软件再按照递增原则依次生成其他轴线的轴号。在轴线编辑状态下,可以修改上述软件自动生成的轴号,以满足特定的设计需求。

　　轴号管理操作都是通过右键菜单来实现的,如图 15-17 所示,如果要删除水平标注中第二个圆圈内的轴号,则需要将鼠标指针指在轴号文字"2"上(不是指在轴号圆圈内,而是必须指在轴线文字上),然后单击鼠标右键,会弹出右键菜单,再从右键菜单中选择第一项即可。

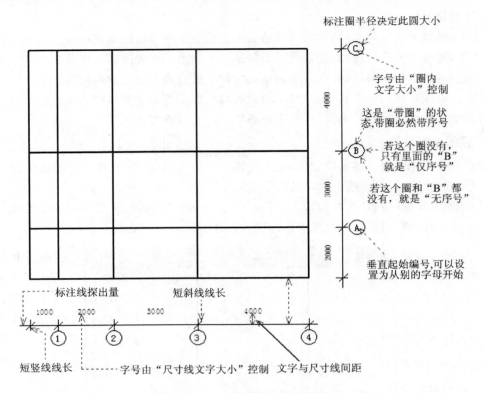

图 15-16 标注参数的含义

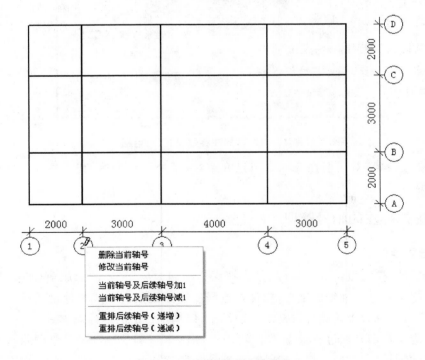

图 15-17 轴号管理右键菜单

❋**注意**

① 所有轴号管理操作只能在轴线编辑状态下进行,其他状态下调不出轴号管理右键菜单。

② 轴号管理操作不能使用"撤销"菜单来撤销,如果操作错了,只能再进行一次反向操作来恢复。例如,误用了"当前轴号及后续轴号加 1",则只能再进行一次"当前轴号及后续轴号减 1"来抵消。

下面逐一介绍图 15-17 中的右键菜单项目,文中所说的"当前轴号"均指鼠标指针底下的那个轴号。

2."删除当前轴号"菜单

将当前轴号的轴号文字删除,删除后的结果如图 15-18(a)所示。

◎**说明**

① 删除后,如果以后想在这个圆圈内添加轴号,则将鼠标指针指在这个空圆圈的中心处(也就是原来轴号文字的位置处),单击鼠标右键并选择"修改当前轴号"菜单就可以重新输入轴号。

② 如果想得到图 15-18(b)所示的结果,则需要先将轴号"2"删除,然后将虚拟轴线转为正式标注,再通过画一条直线和标注两个文字的办法,得到第二个圆圈内的附加轴线编号。

3."修改当前轴号"菜单

修改当前轴号的轴号文字,软件将弹出一个窗口让用户输入新轴号文字。

4."当前轴号及后续轴号加 1"菜单

当前轴号及其后面的轴号(水平标注时右侧的轴号,垂直标注时上侧的轴号)各自在原来的基础上加 1。当需要在某个轴号前插入一个轴号时,就要使用本功能来调整后面的轴号。

5."当前轴号及后续轴号减 1"菜单

当前轴号及其后面的轴号各自在原来的基础上减 1。以图 15-18(a)为例,将第二个轴号删除后,如果希望将后面的轴号依次减 1,即达到图 15-18(c)所示的结果,操作方法为将鼠标指针指在图 15-18(a)的轴号文字"3"上,再从右键菜单中选择"当前轴号及后续轴号减 1"。

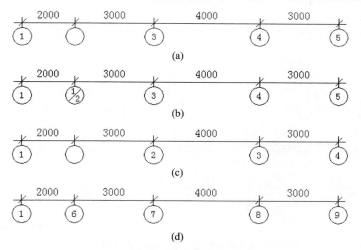

图 15-18 轴号编辑效果图

6."重排后续轴号(递增)"菜单

改写当前轴号后面的指定个数的轴号,使其符合从当前轴号开始依次加 1 的规则。

例如,要得到图 15-18(d)所示的结果,需要先将第二个轴号修改为"6",然后将鼠标指针指到轴号文字"6"上,单击鼠标右键,从右键菜单中选择"重排后续轴号(递增)",这时将弹出如图 15-19 所示的对话框,在这个对话框内可以设置受影响的轴号数量(即对当前轴号后面的几个轴号进行重新编号),由于本例中后面有 3 个轴号需要重新编号,输入"3",单击"确定"按钮后即得到图 15-18(d)所示的结果。

图 15-19　受影响的轴号数量对话框

7."重排后续轴号(递减)"菜单

改写当前轴号后面的指定个数的轴号,使其符合从当前轴号开始依次减 1 的规则。

在上面的例子中,如果将选择的菜单改为"重排后续轴号(递减)",其他操作不变,将得到各轴线的编号为"1""6""5""4""3"。

15.4.3　由虚拟标注转为正式标注

单击"轴线"|"转为正式标注"菜单,就会将虚拟标注转换为正式标注。转为正式标注后,原来的虚拟标注就不存在了。正式标注是图形,可以像普通图形一样进行选取与修改。

一段连续的正式标注是一个组合图形,如图 15-20 所示。如果要修改正式标注里面的文字,则需要选取这段标注,单击鼠标右键,从弹出的右键菜单中选择"解除组合",然后才能修改。

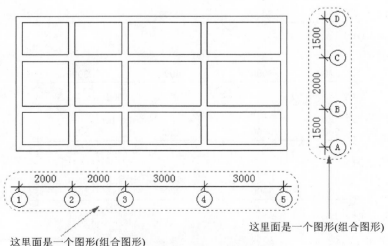

图 15-20　正式标注的结构

以图 15-20 底部的那条水平标注为例分析:经过一次解除组合后,形成三个图形,其结构如图 15-21 所示。其中,尺寸文字串"2000 2000 3000 3000"和序号文字串"1 2 3 4 5"都是组合图形,可以再次对其进行"选取"→"右键"→"解除组合"操作,这样才能将它们分解为单个文字。只有分解成单个文字,才能对其内容进行修改(修改方法见 4.2.1 节)。修改后最好将这些文字再组合起来,便于以后管理方便。

如果要对正式标注进行补画标注圈等较复杂的修改操作,参见 6.6.2 节的介绍。

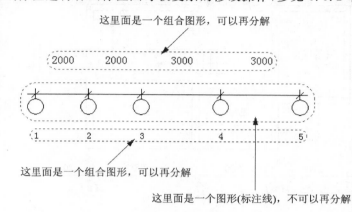

图 15-21 正式标注经过一次解除组合后的结构

15.5 双 轴 线

15.5.1 双轴线设置

1. 双轴线的引入

有时使用一组轴线来描述建筑物的结构往往不够用,需要使用两组轴线,即双轴线。以图 15-22 为例分析,这是某别墅的二层建筑平面图,由于建筑物的结构不论从南北方向上还是东西方向上都不对称,所以图中的尺寸标注点也是上、下不一样,左、右也不一样。这时,无法用一组轴线描述整个建筑物的结构,需要两组轴线才行。

对于图 15-22,可以用底下的水平尺寸与左侧的垂直尺寸构成一组轴线,用上面的水平尺寸与右侧的垂直尺寸构成另一组轴线。当然,也可以用底下的尺寸与右侧的尺寸构成一组轴线,上面的尺寸与左侧的尺寸构成另一组轴线。下面以第一种分组方式为例介绍其设置操作。

2. 双轴线设置方法

① 单击"轴线"|"轴线设置"菜单,调出"轴线设置"对话框。

② 在"轴线设置"对话框的第一组轴线位置及其标注框内输入图 15-22 底部的水平尺寸与左侧的垂直尺寸,同时在附属标注位置中勾选"水平,轴线下方"和"垂直,轴线左侧",这样第一组轴线的标注将显示在下方和左侧。

③ 在"轴线设置"对话框的第二组轴线位置及其标注框内输入图 15-22 顶部的水平尺寸与右侧的垂直尺寸,同时在附属标注位置中勾选"水平,轴线上方"和"垂直,轴线右侧",这样第二组轴线的标注将显示在上方和右侧。

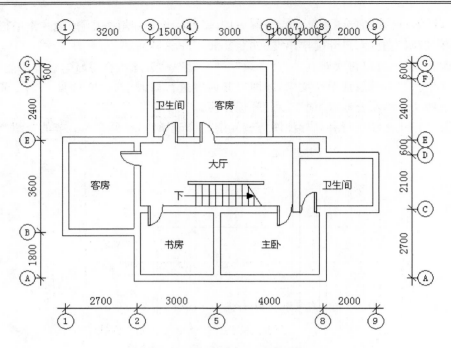

图 15－22 别墅二层建筑平面图

❉**注意** 两组轴线不能在同一位置上显示标注。例如，若在第二组轴线中选择了"水平，垂直上方"，则第一组轴线中的"水平，垂直上方"前面的勾号将自动被取消（如果有的话）。

④"图纸比例"选择"1％"，类型选择"可单根编辑轴线"。

完成以上设置后结果如图 15－23 所示。

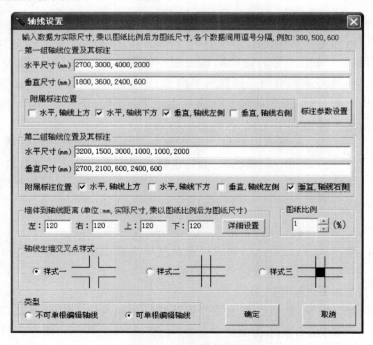

图 15－23 双轴线设置

⑤ 单击"确定"按钮,得到图 15-24 所示的轴线网格。当有两组轴线后,为了区分,第一组轴线及其标注用蓝色显示,第二组轴线及其标注用绿色显示。

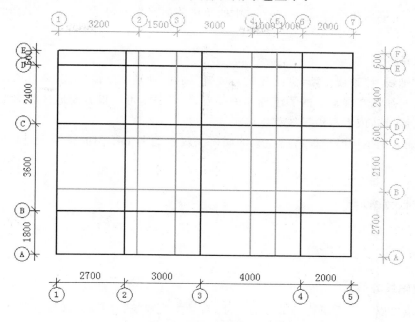

图 15-24　双轴线网格

15.5.2　双轴线管理

1. 基本操作规则

双轴线与单轴线遵循完全相同的编辑与使用规则。对于可单根编辑双轴线而言,在编辑状态下可对任何一组轴线的任何一段进行删除、生墙等操作,操作方法完全同单轴线时一样。

一般情况下,第一组轴线的各个水平尺寸之和应该与第二组轴线的各个水平尺寸之和相同;第一组轴线的各个垂直尺寸之和应该与第二组轴线的各个垂直尺寸之和相同,因为它们标注的是同一建筑物。但如果以上尺寸不同,也可以正常使用,不过在轴线生墙等操作时右侧及上侧边界部分的墙体线可能不正确,需要手动调整。

2. 当前轴线及其切换方法

双轴线中有一组轴线显示在上面(默认是第一组轴线),这一组轴线称为当前轴线。对于两组轴线网格中的重合部分(图 15-24 中就是网格的上下左右边界处),由于当前轴线挡住了非当前轴线,所以所有编辑操作(如鼠标左键单击时的删除轴线段、右键单击时的单段轴线生墙等),都只针对当前轴线进行,在这些重合位置上无法针对非当前轴线进行操作。

使用"轴线"|"切换当前轴线"菜单(或按 F12 键),可以将非当前轴线切换为当前轴线。

3. 显示控制

两组轴线可以同时显示,或者只显示一组,或者都不显示,由"轴线"菜单下的三个子菜单控制,具体为:

"轴线"|"显示所有轴线":使所有轴线都显示。

"轴线"|"只显示当前轴线":只显示当前轴线组内的轴线,非当前轴线组不显示。

"轴线"|"隐藏所有轴线":所有轴线都不显示。此菜单在轴线编辑状态下不可用。

以上三个菜单是互斥的,最后一个选中的菜单前面将带上勾号,以表示当前轴线所处的显示状态。

4. 生墙规则

当使用"轴线"|"轴线生墙(默认参数)"或者"轴线"|"轴线生墙(指定参数)"菜单进行轴线生墙时,只针对显示在屏幕上的那组轴线进行生墙。这样,可以很方便地针对两组轴线中的每一组分别进行生墙,或者两组轴线都生墙。

两组轴线分别生墙时最好将所生成的墙体线放置到两个不同的图层上,以便于分别选取和修改。

15.6 辅助轴线

15.6.1 概 述

1. 辅助轴线的引入

使用轴线可以设置建筑物各部分的尺寸、自动生成建筑物的墙体线以及尺寸标注等,可以说完成了一张建筑图纸的主体性工作。但对于图纸上一些细部尺寸的定位,例如门、窗、柱等位置的确定,无法由轴线来完成,而需要用到"辅助轴线"这一重要工具。

辅助轴线是在主轴线(相对于辅助轴线,前面提到的轴线也称为"主轴线")附近特定距离处,并且与主轴线平行或垂直的长直线。辅助轴线不是图形,它遵循自己特殊的创建与使用规则。

2. "辅助轴线"工具栏

对于辅助轴线的全部操作只能通过"辅助轴线"工具栏来完成。

调出"辅助轴线"工具栏有三种方法:

① 单击"轴线"|"显示辅助轴线工具栏"菜单(或按 F7 键)。

② 在主窗口固定工具栏右侧的空白区(没有任何工具按钮的地方)单击鼠标右键,从弹出的右键菜单中选择"辅助轴线工具栏"。

③ 在无操作状态下在绘图区内单击鼠标右键,从弹出的右键菜单中选择"辅助轴线工具栏"。

◎说明 只有已定义了主轴线后,才能调出"辅助轴线"工具栏。

"辅助轴线"工具栏调出后画面如图 15-25 所示。

图 15-25 "辅助轴线"工具栏

3. 辅助轴线的生成位置

◇ 辅助轴线可以在主轴线的两侧或某一段主轴线的中点处生成。具体规则为:

◇ 对于垂直的主轴线,可以在其左右一侧或两侧生成垂直辅助轴线。

◇ 对于水平的主轴线,可以在其上下一侧或两侧生成水平辅助轴线。

◇ 对于任意一段垂直主轴线的中点,可以在其上下一侧或两侧生成水平辅助轴线。

◇ 对于任意一段水平主轴线的中点,可以在其左右一侧或两侧生成垂直辅助轴线。

图 15-26 示例了以上各种情况下的辅助轴线。

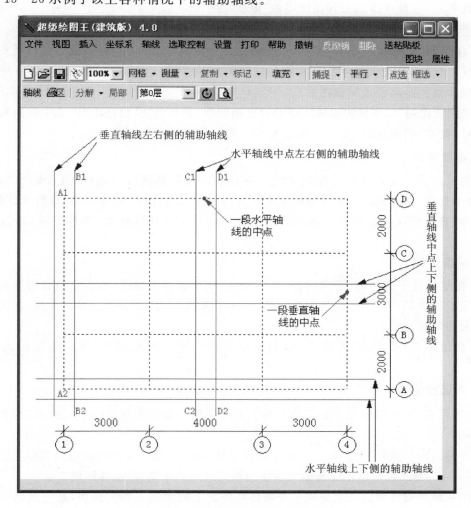

图 15-26　辅助轴线的生成位置

🔍 **说明**　水平或垂直轴线两侧的辅助轴线主要用来协助画门或画柱子,而轴线段中点处的辅助轴线主要用来协助画窗子(因为窗子一般在一段墙的中间处)。

15.6.2　辅助轴线的参数

辅助轴线有三个参数,它们都是通过"辅助轴线"工具栏中的选项或文本框来设置的。

1. 偏移方向

指出在主轴线的哪一侧生成辅助轴线。可以选择"左"、"右"、"上"、"下"或"两侧"之一。选择"两侧"时,可以在任意位置(水平轴线、垂直轴线、任意轴线段的中点)的两侧生成辅助轴线。

2. 偏移距离与图纸比例

偏移距离指定辅助轴线与偏移基准（主轴线或墙）之间的间距。"辅助轴线"工具栏中"偏移距离"文本框内输入的是以 mm 为单位（单位 mm 不需要输入）的实物尺寸，这个尺寸要乘以显示比例后，才是在图纸上真正使用的"偏移距离"。

◎ **说明**

① 在图 15 - 26 中，主轴线 A1A2 与辅助轴线 B1B2 之间的平行距离就是偏移距离。辅助轴线 C1C2 与 D1D2 之间的平行距离则是偏移距离的 2 倍（这两条辅助轴线到其所夹着的主轴线段的中点的距离都是偏移距离）。

② "图纸比例"文本框内要输入百分号之前的数，如果想在"偏移距离"文本框内直接输入图纸尺寸，则在"图纸比例"文本框内输入 100（表示按 100% 的比例绘制）。

3. 偏移基准

偏移基准指出偏移距离是相对于"谁"而言的。偏移基准可以选择"基于轴线"或"基于墙"。如果选择"基于轴线"，则生成的辅助轴线将与主轴线保持"偏移距离"参数指定的距离。如果选择"基于墙"，生成的辅助轴线将与主轴线旁边的墙体线保持"偏移距离"参数指定的距离。

◎ **说明**

① 在绘制柱子或门时，通常选择"基于轴线"来生成辅助轴线，因为它们都需要相对于主轴线来定位。在装饰图中绘制房间内物品时，通常选择"基于墙"来生成辅助轴线，因为它们一般是相对于墙来定位。

② 在选择了"基于墙"的情况下，辅助轴线与主轴线的距离为"轴线生墙距离＋偏移距离"。

4. 双辅助轴线

"偏移距离"文本框内允许最多输入两个偏移距离。当输入两个偏移距离时，两个数之间用逗号隔开，如"750,1500"。

如果输入两个偏移距离，就会一次生成两条辅助轴线，第一条辅助轴线与主轴线的距离为"偏移距离 1"，第二条辅助轴线与第一条辅助轴线之间的距离为"偏移距离 2"。

使用双辅助轴线可以一次完成一个物体在图纸上的定位工作。例如，某建筑物中"窗"到轴线的距离为 750mm，"窗"的宽度为 1500mm。当在"偏移距离"文本框内输入"750,1500"后，就可以在距轴线"750"处和"750＋1500"处各生成一条辅助轴线，从而给出了"窗"在图纸上的位置。

15.6.3 辅助轴线的生成与删除

辅助轴线有两种生成方式：针对单根主轴线交互式生成，或者针对某一类主轴线批量生成。

1. 单根生成辅助轴线

交互式生成辅助轴线的操作步骤为：

① 建立主轴线：单击"轴线"｜"轴线设置"菜单，调出轴线设置对话框，设置好轴线参数（本

例中只用了第一组轴线,"水平尺寸"文本框内输入的是"3000,4000,3000","垂直尺寸"文本框内输入的是"2000,3000,2000","附属标注位置"勾选"水平,轴线下方"和"垂直,轴线右侧"),最后单击"确定"按钮。

　　② 进入单根生成辅助轴线状态:单击"轴线"|"显示辅助轴线工具栏"菜单调出"辅助轴线"工具栏,设置好偏移方向、偏移距离、图纸比例及偏移基准等参数(本例中直接采用图 15 - 25 中的默认值),然后单击"单根生成"按钮,这个按钮的背景色会由淡绿色变成淡红色,表示已进入单根生成辅助轴线状态。这时的界面如图 15 - 27 所示,可以看到,每段轴线的中点处都显示了一个提示圆圈(以方便用户找到这段轴线的中点)。

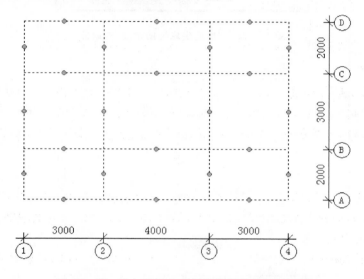

图 15 - 27　进入单根生成辅助轴线状态后的界面

　　③ 移动鼠标到一条水平或垂直轴线上,或者到一个轴线段的中点圆圈上,屏幕上会动态显示可以在这个位置处生成的辅助轴线,若这时单击鼠标,就可以在这个位置处生成辅助轴线。可以连续多次在不同的位置处单击鼠标,以便生成多条辅助轴线。

　　④ 退出单根生成辅助轴线状态:再单击一次"单根生成"按钮,这个按钮的背景色会由淡红色恢复为淡绿色,表示已退出了单根生成辅助轴线状态。

　　⑤ 单击辅助轴线工具栏最右侧的叉号关闭工具栏。

2. 批量生成辅助轴线

　　批量生成辅助轴线可以用一次操作就在符合条件的位置处全部生成辅助轴线,操作步骤为:

　　① 建立主轴线:见上面例子中的第①步。建立主轴线后,系统自动进入了轴线编辑状态,现在不需要对轴线进行编辑,用鼠标单击固定工具栏上的"轴线"按钮,以退出轴线编辑状态。

　　② 单击"轴线"|"显示辅助轴线工具栏"菜单,调出"辅助轴线"工具栏。

　　③ 设置好偏移方向、偏移距离、图纸比例以及偏移基准等参数后,单击"辅助轴线"工具栏中的"批量生成"按钮,软件弹出"批量生成辅助轴线"对话框,如图 15 - 28 所示。

　　④ 在"批量生成辅助轴线"对话框中勾选要在其附近生成辅助轴线的主轴线位置,最后单击"确定"按钮,软件自动在指定的位置处生成辅助轴线,如图 15 - 29 所示。

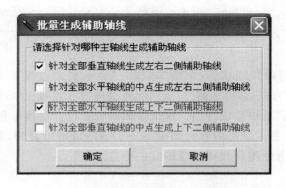

图 15 - 28 "批量生成辅助轴线"对话框

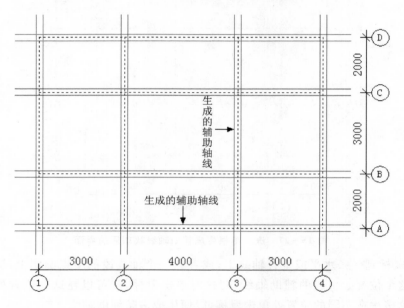

图 15 - 29   批量生成辅助轴线后的画面

3. 辅助轴线的删除

辅助轴线是一种轻便型小工具,它不支持选取、移动等操作,生成之后唯一可以进行的操作就是删除。删除操作通过单击"辅助轴线"工具栏中的"全部删除"按钮实现。

◎说明

① 辅助轴线只能一次全部删除,不能部分删除。

② 辅助轴线应遵循即用即删的原则,即在需要时生成,用完后立即删除。

15.6.4   辅助轴线的使用

辅助轴线在平面图(或类似图形)的绘制中有着极其重要的辅助作用,主要用途有:

① 捕捉鼠标:这一功能为开窗操作以及房间内物品的定位提供了方便。辅助轴线的鼠标捕捉功能依赖于主轴线的鼠标捕捉功能。如果禁用主轴线的鼠标捕捉(见 11.4.7 节),也就禁用了辅助轴线的鼠标捕捉。辅助轴线鼠标捕捉的优先权高于主轴线。

② 辅助轴线可以作为边界提取、涂色（多边形色区时）等操作的边界线来使用（这时辅助轴线相当于一条普通直线）。这一功能为柱子等图形的绘制提供了方便。

③ 在剪除至交点操作中,辅助轴线与墙体线的交点也视为一个有效的交点（这时辅助轴线相当于一条普通直线）,这一功能为开门时剪断墙体线提供了方便。

下面通过一个例子来具体说明其用法。图 15-30 所示是为了演示辅助的功能而"特制"的一张图纸,通过它可以集中展示四种柱子的绘制、定点开门与开窗、室内物品的定位等平面图最基本也是最常用的绘图技巧,是一个关于平面图绘制的"综合练习"。画面中的数字序号表示后面操作中相应图形的绘制顺序。

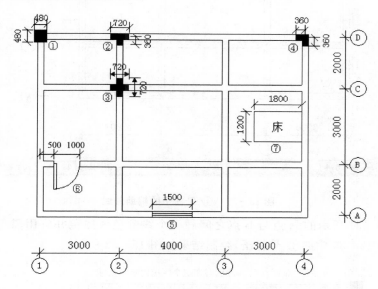

图 15-30 辅助轴线应用示例图形

这张图的绘制步骤如下。

第一步:建立主轴线并生墙

① 单击"轴线"|"轴线设置"菜单,调出"轴线设置"对话框,在第一组轴线的"水平尺寸"文本框内输入"3000,4000,3000","垂直尺寸"文本框内输入"2000,3000,2000","附属标注位置"勾选"水平,轴线下方"和"垂直,轴线右侧","图纸比例"采用默认值 1%,最后单击"确定"按钮。

② 单击固定工具栏上的"轴线"按钮,使之"抬起",以退出轴线编辑状态。然后单击"轴线"|"轴线生墙（默认参数）"菜单,生成图 15-30 中的全部墙体线。

第二步:绘制出图 15-30 中标有① 的那根柱子。

③ 单击"轴线"|"显示辅助轴线工具栏"菜单（或按 F7 键）调出"辅助轴线"工具栏,在"偏移距离"文本框内输入"240"（没有提到的选项都采用默认值,也就是图 15-31 中的值）,然后单击"单根生成"按钮,以进入单根生成辅助轴线状态。随后,分别在最左侧的轴线上和最上侧的轴线上单击鼠标,以生成两条垂直的辅助轴线和两条水平的辅助轴线,如图 15-31 所示。最后,再单击一次"单根生成"按钮,以退出单根生成辅助轴线状态（实际上本步可以省略,因为后面的绘制操作会导致自动退出单根生成辅助轴线状态,后面的操作中不再单独提示退出单根生成辅助轴线状态）。

◎说明　每条垂直辅助轴线与主轴线的距离都是 240（偏移距离的设置值），所以两条垂直辅助轴线之间的距离为 480。两条水平辅助轴线的情况也一样。

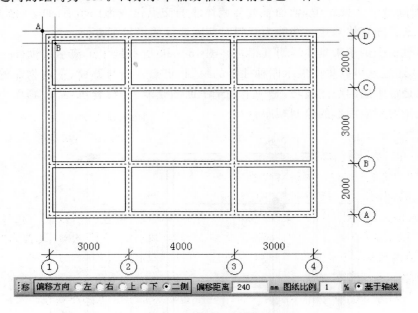

图 15 - 31　① 号柱子的辅助轴线

④ 在图 15 - 31 所示的 A 点与 B 点之间画一个线颜色为黑色并且用黑色实心填充的矩形，就形成了图 15 - 30 中的① 号柱子，绘制结果如图 15 - 32 所示。

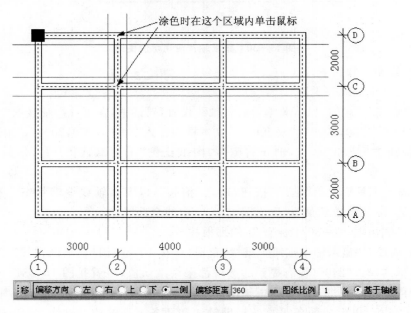

图 15 - 32　② 号和③ 号柱子的辅助轴线

◎说明　由于辅助轴线有鼠标捕捉功能，所以在绘制矩形时鼠标很容易对准到 A 点与 B 点上。

⑤ 单击"全部删除"按钮删除辅助轴线。

第三步：绘制出图 15-30 中标有② 和③ 的那两根柱子。

⑥ 将"偏移方向"设置为"下"，"偏移距离"设置为"360"，单击"单根生成"按钮。然后，在最上侧的轴线上单击鼠标，以生成图 15-32 中最上面的那条水平辅助轴线。

⑦ 将"偏移方向"设置为"两侧"（偏移距离不变），分别在图 15-32 中 C 轴线（从上面数第二条水平轴线）上和 2 号轴线（从左边数第二条垂直轴线）上单击鼠标，以分别在这两条轴线的两侧生成辅助轴线，结果如图 15-32 所示。

⑧ 单击操作面板窗口中的墨水瓶按钮，涂色区类型选择"多边形色区"，分别在图 15-32 中箭头线指出的两个区域内单击鼠标，就绘制出了② 号和③ 号柱子，绘制结果如图 15-33 所示。再按 Esc 键退出涂色操作状态。

⑨ 单击"全部删除"按钮删除辅助轴线。

第四步：绘制出图 15-30 中标有④ 的那根柱子。

⑩ 将"偏移方向"设置为"左"（"偏移距离"不变），单击"单根生成"按钮。在最右侧的轴线上单击鼠标，以生成图 15-33 中那条垂直的辅助轴线。再将"偏移方向"设置为"下"，在最上侧的轴线上单击鼠标，以生成图 15-33 中那条水平辅助轴线。

⑪ 单击操作面板窗口中的墨水瓶按钮，在图 15-33 中箭头线指出的区域内单击鼠标，就绘制出了④ 号柱子，绘制结果见图 15-34。再按 Esc 键退出涂色操作状态。

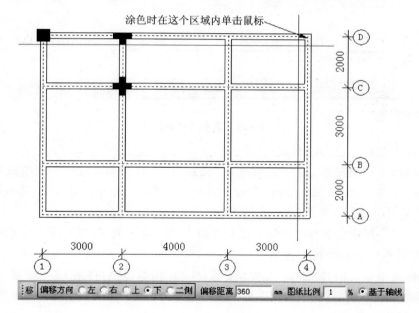

图 15-33 ④ 号柱子的辅助轴线

⑫ 单击"全部删除"按钮删除辅助轴线。

第五步：绘制出图 15-30 中的窗子。

⑬ 将"偏移方向"设置为"两侧"，"偏移距离"设置为"750"，单击"单根生成"按钮。然后，在要画窗子的那一段轴线的中点圆圈（或者其正上方的任何一个中点圆圈）上单击鼠标，以在其两侧生成垂直的辅助轴线，如图 15-34 所示。

说明　窗子宽度为 1500，位于墙的中间位置，所以要从轴线的中点开始，向两侧各偏移 750 来生成辅助轴线。

⑭ 在操作面板窗口的"绘图 2"选项卡上选择"窗 3"图标（详情参见 14.2.2 节的介绍），在图 15－34 中的 A 点与 B 点处分别单击鼠标，就绘制出了窗子，绘制结果如图 15－35 所示。再按 Esc 键退出绘图操作状态。

⑮ 单击"全部删除"按钮删除辅助轴线。

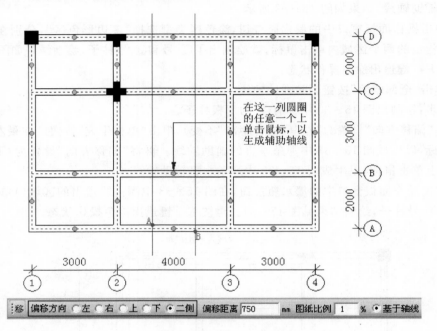

图 15－34　窗子的辅助轴线

第六步：绘制出图 15－30 中的门。

⑯ 将"偏移方向"设置为"右"，"偏移距离"设置为"500,1000"（这是一次生成双辅助轴线的例子），单击"单根生成"按钮。然后，在最左侧的那根轴线上单击鼠标，以在其右侧生成垂直辅助轴线 A1A2 和 B11B2，如图 15－35 所示。

说明　门的起始位置与结束位置都是靠最左侧的轴线来定位的，所以要在这条轴线的右侧不同位置处连续生成两条辅助轴线。

⑰ 在操作面板窗口的"绘图 2"选项卡上选择"门"图标，然后在图 15－35 所示的 C、D、E 点分别单击鼠标，就绘制出门（绘制门需要三次单击鼠标），绘制结果如图 15－36 所示。最后，按 Esc 键退出绘图操作状态。

⑱ 单击"全部删除"按钮删除辅助轴线。

第七步：绘制出图 15－30 中的床。

⑲ 将"偏移方向"设置为"两侧"，"偏移距离"设置为"600"，单击"单根生成"按钮。然后，在最右侧的那根垂直轴线的中间那一段的中点上单击鼠标，以生成图 15－36 中的两条水平辅助轴线。

说明　床的宽度为 1200，在南北方向上位于其所在房间的中心，所以要在其所在房间

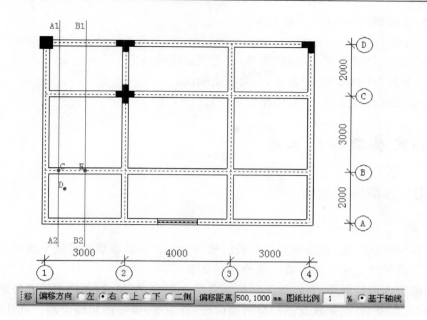

图 15－35　门的辅助轴线

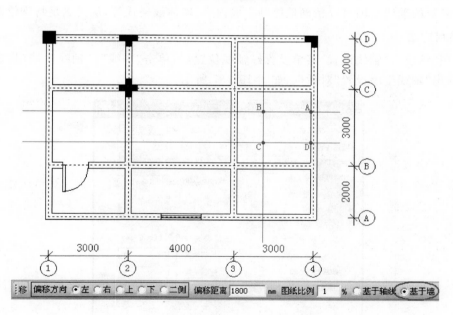

图 15－36　床的定位辅助轴线

的南北轴线的中点各偏移 600 处生成辅助轴线。

⑳ 将"偏移方向"设置为"右","偏移距离"设置为"1800","偏移基准"设置为"基于墙",在最右侧的那根轴线上单击鼠标,以生成图 15－36 中的那条垂直辅助轴线。

◎说明　床的长度为 1800,其床尾的位置是从所在房间的内墙算起向里 1800,而不是从轴线算起。所在辅助轴线的"偏移基准"要设置为"基于墙"。

㉑ 在图 15－36 中的 A、C 或 B、D 之间画一个矩形来表示床,并注上文字"床"。

㉒ 单击"全部删除"按钮删除辅助轴线。

第八步：其他工作。

㉓ 单击"轴线"|"转为正式标注"菜单，将虚拟标注转换为正式标注。

㉔ 单击"轴线"|"删除轴线"菜单，以删除主轴线。

㉕ 为各个图形标注上尺寸（具体操作从略）。

15.7　指定参数轴线生墙

15.7.1　指定参数轴线生墙

1. 概　述

前面提到的轴线生墙，都是指默认参数的轴线生墙。默认参数的轴线生墙使用简单，生成的墙体线可以满足建筑施工图中墙体线的绘制要求。

在结构施工图的绘制中，对墙体线的绘制有特殊要求，例如，被楼板遮挡部分的墙体线（内墙线）需要用虚线绘制，而未被遮挡部分的墙体线（外墙线）需要用实线绘制。默认参数的轴线生墙生成的墙体线无法满足这种要求，这时必须使用指定参数的轴线生墙。

指定参数的轴线生墙可以精确地控制生成内容、墙体线格式等，从而满足特殊绘图需求。

2. 使用方法

在使用"轴线"|"轴线设置"菜单设置好轴线位置后，单击"轴线"|"轴线生墙（指定参数）"菜单，将弹出"轴线生墙设置"对话框，如图 15-37 所示。

图 15-37　"轴线生墙设置"对话框

在图 15-37 中，设置好各项参数后，单击"确定"按钮，就会生成墙体线、墙体中心线及尺寸标注等内容。

3. 生成目标选择

在"轴线生墙设置"对话框中,最上面的一行用来选择生成目标,可以是:

① 生成墙体线。若勾选这一项(默认已选中),则根据轴线生成墙体线;否则不生成墙体线。

② 生成墙体中心线。若勾选这一项(默认已选中),则根据轴线生成墙体中心线;否则不生成墙体线。

③ 生成尺寸标注。若勾选这一项(默认已选中),则将轴线的虚拟标注转换为正式标注;否则不进行虚拟标注向正式标注的转换。

若以上三项全部勾选,则生成的结果如图 15-38 所示。

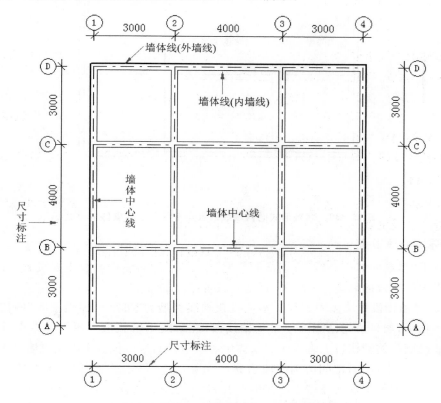

图 15-38 墙体线、墙体中心线及尺寸标注示意图

4. 墙体线设置

在勾选了"生成墙体线"复选框的情况下,可以用"墙体线设置"选项组内的各项设置来控制生成的墙体线外观,各项设置意义如下:

① 全体墙体线颜色。决定内墙线、外墙线以及墙体中心线的颜色。

② 外墙线设置。外墙线只能设置线宽,通过"外墙线线宽"下拉列表框设置。外墙线的线型总是实线,不能设置。

◎**说明** 外墙线是指上、下、左、右四边处的四条边界墙体线。

③ 内墙线设置。内墙线可以设置线宽(通过"内墙线线宽"下拉列表框设置)、线型(可选

择"实线"或"虚线"),并且在线型为"虚线"的情况下,还可以设置虚线中各部分的大小(通过"虚线设置"选项组内的"线段长度"及"间隙长度"两个下拉列表框来设置)。

图 15 – 38 所示为内墙线为实线的情况,而图 15 – 39 所示为内墙线为虚线的情况。

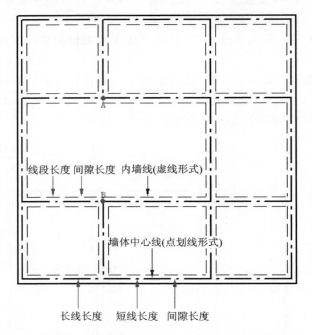

图 15 – 39　虚线形式的内墙线以及点划线形式的墙体中心线

5. 墙体中心线设置

在勾选了"生成墙体中心线"复选框的情况下,可以用"墙体中心线生成设置"选项组内的各项设置来控制生成的墙体中心线外观,各项设置意义如下:

① 已删除轴线段无墙体中心线。本项仅在轴线类型为"可单根编辑轴线"的情况下有意义。勾选本项后,如果事先已删除了某些轴线段(在轴线编辑状态下用鼠标单击轴线实现删除),则这些已删除的轴线段上将不生成墙体中心线;否则,这些位置上将生成墙体中心线。

在图 15 – 39 中,A、B 之间的轴线段事先已删除,由于勾选了"已删除轴线段无墙体中心线"复选框,所以实际生成的墙体中心线中没有 A、B 之间的部分。

② 墙体中心线线宽。决定墙体中心线的线宽。

③ 墙体中心线类型。决定墙体中心线的样式,可以选择"实线"、"虚线"或"点划线"。在选择了"虚线"或"点划线"的情况下,可以通过"虚线/点划线设置"选项组内的三个选项来设置"虚线"或"点划线"每一部分的长度(每个设置项的含义见图 15 – 39 中的说明)。

6. 墙体中心线的调整

墙体中心线生成后,可能需要调整其长度。调整时请注意,全部水平墙体中心线是一个组合图形,而全部垂直墙体中心线是另一个组合图形。用鼠标单击任何一条墙体中心线,就可以选中其所在的组合图形,然后拖动水平或垂直调整控制块,就可以调整全部水平或垂直墙体中心线的长度。

具体的操作示例,见下一节内的例子。

15.7.2 墙线转换工具栏

1. 概 述

实际的图纸往往是很复杂的,虽然通过指定参数轴线生墙能针对内外墙线生成不同线型与线宽的墙线,但有时仍不能满足要求。例如,一张结构施工图中,可能只有一部分内墙线需要画成虚线,另一部分内墙线应画成实线。在指定参数轴线生墙时,只能将全部内墙线统一生成为虚线或实线,而不能一部分内墙线生成为实线,另一部分生成为虚线。

如果要实现上述虚线部分为实线的墙线,就需要用到"墙线转换"工具栏,通过它可以将指定的墙线从一种形式变为另一种形式,如实线变虚线,粗线变细线等。

2. 调出"墙线转换"工具栏

调出"墙线转换"工具栏有三种方法:

① 单击"轴线"|"显示墙线转换工具栏"菜单。

② 在主窗口固定工具栏右侧的空白区(没有任何工具按钮的地方)单击鼠标右键,从弹出的右键菜单中选择"墙线转换工具栏"。

③ 在无操作状态下在绘图区内单击鼠标右键,从弹出的右键菜单中选择"墙线转换工具栏"。

"墙线转换"工具栏调出后,界面如图 15 - 40 所示。

图 15 - 40 "墙线转换"工具栏

3. 墙线转换方法

以将墙线转换为外墙线为例,操作过程为:

① 使用轴线生墙(默认参数生墙,或指定参数生墙)功能生成墙体线。

② 在"墙线转换"工具栏上的"外墙线宽"下拉列表框内,设置好外墙线的线宽(即转换后的墙线的线宽,转换后的外墙线总是实线,线型不用设置)。

③ 单击"墙线转换"工具栏上的"转为外墙线"按钮,其背景色会从淡绿色变为淡红色,表示已进入墙线转换状态。

④ 在绘图区内,将鼠标移到一条墙线上(墙线必须是水平或垂直的折线或点划线),这条墙线就会变为红色显示,这时单击鼠标,这条墙线就被转变为外墙线(不论原墙线是折线还是点划线,都变为折线,并且其线宽为指定的外墙线的线宽)。可以重复本步操作,将多条墙线变为外墙线。

⑤ 单击"墙线转换"工具栏上的"结束转换"按钮(或者再次单击"转为外墙线"按钮),以退出墙线转换状态。退出墙线转换状态后,"转为外墙线"按钮的背景色自动恢复为淡绿色。

◎说明

① "转为内墙实线"按钮的使用步骤同"转为外墙线"按钮,但它将一条墙线转换为具有"内墙线宽"参数指定的线宽的实线(即折线)。如果将"外墙线宽"与"内墙线宽"设置为相同的值,则这两个按钮的功能没有区别。

② "转为内墙虚线"按钮的使用步骤也同"转为外墙线"按钮,但它将一条墙线转换为具有"内墙线宽"参数指定的线宽的虚线(即虚线形式的点划线,虚线的长线部分与间隙部分的大小分别由工具栏上的"线段长度"与"间隙长度"参数指定)。

③ 默认情况下,"外墙线宽""内墙线宽""线段长度"与"间隙长度"四个参数的值均取自"轴线生墙设置"对话框内的设置值(如果事先使用过这一对话框)。

4. 应用实例

图 15－41 所示是一张结构施工图的局部,通过这张图来演示指定参数轴线生墙、"墙线转换"工具栏、墙体中心线修改等核心操作。

这张图的绘制步骤为:

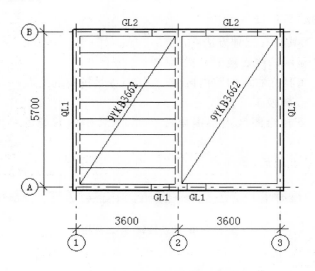

图 15－41　结构施工图(局部)

① 单击"轴线"|"轴线设置"菜单,调出"轴线设置"对话框,如图 15－42 所示。

在这一对话框中,在第一组轴线的"水平尺寸"文本框内,输入"3600,3600",并在"垂直尺寸"文本框内输入"5700"。在"附属标注位置"选项组内勾选"水平,轴线下方"和"垂直,轴线左侧"。然后单击"确定"按钮关闭对话框。

② 屏幕上出现轴线网格,并同时自动进入了轴线编辑状态。由于不需要对轴线进行编辑,所以单击主窗口工具栏上的"轴线"按钮,使其由凹陷状态恢复为正常状态,从而退出轴线编辑状态。

③ 单击"轴线"|"轴线生墙(指定参数)"菜单,调出"轴线生墙设置"对话框。在这一对话框中,"内墙线类型"选择"实线",其余全部采用默认值。然后单击"确定"按钮。

屏幕上出现墙体线、墙体中心线及尺寸标注,如图 15－43 所示。

④ 单击"轴线"|"显示墙线转换工具栏"菜单,调出"墙线转换"工具栏。在这一工具栏上单击"转为内墙虚线"按钮。

⑤ 系统进入墙线转换状态,将鼠标移到图 15－43 中箭头线指向的两条内墙线上,分别待其变为红色时单击鼠标,这两条墙线即变为虚线,如图 15－44 所示。

最后,单击"墙线转换"工具栏上的"结束转换"按钮退出墙线转换状态,并单击这一工具栏

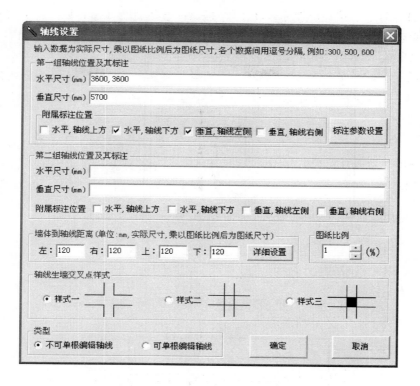

图 15 – 42 "轴线设置"对话框

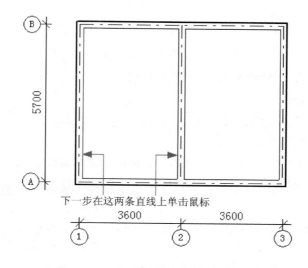

图 15 – 43 指定参数轴线生墙后的画面

右侧的叉号按钮关闭这一工具栏。

⑥ 用鼠标单击两条水平墙体中心线(即图 15 – 44 中箭头线指示的点划线)中的任何一条,都会将全部水平墙体中心线选中,选中后显示调整控制块,如图 15 – 45 所示(由于直线类图形支持水平缩放、垂直缩放以及双向缩放三种缩放方式,所以选取后有三个调整控制块)。

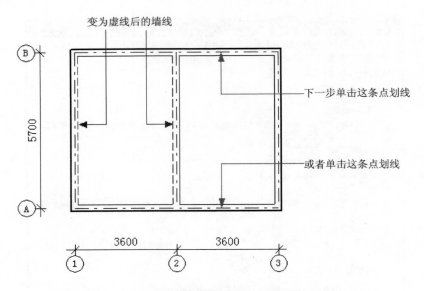

图 15－44　两条内墙线转换为虚线后的画面

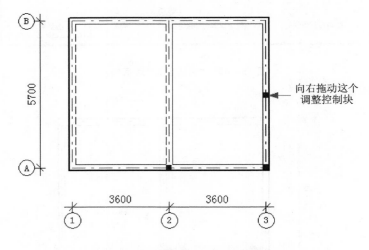

图 15－45　选取水平墙体中心线后的画面

　　⑦ 在图 15－45 中右侧的那个调整控制块上按下鼠标左键并向右拖动鼠标,就可以将全部水平墙体中心线一起向右拉长。拉长适当距离后,松开鼠标。再连续按键盘上的左箭头键"←",使全部水平墙线中心线一起向左移动,到其左侧端点与垂直标注线的尺寸界线相连接时为止,如图 15－46 所示。

　　⑧ 用鼠标单击三条垂直墙体中心线中的任何一条,使全部垂直墙体中心线选中。同样,屏幕上会显示调整控制块,用鼠标拖动底部左侧的那个调整控制块(见图 15－46),使全部垂直墙体中心线向下拉长。然后,再连续按键盘上的上箭头键"↑",使全部垂直墙体中心线上移,最后得到如图 15－47 所示的图形。

　　⑨绘制预制板、过梁等图形并作相应标注后,就得到图 15－41 所示的图形。

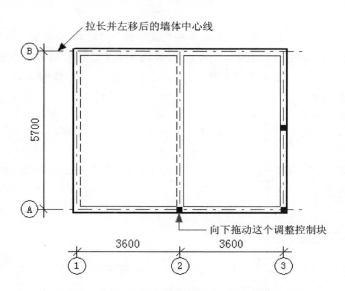

图 15-46　拉长并左移水平墙体中心线后的画面

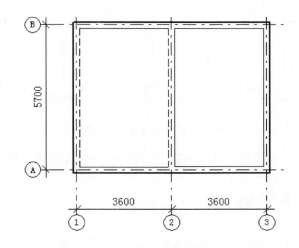

图 15-47　拉长并上移垂直墙体中心线后的画面

15.7.3　在结构施工图中的应用

从某种程度上说,指定参数轴线生墙与"墙线转换"工具栏都是为建筑结构施工图的绘制而量身定做的功能。各种结构图中图形"主体部分"的生成都依赖于这两项功能。

在指定参数轴线生墙中,可以生成粗线或细线、实线或虚线的墙线,并且可以选择生成"墙体中心线"作为梁的中心线。再配合"墙线转换"工具栏对局部墙线的修改转换,就非常容易满足结构施工图中对墙线与梁中心线的绘制要求。有了这些内容后,再配以很容易绘制的其他少量几种图形(楼板、钢筋、柱、构件标注等),就可以形成各类结构施工图。

下面通过一个例子具体说明这个问题。图 15-48 所示是一张梁平法施工图的局部(另外,为了简单起见省略了里面的钢筋),这张图绘制的关键步骤有三步:

① 轴线设置。

② 指定参数轴线生墙。生墙时要选择生成"墙体线"、"墙体中心线"和"尺寸标注"三部分。其中,内墙线应选择虚线形式,因为图中大部分内墙线(实际是梁)是虚线形式的。

③ 墙线转换。图中还有部分墙线是粗实线形式的,也有少量是细实线形式的,这些都是通过墙线转换操作得到的。

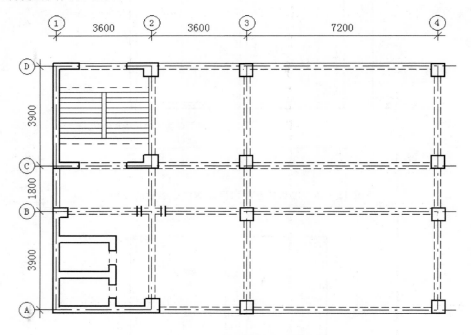

图 15-48　梁平法施工图(局部)

✺**注意**　更多例子,请读者参考软件的电子版说明书《超级绘图王用户手册》12.11.3 节。

15.8　轴线作为参照物

轴线除用于生墙外,另一个重要作用是支持按比例绘图。通过将建筑物各部分的尺寸作为轴线的参数,可以在屏幕上按比例显示一个轴线网格,然后参照这个轴线网格来绘制建筑物就非常方便了。

当轴线仅作为参照物使用时,在"轴线设置"对话框中,注意将"类型"设置为"不可单根编辑轴线",这样可以节约内存和提高访问速度。

图 15-49 所示是一个条型基础详图的主干部分(没有画剖切线及填充物),以这个图形的绘制为例介绍轴线以及辅助轴线在按比例绘图中的应用。

绘制步骤为:

① 单击"轴线"|"轴线设置"菜单,弹出"轴线设置"对话框,在第一组轴线位置及其标注的"水平尺寸"文本框中输入"200,600,200","垂直尺寸"文本框中输入"400,800,240,300,60",勾选"水平,轴线下方"和"垂直,轴线右侧"。"图纸比例"选择"5%"(假设按 5% 的比例绘制),"类型"选择"不可单根编辑轴线"。

② 单击"轴线设置"对话框中的"标注参数设置"按钮,在弹出的"标注参数设置"对话框中,将"标注圈"选择"无序号","短竖线线长"设置为"10 mm",最后单击"确定"按钮结束"标注参数设置"对话框,退出回到"轴线设置"对话框后,再单击"确定"按钮结束"轴线设置"对话框。

③ 屏幕显示轴线网格,同时自动进入轴线编辑状态。用鼠标单击工具栏上的"轴线"按钮,退出轴线编辑状态,这时屏幕如图 15 - 50 所示(轴线网格内的字母是为描述问题方便而添加的)。

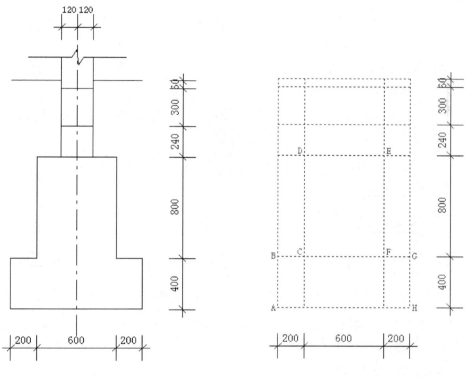

图 15 - 49　条型基础详图(主干部分)　　　图 15 - 50　轴线建立后的画面

④ 沿图 15 - 50 中的 A→B→C→D→E→F→G→H→A 画一条折线,绘制出图纸的主干部分。

⑤ 单击"轴线"|"显示辅助轴线工具栏"菜单,调出"辅助轴线"工具栏。在"偏移距离"中输入"120",单击"单击根生成"按钮,然后在中间那一段水平轴线的中点圆圈(图 15 - 51 中箭头线指出的那个)上单击鼠标,以在其左右两侧各 120 处生成辅助轴线。再将"偏移距离"设置为"0",再次在刚才的中点圆圈上单击鼠标,以生成一条过这个中点圆圈的辅助轴线。这时画面如图 15 - 51 所示。

⑥ 在图 15 - 51 中,画一条过 A1A2 的直线,以及一条过 B1B2 的直线。再画一条过 P1P2 的点划线(作为图形的中心线)。然后,单击"删除全部"按钮,删除辅助轴线。这时画面如图 15 - 52 所示。

⑦ 参考图 15 - 52,画过 K1K2、L1L2、M1M2、M3M4 的直线,以及图 15 - 49 中最上面的那条折断线。

⑧使用"轴线"|"转为正式标注"菜单将虚拟标注转为正式标注,再使用"轴线"|"删除轴线"菜单将轴线删除。

⑨画出图 15-49 中最上面的那一段标注,即得到图 15-49 所示的图形。

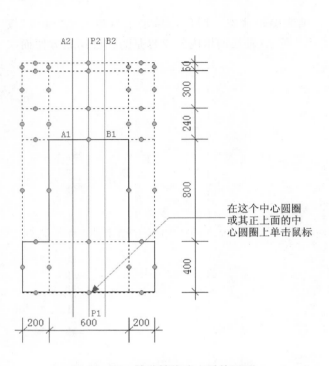

图 15-51　辅助轴线建立后的画面

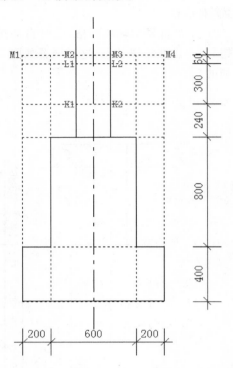

图 15-52　图形上半部分的绘制画面

15.9　习　题

1. 什么是轴线? 它有何作用? 其管理操作集中在哪个菜单下?

2. 如何调出"轴线设置"对话框,在这一对话框中可以设置哪些内容?

3. 轴线设置时各轴线尺寸之间用什么分隔符分隔,轴线尺寸是实物尺寸还是图纸尺寸?

4. 如何进入与退出轴线编辑状态,在这一状态下可以对轴线进行哪些操作?

5. 如何移动轴线网格在屏幕上的位置?

6. 为什么有的轴线可以单根删除或单根生墙,而有的则不能(提示:轴线类型不同)?

7. 实现下图画面中的各项内容,具体为:

① 完成轴线设置。

② 对部分轴线进行删除。

③ 对部分轴线进行单根轴线生墙。

④ 缩短上、下两行虚拟标注与轴线网络之间的间距。

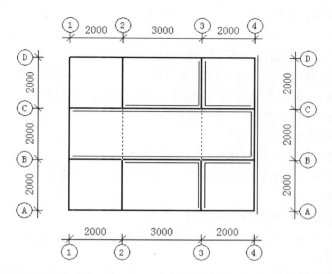

8．如何对轴线进行默认参数的生墙？在轴线生墙前，如何设置墙厚？

9．如何在轴线生墙时，同时生成柱子（提示：“轴线设置”对话框中“交叉点样式”选择“样式三”）？

10．如何设置虚拟标注的显示位置（即在轴线的哪一侧显示虚拟标注）？

11．对于虚拟标注可以进行哪些轴号编辑操作，在什么状态下进行？如何操作？

12．通过轴号编辑操作，使轴号呈下图所示状态。

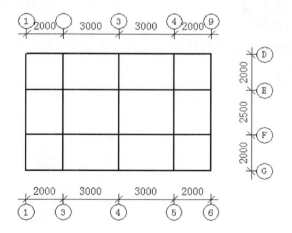

13．怎样将虚拟转为正式标注？转为正式标注后，如何修改轴号文字？

14．进行如下双轴线设置：

① 第一组轴线，水平尺寸分别为：4500，4200，3600，3600，3600，3600，3600，3600，垂直尺寸分别为：1200，5400，2100，1800，4800。

② 第二组轴线，水平尺寸分别为：3000，2700，3000，3600，3600，3600，3600，3600，3600，垂直尺寸分别为：6600，2100，6600。

③ 针对第一组轴线，在轴线网格的下方生成水平尺寸标注，在轴线网络的右侧生成垂直尺寸标注。

④ 针对第二组轴线,在轴线网格的上方生成水平尺寸标注,在轴线网络的左侧生成垂直尺寸标注。

⑤ 轴线类型为"可单根编辑轴线","图纸比例"为 1%。

15. 对于双轴线,如何切换当前轴线? 如何隐藏其中的一组轴线?

16. 对于双轴线,在轴线生墙时,如何只对其中的一组轴线进行生墙?

17. 什么是辅助轴线? 它有什么重要作用?

18. 如何调出"辅助轴线"工具栏?

19. 可以在主轴线的哪些位置处生成辅助轴线?

20. "辅助轴线"工具栏中的"偏移距离"与"图纸比例"是什么意思? 最多可以一次设置几个偏移距离?

21. 简述单根生成辅助轴线的操作步骤。

22. "门"位于 3 号轴线的右侧 500 mm 处,门宽为 1 000 mm,按 1% 的比例绘图,如何生成"开门"所需的辅助轴线?

23. "窗"位于 8 号轴线的中间,窗宽为 1 200 mm,按 1% 的比例绘图,如何生成"开窗"所需的辅助轴线?

24. 如何删除辅助轴线?

25. 如何针对某一类主轴线批量生成辅助轴线?

26. 如何进行指定参数的轴线生墙? 这种生墙方式中可以指定生成哪些图形?

27. 在指定参数的轴线生墙时,内墙线与外墙线可以使用不同的线型与线宽吗?

28. 什么时候需要用到"墙线转换"工具栏? 如何调出这一工具栏?

29. 简述使用"墙线转换"工具栏进行墙线转换的方法。

30. 指定参数轴线生墙与"墙线转换"工具栏主要用于什么图纸的绘制?

第16章　建筑图纸绘制实例

16.1　建筑图纸绘制概述

16.1.1　建筑绘图的国家标准

2010年11月1日,国家住房和城乡建设部发出通知,批准印发《房屋建筑制图统一标准》(GB/T 50001—2010)等六项标准,取代原《房屋建筑制图统一标准》(GB/T 50001—2001)等六项标准,这六项标准分别是:

①《房屋建筑制图统一标准》GB/T 50001—2010(取代 GB/T 50001—2001)。
②《总图制图标准》GB/T 50103—2010(取代 GB/T 50103—2001)。
③《建筑制图标准》GB/T 50104—2010(取代 GB/T 50104—2001)。
④《建筑结构制图标准》GB/T 50105—2010(取代 GB/T 50105—2001)。
⑤《给水排水制图标准》GB/T 50106—2010(取代 GB/T 50106—2001)。
⑥《暖通空调制图标准》GB/T 50114—2010(取代 GB/T 50114—2001)。

《房屋建筑制图统一标准》(GB/T 50001—2010)是建筑工程制图的基本标准,是建筑、结构、设备各专业制图时首先必须执行的标准,同时各专业在制图时还应执行各自的专业标准。

超级绘图王在设计时,充分考虑了上述国家标准,使软件能又快又好地画出符合国标的图纸。

16.1.2　说明书《建筑行业图纸分析》

使用超级绘图王可以很容易地绘制各类建筑图纸,包括建筑总平面图、建筑平面图、建筑立面图、建筑剖面图、建筑详图、结构施工图、钢结构施工图、建筑电气图、管道工程图、装饰装修图、施工网络图等。

软件的电子版说明书《建筑行业图纸分析》内对以上每种图纸进行了详细分析,对每一种图纸的绘制内容、绘制难点、绘制时所用到的软件功能等都有详细说明,同时针对每种图纸都有不止一个的详细绘制示例。

双击桌面上的"《超级绘图王》说明书"文件夹,再从打开的文件夹窗口中双击"说明书3:建筑行业图纸分析.doc",就会在 Word 内打开这份说明书。打开之后,在 Word 内单击"视图"|"文档结构图"菜单,就会在 Word 的左侧显示说明书的目录,右侧显示说明书的内容,如图16-1所示。

限于篇幅,本章中关于建筑图纸的绘制方法都无法给出详细步骤。这些操作的详细步骤,请读者自行参考《建筑行业图纸分析》内的说明。另外,本章中只简要介绍了很少几种图纸的绘制,未介绍的图纸,也请读者参考《建筑行业图纸分析》内的说明。

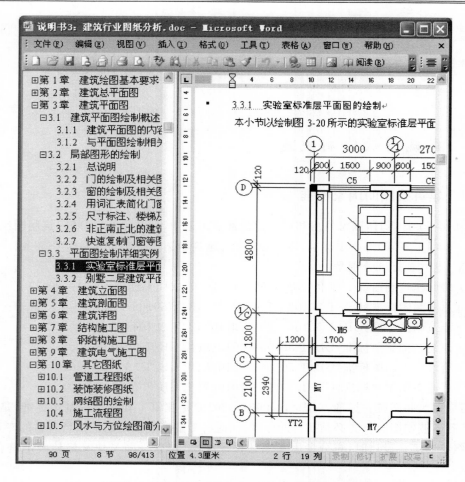

图 16-1   说明书《建筑行业图纸分析》的显示界面

16.1.3   建筑图纸绘制基本步骤

1. 概　述

不同的建筑图纸因其结构不同,没有固定统一的绘图规则,其绘制方法需要参考《建筑行业图纸分析》内的具体说明。

但总的来说,建筑图纸的绘制都需要经过"辅助定位"与"图形绘制"两步。"辅助定位"是确定图形在图纸上准确位置的过程,这是实现精确按比例绘图的前提。辅助定位主要依靠软件的轴线(包括辅助轴线)和标记两项功能来实现。另外,局部辅助线也是常用的辅助定位手段。

在确定了图形的位置之后,就需要进行图形绘制了。对于建筑图纸来说,墙体线与尺寸标注是图纸上的主要内容,可以利用轴线生墙功能来生成它们,以减少绘图工作量。建筑图纸具有很强的重复性,例如同一幢楼上不同住户之间的门、窗、室内设施等图形,几乎都是完全相同的(只是位置不同)。对于这类图形,可以利用超级绘图王的复制功能来快速绘出。超级绘图王的复制功能非常强,从单个图形绘制时的"自动重复绘制",到图块绘制时的"重复绘制",再到复制状态下用鼠标控制的批量复制,都可以一笔画出大批量图形。

另外,注意充分利用图块功能,超级绘图王的图块功能很强,并且针对国标中几乎所有的图例都内置提供了图块,再加上位于操作面板窗口"绘图 2"选项卡上的专业建筑图形,共同构成了针对建筑专业的丰富图库。事实上,几乎所有常用的建筑图形,都已包含在了图库内。

2. 平面图类图纸的绘制步骤

在建筑图纸中,建筑平面图具有非常强的典型性,很多图纸都与建筑平面图类似,或者在建筑平面图的基础上改进而成,因此,分析建筑平面图的绘制过程,对于许多建筑图纸的绘制具有示范意义。

超级绘图王中建筑平面图的绘制步骤为:轴线设置→轴线生墙→用户修剪墙体→辅助轴线定位门窗→用户绘制门窗→尺寸标注修改与补画等,其中某些步骤需要反复循环。以绘制第 15 章中图 15 - 22 所示的别墅二层建筑平面图为例,其大致步骤为:

① 轴线设置。轴线设置就是通过输入轴线(单轴线或双轴线)尺寸,得到轴线网格。对于图 15 - 22 所示的图形,其轴线设置画面如图 15 - 23 所示,轴线设置后的画面如图 15 - 24 所示。

◎**说明** 轴线指出了建筑物各个房间在图纸上的位置,是房间一级的辅助定位工具。

② 轴线生墙。轴线生墙有两种方式:批量生墙和单根生墙。

批量生墙:如果大部分轴线处都需要有墙体线,就先对轴线进行适当的编辑,主要是删除不需要生墙的那些轴线段。然后使用"轴线"|"轴线生墙(默认参数)"菜单来针对全部未删除的轴线生成墙体线。

单根生墙:如果大部分轴线处都不需要墙体线,而仅少量轴线处需要生成墙体线,那么用鼠标控制进行单根轴线生墙是最方便的。在轴线编辑状态下,在需要生墙的轴线上单击鼠标右键,就可以在这段轴线两侧生成墙体线。

以绘制图 15 - 22 所示的图形为例,其单根轴线生墙的过程如图 16 - 2 所示。先在界面中带"×"的几段轴线上单击鼠标左键,将其删除(删除的目的是在后面进行单根轴线生墙时,控制墙体线不向周围的轴线上自动延伸。如果生墙的那一段轴线附近的轴线是未删除的,则默认情况下墙体线会自动延伸到其周围的轴线上),然后在带"√"的几段轴线上单击鼠标右键,就得到其周围的墙体线。这样就生成了一个房间的墙体线。

③ 用户调整。不论是批量生墙还是单根生墙,生成的墙体线都可能有需要修改的地方,主要是针对个别地方进行"开洞"、加墙、"补洞"或删墙等操作。对于这些操作,软件早已内置了相应功能:

◇ 使用"剪刀"功能,可以快速"开墙洞"。

◇ 使用"延长"功能,可以快速"补墙洞"。

◇ 使用双线绘制功能,可以快速加墙。

◇ 使用删除功能,可以删墙。

图 16 - 2 所示的图形的修剪调整过程为:在操作面板窗口中单击"延长"按钮,并在延长设置中选择"延长到交点(包含隐含交点)",如图 16 - 3(b)所示。然后在图 16 - 3(a)中最上面水平线的 A 端点附近和最下面水平线的 B 端点附近分别单击鼠标,就得到图 16 - 3(c)所示的图形,最左侧房间的绘制即告完成。

◎**说明**

在单根轴线生墙的情况下,轴线生墙与用户调整这两个过程需要反复交替进行。一般情

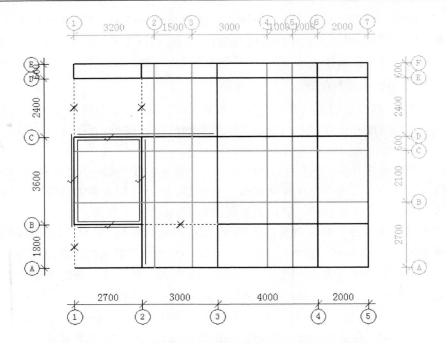

图 16－2　通过单根轴线生墙功能生成一个房间的墙体线

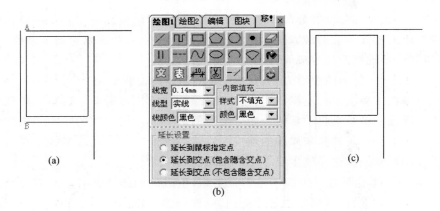

图 16－3　用户调整过程

况下,每次生成一个房间的墙,然后进行调整;再生成下一个房间的墙,再调整;如此反复,直到生成全部房间的墙为止。

　　④ 利用辅助轴线定位门窗并绘制。辅助轴线是专门用来定位门、窗等室内物品的工具,通过在"辅助轴线"工具栏中输入门、窗的定位尺寸,就可以在门、窗的绘制位置处显示辅助轴线。通过辅助轴线指出的位置,很容易实现在墙上准确地画出门、窗。具体操作请参见 15.6.4 节中的例子。

　　⑤ 尺寸标注的修改与补画。大多数情况下,图纸四周都是三道尺寸标注。轴线生墙时,只能生成一道尺寸标注(中间最主要的那一道),建筑物总尺寸以及门、窗等物体的分标注需要单独补画,具体操作见 6.5 节和 6.6 节内的说明。另外,在将轴线的虚拟标注转为正式标注前,可能需要先对虚拟标注进行一些编辑,主要是调整部分轴线的轴号,具体操作见 15.4.2 节。

◎说明 图 15-22 所示的别墅二层建筑平面图的详细绘制过程,在软件的电子版说明书《建筑行业图纸分析》3.2.2 节中有详细介绍。

16.2 常用建筑图纸绘制

16.2.1 建筑总平面图

建筑总平面图是新建建筑区域范围内的总体布置图。它表明区域内建筑的布局形式、新建建筑的类型、建筑间的相对位置、建筑物的平面外形和绝对标高、层数、周围环境、地形地貌、道路及绿化的布置情况等。

图 16-4 所示为某住宅小区的建筑总平面图,以它为例介绍建筑总平面图的绘制步骤,其基本绘制步骤如下。

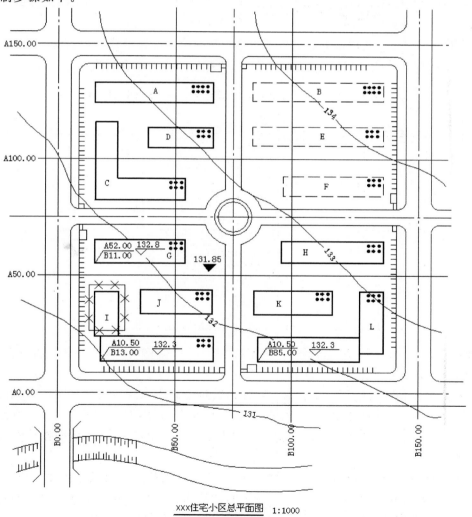

xxx住宅小区总平面图 1:1000

图 16-4 住宅小区建筑总平面图

1. 绘制测量坐标网

测量坐标网就是图中带有位置标记的那些横线与竖线,可以使用直线的自动重复绘制功能来绘制。

直线的自动重复绘制功能一次可以绘制出图中的那一排水平线或者垂直线,并且各条直线之间可以保持精确的平行距离。因而用其来绘制测量坐标网非常合适。另外,先画出一条直线,再对其使用图形的精确偏移复制功能,或者对其使用定距偏移功能,也可以画出测量坐标网。

测量坐标网中的直线画出后,再用文字标注功能在每条直线的起始处标上其代表的坐标。

2. 将测量坐标网四边处的四条直线改为点划线

测量坐标网最外侧的四条坐标线也是道路的中心线,需要将它们改为点划线形式。修改时先选取这四条坐标线,然后将其转换为局部辅助线,再在这四条局部辅助线上覆盖绘制四条点划线。最后,再删除全部局部辅助线。修改后的结果如图 16 - 5 所示。

◎说明　如果不事先将欲修改的四条坐标线转换为局部辅助线,而是直接在其上覆盖绘制四条点划线,那么位于点划线底下的四条坐标线就很难再选取和删除。

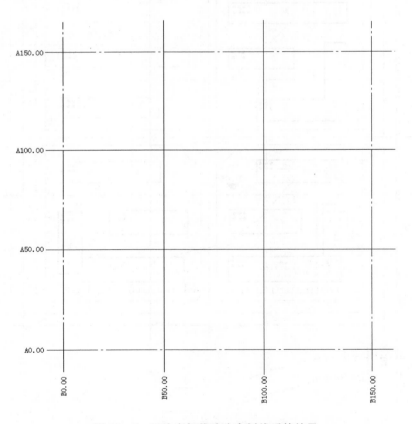

图 16 - 5　四边坐标线改为点划线后的结果

3. 绘制道路中心线与道路

这一步完成后的结果如图 16-6 所示。在这张图中,点划线 M 与 N 是两条需要绘制的道路中心线。以点划线 M 的绘制为例,它必须位于直线 K1 与 K2 的中心,为此需要使用自动重复绘制的"去两端等分"功能来将其精确画出。

画出道路中心线后,利用双线绘制功能在中心线的两侧绘制出道路,然后对道路直线进行圆弧倒角,就得到图 16-6 所示的结果。

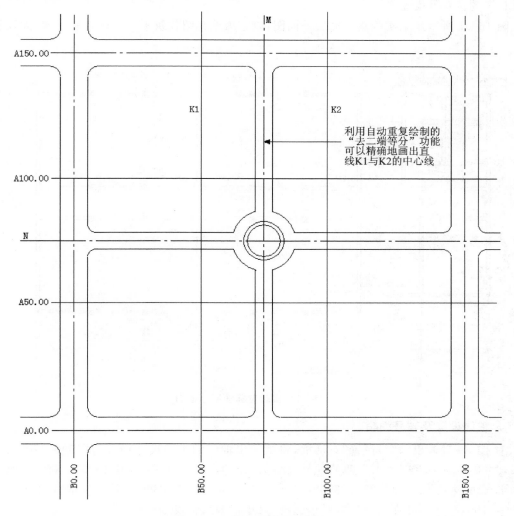

图 16-6　绘制完道路后的结果

4. 参照道路的位置,绘制出其他图形

参照道路的位置,画出新建建筑物、原有建筑物、拆除的建筑物、围墙、等高线、河流等图形,就得到图 16-4 所示的结果。这些图形中大部分都是矩形,比较容易绘制,但等高线与河流是不规则图形,需要先确定一部分实测点在图纸上的位置,然后连接这些实测点得到相应的曲线。

◎说明　在软件的电子版说明书《建筑行业图纸分析》2.6.1 节中有这张图的详细绘制

步骤介绍。

16.2.2　建筑平面图

建筑平面图是用一个假想的水平剖面,沿略高于窗台处的位置将房屋剖切后,移去剖切面以上的部分,将剖切面以下的部分向水平面作正投影,所得到的水平剖面图。建筑平面图反映房屋的平面形状、房间的布置及大小、相互关系、墙体的位置、厚度和材料,柱的截面形状和尺寸,门、窗的位置及类型等。

图 16－7 所示是某实验室标准层平面图,以它为例介绍建筑平面图的绘制步骤,大致步骤如下。

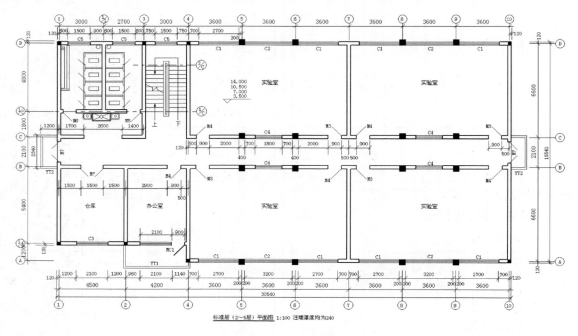

图 16－7　实验室标准层平面图

1. 轴线设置及轴号编辑

① 按 F9 键调出"轴线设置"对话框,将第一组轴线的水平尺寸设置为"4500,4200,3600,3600,3600,3600,3600,3600",垂直尺寸设置为"1200,5400,2100,1800,4800"。将第二组轴线的水平尺寸设置为"3000,2700,3000,3600,3600,3600,3600,3600,3600",垂直尺寸设置为"6600,2100,6600",并在"轴线类型"中选择"可单根编辑轴线"。

② 生成轴线网格后,对轴号进行适当编辑。将鼠标指针指在某个轴号文字上,单击鼠标右键,利用弹出的右键菜单可以实现对轴号文字的编辑修改。

完成这些操作后,得到如图 16－8 所示的轴线网格。

2. 轴线生墙及标注转换

① 利用"轴线"|"只显示当前轴线"菜单将第二组轴线隐藏,然后在第一组轴线上删除不需要生墙的那些部分,再利用"轴线"|"轴线生墙(默认参数)"菜单针对第一组轴线生成墙体线。

② 利用"轴线"|"切换当前轴线"菜单,将第二组轴线切换为当前轴线。然后对第二组轴

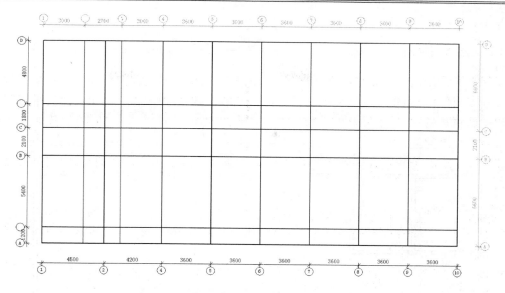

图 16 - 8　设置轴线并进行轴号编辑后的画面

线进行与第一组轴线相似的操作(部分删除与轴线生墙)。

③ 利用"延长"与"剪刀"按钮对上面生成的墙体线进行修剪。

④ 利用"轴线"|"转为正式标注"菜单将轴线附带的虚拟标注转换为正式标注,并在空白的轴线圆圈内补画斜线并标注编号。

完成以上操作后,得到图 16 - 9 所示的结果。

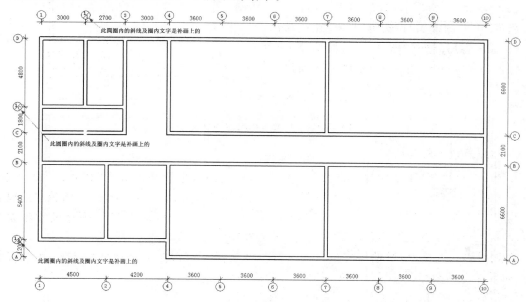

图 16 - 9　轴线生墙及标注转换后的结果

3. 定点开窗、开门及画柱子

定点开窗、开门及画柱子都是先利用辅助轴线指出欲画图形的位置,然后在指定的位置处画上图形。图形画完后,再删除辅助轴线。以定点开门为例,其绘制画面如图 16 - 10 所示。

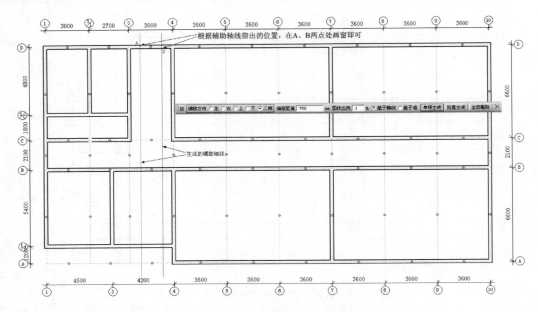

图 16-10　利用辅助轴线定点开窗的画面

4.画阳台、楼梯等图形

① 阳台需要利用辅助轴线来定位,使用辅助轴线定位出阳台的位置后,使用双折线绘制功能来画出阳台。

② 楼梯也需要利用辅助轴线来定位,利用辅助轴线定位出楼梯的位置后,单击"绘图 2"选项卡上的"平面图楼梯"按钮可以一笔画出楼梯。

③ 标注各房间的名称、各层的标高等。

完成以上步骤后,结果如图 16-11 所示。

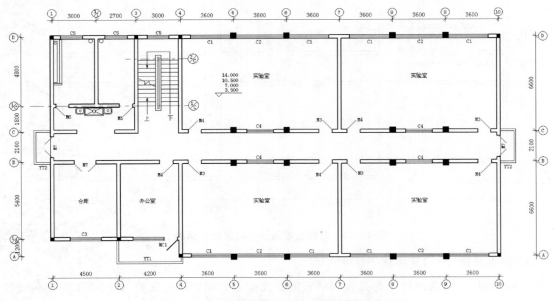

图 16-11　绘制完阳台、楼梯等图形后的画面

5. 绘制卫生间内设施及尺寸标注

① 绘制卫生间内的各个厕所间需要利用双线绘制功能,再配合标记功能(用于实现厕所间的均匀等分)来画出。

② 尺寸标注在绘制时需要先对软件自动生成的标注图形解除组合,然后拉长标注线,并在标注线之间补画分标注。

以上步骤完成后,就得到了图 16 - 7 所示的图形。

◉说明　在软件的电子版说明书《建筑行业图纸分析》3.3.1 节中有这张图的详细绘制步骤介绍。

16.2.3　建筑详图

建筑平面图、立面图和剖面图,因为其反映的内容范围大,比例小,对建筑细部结构难以表达清楚,为了满足施工要求,将建筑细部构造用较大的比例详细地表达出来,这种图样称为建筑详图,也称为大样图或节点图。

图 16 - 12 所示是一张基础详图,以它为例介绍建筑详图的绘制步骤,这张图的大致绘制步骤如下。

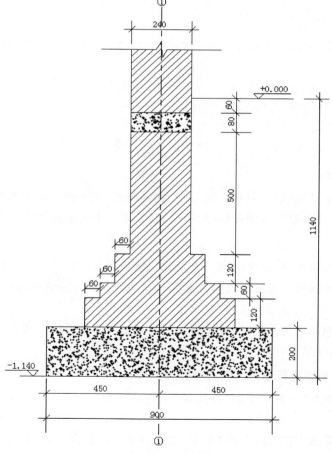

图 16 - 12　基础详图

1. 轴线设置

按 F9 键调出"轴线设置"对话框,在第一组轴线的"水平尺寸"文本框内输入"450,450","垂直尺寸"文本框内输入"1140",勾选"水平,轴线下方"和"垂直,轴线右侧"的附属标注,并通过"标注参数设置"对话框将"标注圈"设置为"无序号",即得到图16-13所示的轴线网格。

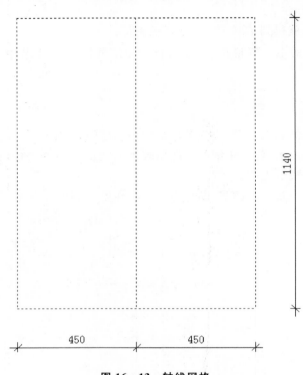

图 16-13　轴线网格

2. 生成辅助轴线

按 F7 键调出"辅助轴线"工具栏。通过在"偏移距离"文本框内输入图16-12中各段需要绘制的直线的位置,并单根生成辅助轴线,就得到图16-14所示的辅助轴线网格。

3. 绘制边界线

在图16-14中,先在 A、B 之间画一个矩形,然后用一条折线按①→②→③→④→⑤→⑥→⑦→⑧的顺序将画面中左侧各点连接起来。再用同样的方法将画面中右侧各个点连接起来。连接完成后再删除全部辅助轴线。

适当向上延长顶部的两段折线,并在其上部画一条水平折断线使整个图案封闭起来,就得到图16-15所示的结果。

4. 对基础墙及垫层进行填充,并绘制防潮层

① 使用"快速填充"工具栏上的"部面线"填充功能,对图16-15中的第一填充区内填充剖面线。

② 使用"快速填充"工具栏上的"土层"填充功能,对图16-15中的第二填充区内填充土层。

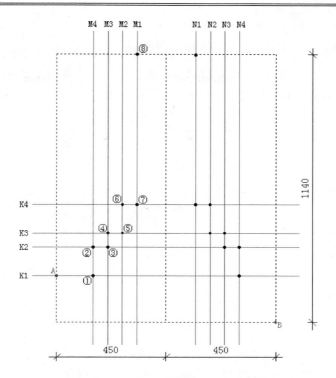

图 16-14 生成辅助轴线后的画面

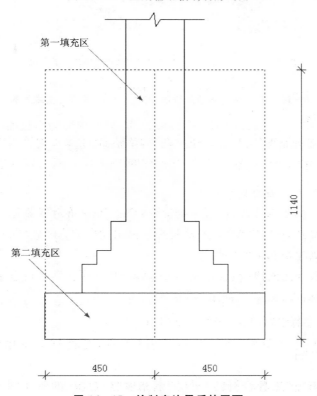

图 16-15 绘制完边界后的画面

③ 将防潮层的位置输入到"辅助轴线"工具栏的"偏移距离"文本框内,单击"单根生成"按钮生成针对防潮层的定位辅助轴线。以上操作完成后画面如图 16 - 16 所示。

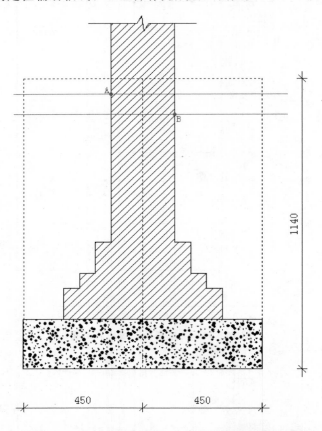

图 16 - 16　填充完基础墙及垫层,并生成防潮层辅助轴线后的画面

④ 在图 16 - 16 中的 A、B 之间画一个线颜色为黑色,内部为白色实心填充的矩形。并在这个矩形内部使用"快速填充"工具栏上的"土层"填充功能填充土层。

5. 绘制其他部分

① 沿中间轴线画出作为地基中心线的长点划线。

② 使用"轴线"|"转为正式标注"菜单将虚拟标注转换为正式标注。

③ 调整自动生成的尺寸标注并绘制分标注。

④ 绘制相对标高等内容,

以上步骤完成后,就得到图 16 - 12 所示的图形。

◎说明　在软件的电子版说明书《建筑行业图纸分析》6.2.1 节中有这张图的详细绘制步骤介绍。

16.2.4　结构施工图

表达房屋承重构件的布置、形状、大小、材料以及连接情况的图样,称为结构施工图,简称结施。结构施工图一般由结构设计总说明、结构平面布置图、结构构件详图等构成。

图 16 - 17 所示是某教学楼基础平面布置图，以它为例介绍结构施工图的绘制步骤，这张图的大致绘制步骤如下。

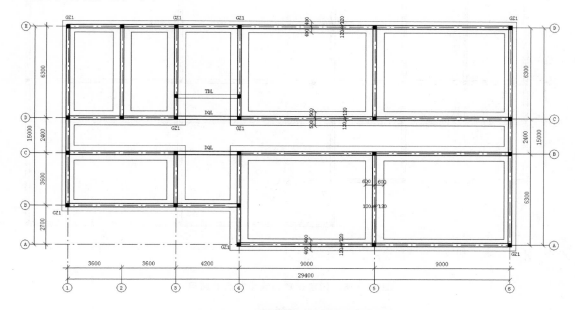

图 16 - 17　某教学楼基础平面布置图

1. 轴线设置及轴线生墙

① 按 F9 键调出"轴线设置"对话框，在第一组轴线的"水平尺寸"文本框内输入"3600，3600，4200，9000，9000"，"垂直尺寸"文本框内输入"2700，3600，2400，6300"，勾选"水平，轴线下方"和"垂直，轴线左侧"的附属标注，将轴线生墙交叉点样式设置为"样式三"，将"类型"设置为"可单根编辑轴线"，然后单击"确定"按钮。

② 显示轴线网格后，对轴线进行适当的编辑，主要是删除某些不需要生墙的轴线段。

③ 通过"轴线"|"轴线生墙（指定参数）"菜单调出"轴线生墙设置"对话框，在这一对话框中勾选生成墙体线、生成墙体中心和生成尺寸标注三项，并将内墙线设置为 0.5 mm 的实线。生墙后即得到图 16 - 18 所示的图形。

2. 利用辅助轴线绘制基础轮廓线

① 按 F7 键调出"辅助轴线"工具栏，依次将各段基础轮廓线的厚度设置为"偏移距离"值，然后通过单根生成辅助轴线功能在轴线两侧生成辅助轴线。全部辅助轴线生成后，得到图 16 - 19 所示的结果。

② 根据辅助轴线的位置指示，沿辅助轴线的交点画出基础的轮廓线（房间内部的轮廓线画成矩形，其他位置处画一系列折线）。轮廓线画完后，再删除全部辅助轴线。

3. 调整墙体中心线

选中自动生成的墙体中心线，先将其拉长并适当调整位置。然后，对其解除组合，单击"剪刀"按钮剪去其中不需要的部分。

4. 绘制其他图形

① 对自动生成的水平及垂直尺寸标注解除组合，然后调整其引线长短并绘制分标注。

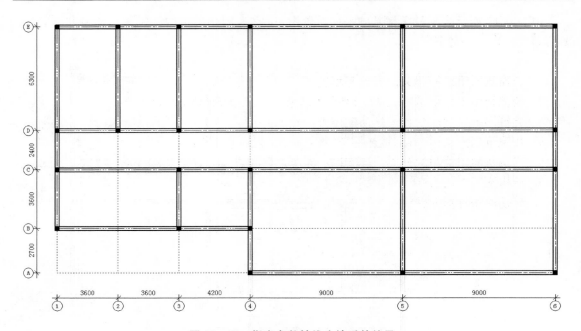

图 16-18 指定参数轴线生墙后的结果

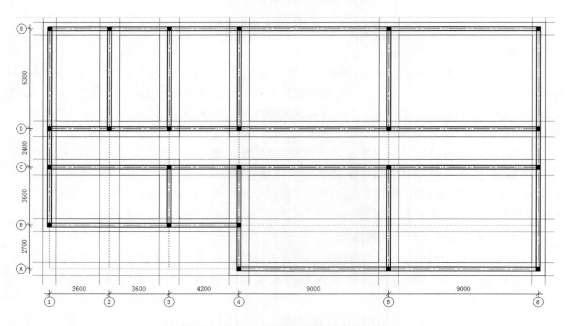

图 16-19 生成全部辅助轴线后的画面

② 绘制右侧及图形内部的几处尺寸标注,绘制楼梯地梁(TDL),对构造柱 GZ1 和地圈梁 DQL 标注文字等。

完成以上步骤后,就得到图 16-17 所示的图形。

◎说明 在软件的电子版说明书《建筑行业图纸分析》7.2.1 节中有这张图的详细绘制步骤介绍。

16.3　习　题

1. 与建筑图纸绘制相关的国标有哪些？
2. 超级绘图王的电子版说明书《建筑行业图纸分析》内有什么内容？
3. 建筑图纸绘制时主要的辅助定位方法有哪些？
4. 在建筑总平面图中，测量坐标网如何绘制？道路如何绘制？
5. 建筑平面图绘制的基本步骤有哪些？
6. 结构施工图的绘制主要有哪几步？
7. 简述轴线与辅助轴线在建筑图纸绘制中的作用。

参考文献

[1] 国家住建部及国家质监局.GB50001－2010 房屋建筑制图统一标准[S].北京:中国计划出版社,2011.

[2] 国家住建部及国家质监局.GB50104－2010 建筑制图统一标准[S].北京:中国计划出版社,2011.

[3] 周爱军.土木工程图识读[M].2 版.北京:机械工业出版社,2010.

[4] 沈百禄.建筑装饰装修工程制图与识图[M].2 版.北京:机械工业出版社,2010.

[5] 乐嘉龙.学看钢结构施工图[M].北京:中国电力出版社,2006.

尊敬的读者：

您好！

感谢您选用北京航空航天大学出版社出版的教材！为了更详细地了解本社教材使用情况，以便今后出版更多优秀图书，请您协助我们填写以下表格，并寄至：北京市海淀区学院路37号·北京航空航天大学出版社·理工事业部 收（100191）。

您也可以通过电子邮件**索取本表电子版**，填写后发回即可。联系邮箱：goodtextbook@126.com。咨询电话：010-82317036，82317037。

我们重视来自每一位读者的声音，来信必复。对选用教材的教师和提出建设性意见的读者，还将**赠送精美礼品**一份。期待您的来信！

北京航空航天大学出版社·理工事业部
http://blog.sina.com.cn/ligongbook

北京航空航天大学出版社

教材信息反馈表

书名：＿＿＿＿＿＿＿＿＿　作者：＿＿＿＿＿＿＿　书号：ISBN 978-7-＿＿＿＿＿＿

★ **读者简要信息**

姓名：＿＿＿＿　年龄：＿＿＿　职业：□教师　□学生　□其他＿＿＿＿＿＿＿（请填写）
文化程度：□研究生（硕博）　□本科　□高职高专　□其他＿＿＿＿＿＿＿（请填写）

★ **联系方式（至少填2种）**

电话/手机：＿＿＿＿＿　E-mail：＿＿＿＿＿＿＿　QQ/MSN：＿＿＿＿＿＿
使用院校：＿＿＿＿＿＿＿＿＿　使用年级：＿＿＿＿＿＿　学年用量：＿＿＿＿册
礼品寄送详细地址：＿＿＿＿＿＿＿＿＿＿＿＿＿＿＿＿＿＿＿＿＿＿）

★ **您此前关注过北航出版社吗？**

□一直关注　□有时会关注　□有点儿印象　□没印象　□从来不关注任何出版社

★ **您如何获知本书？**

□教师、同学、学长推荐　□同行、同事、朋友推荐　□报纸、杂志等平面媒体宣传
□图书经销商推荐　□新华书店宣传　□网上书店宣传　□网络论坛宣传　□偶遇

★ **您如何购买本书？**

□学校订购　□网上书店　□新华书店　□校园书店　□其他＿＿＿＿＿＿（请填写）

★ **您希望我们通过何种方式向您推荐教材？**

□寄信　□电子邮件　□电话　□QQ等即时通讯工具　□其他＿＿＿＿＿（请填写）

★ **您对本书的评价——**

内容质量　□很满意　□比较满意　□不太满意　□很不满意　□无所谓
纸张质量　□很满意　□比较满意　□不太满意　□很不满意　□无所谓
印装质量　□很满意　□比较满意　□不太满意　□很不满意　□无所谓
封面设计　□很满意　□比较满意　□不太满意　□很不满意　□无所谓
版式设计　□很满意　□比较满意　□不太满意　□很不满意　□无所谓
增值服务　□很满意　□比较满意　□不太满意　□很不满意　□无所谓

以上几项中，您最看重的是：
□内容质量　□纸张质量　□印装质量　□封面设计　□版式设计　□增值服务

★ **您希望得到本书的何种配套服务产品？**

□电子课件　□习题答案　□程序源代码　□试卷　□其他＿＿＿＿＿＿＿＿（请填写）

★ **您还用过北京航空航天大学出版社的哪些书？**

（1）＿＿＿＿＿＿＿＿＿＿＿＿＿＿＿＿＿＿＿＿＿＿＿＿＿＿＿＿＿＿＿＿＿＿＿＿＿＿

（2）＿＿＿＿＿＿＿＿＿＿＿＿＿＿＿＿＿＿＿＿＿＿＿＿＿＿＿＿＿＿＿＿＿＿＿＿＿＿

（3）＿＿＿＿＿＿＿＿＿＿＿＿＿＿＿＿＿＿＿＿＿＿＿＿＿＿＿＿＿＿＿＿＿＿＿＿＿＿

★ **您对本书有何具体意见及建设性意见？**

＿＿＿

＿＿＿

＿＿＿

＿＿＿

＿＿＿

★ **您对我社教材有何整体意见及建设性意见？**

＿＿＿

＿＿＿

＿＿＿

＿＿＿

再次感谢您的支持！别忘了寄给我们，有精美礼品赠送哦！